LOCUS

LOCUS

LOCUS

LOCUS

from

vision

from 72 消失的湯匙
The Disappearing Spoon
作者：Sam Kean
譯者：楊玉齡
特約編輯：陳俊斌
責任編輯：湯皓全
美術編輯：蔡怡欣
校對：呂佳真
法律顧問：全理法律事務所董安丹律師
出版者：大塊文化出版股份有限公司
台北市105南京東路四段25號11樓
www.locuspublishing.com
讀者服務專線：0800-006689
TEL：(02) 87123898　FAX：(02) 87123897
郵撥帳號：18955675　　戶名：大塊文化出版股份有限公司

總經銷：大和書報圖書股份有限公司
地址：新北市新莊區五工五路2號
TEL：(02) 8990-2588（代表號）　　FAX：(02) 2290-1658
排版：天翼電腦排版印刷有限公司　　製版：源耕印刷事業有限公司
初版一刷：2011年5月
初版八刷：2016年7月

定價：新台幣 380元
Printed in Taiwan

The Disappearing Spoon
消失的湯匙

Sam Kean 著
楊玉齡 譯

目次

序

80 汞 Hg 200.592

身爲一九八〇年代初的小孩，我老是在嘴裡有東西時說話——可能是正在吃東西、看牙醫，或者吹氣球等等。就算身邊沒有別人，我還是照說不誤。由於有這個毛病，我生平第一次在沒人陪伴下含著溫度計時，迷上了週期表。小學二、三年級期間，每年我都會染上十來次的咽喉炎，每次喉嚨都會腫痛個好幾天。我可不在乎請病假賴在家裡，我會用香草冰淇淋自療一番。再說，生病總是給我一個大好機會，可以打破以前那種老式的水銀溫度計。

人躺著，舌頭下面含著一根玻璃棒，我會大聲回答一個想像中的問題，然後溫度計就應聲落地，在硬木地板上摔個粉碎，裡頭的液態水銀像滾珠般，四散奔逃。不久，母親就會強忍著髖關節炎的痛楚，蹲在地板上收集那些小滾珠。她會拿一根牙籤，好像曲棍球桿似地，將這些柔軟的小球體一一驅趕到幾乎相碰觸。之後，只要輕輕撩撥一下，某個小球就會陡然吞噬另一個小球。原本有兩顆小球的地方，只剩下一顆完整無瑕的新小球，兀自顫動著。她會一再施展這套魔法，讓某顆大球吞噬其他小球，直到滿地銀色的小豆豆全部重逢爲止。

等到把所有水銀球都收集起來後，她會從廚房擺放飾品的架子上，一隻拿著釣竿的泰迪熊以及一只紀念一九八五年家族聚會的藍色瓷杯之間，拿出一個裝藥片的綠色標籤塑膠瓶。她會先把水銀球滾入一只信封，再小心翼翼將這支亡故溫度計的水銀，倒進藥瓶裡那顆像山核桃般大的水銀球上。有時候，在把瓶子藏起來之前，她會先把水銀球倒進瓶蓋裡，讓我們幾個小毛頭圍觀這塊未來金屬，看著它們在蓋子裡翻滾，分分合合，不留痕跡。對於那些「母親怕水銀怕到不敢讓小孩吃鮪魚」的孩子，我眞替他們難過。中世紀的煉金術士垂涎的目標儘管是黃金，但是在他們眼中，天下最有力也最富詩意的物質，卻是水銀。兒時的我，絕對舉雙手贊成他們的看法。我甚至會和他們一樣相信，水銀超越了一切平凡無奇的分類，像是液態或固態，金屬或水，天堂或地獄；它帶有不屬於這個世界的靈氣。

我後來才發現，水銀之所以會這樣，因爲它是一種元素。它和水、二氧化碳，或是日常生活中的東西都不一樣，我們沒辦法將水銀分成更小的單元。事實上，水銀還屬於那種喜歡集體禮拜的元素：它的原子只願意和其他水銀原子作伴，而且它們會縮成圓球形，儘量減少與外界接觸。我小時候打翻的液體，多半都不是這樣。水會潑灑得到處都是，油啦、醋啦，以及未凝結的果凍也一樣。但水銀從來不會留下污漬。每當我打破溫度計，爸媽就會警告我趕緊把鞋穿上，以免被看不見的玻璃碎片扎傷腳。但是他們沒警告過我要小心水銀。

有好長一段時間，我在學校或是看書時，都會特別留意這個原子序爲八十的元素，就好像一般人在看報時，會留意兒時老友的名字。我生長在美國中西部大平原，上歷史課時，學到路易斯（Meriwether Lewis）與克拉克（William Clark）如何率領探險隊長途跋涉，穿越南達科他州以及路易斯安那地區。他們隨身攜帶了一台顯微鏡、羅盤、六分儀、三只水銀溫度計以及其他用具，而我不知道的是，他們其實還帶了六百個水銀通便劑，每一個都有阿司匹靈的四倍大。這種通便劑被稱作拉許醫生的膽汁丸（Dr. Rush's Bilious Pills），名字來源的拉許（Benjamin Rush）醫生是美國獨立宣言簽署人之一，也被視爲醫學英雄，因爲他在一七九三年黃熱病大流行期間，勇敢地留守疫區費城，沒有撤離。不論治療哪一種病，他最喜歡用的都是氯化汞口服劑。雖說醫學在一四○○到一八○○年間進步很大，然而那個時代的醫生還是比較接近傳統的巫醫。按照他們的推想，美麗誘人的水銀可以醫治病人，因爲它能大大危害病人——所謂「以毒攻毒」是也。拉許醫生要病人服用這種溶液，直到流口水爲止，病患在接受這種療法幾週或幾個月後，通常牙齒和頭髮都會脫落。毫無疑問，他的「療法」一定毒害或毒死了許多原本可以撐過黃熱病的人。即便如此，在費城練就這套療法的他，十年後又準備了一堆包裝好的藥丸樣品，讓探險隊的路易斯與克拉克隨身攜帶。這倒是發揮了一項意想不到的功效：拉許醫生的藥丸竟然能引導現代考古學家追蹤當年探險隊的紮營路線。由於野外的食物和飲水可能都有問題，探險隊裡有人老是想嘔吐，在許多他們挖做便坑的地方，直到今天還可以找到水銀的遺跡，想必正是拉許醫生的「雷霆夾」（thunderclappers，膽汁丸的別稱）發功的結果。

水銀也出現在科學課堂上。我第一次看到龐大的週期表，馬上就開始搜尋水銀，但卻遍尋不著。原來它在金元素和鉈元素之間，前者和它一樣緻密而柔軟，後者和它一樣有毒。但是水銀的化學符號是 Hg，這兩個字母甚至不包含在它的英文名字 mercury 裡面。原來 Hg 源自拉丁文 hydragyrum，意思正是水銀（water silver）。知道這層典故後我才明白，古代的語言和神學對週期表的影響有多大，直到現在，你還可以看到一些拉丁文名字出現在最底排比較新的超重元素上。

在文學課堂上，我也找到了水銀。以前的製帽商人曾經用一種亮橘色的洗劑，來剝離動物皮毛與下層的生皮，而做帽子的人整天在冒著蒸氣的大桶邊打打撈撈，就好像《愛麗絲夢遊仙境》裡的瘋狂帽商，會漸漸失去頭髮與頭腦。最後我終於明白水銀的毒性有多強。而這也解釋了，爲何拉許醫生的藥丸可以把腸道清理得這麼徹底：身體會主動將毒物排出體外，包括水銀在內。而且儘管吞水銀已經夠毒了，它的蒸氣更要命。水銀蒸氣會磨損人體中央神經系統裡的「線路」，在腦袋裡燒灼出一些小洞洞，就像阿茲海默症末期病人的腦袋般。

然而，對水銀的危險知道得愈多，它那毀滅性的美就愈富吸引力——正如詩人布萊克（William Blake）的著名詩句「老虎！老虎！熾熱地燃燒」（Tyger! Tyger! Burning bright）。經過這麼多年，我父母早就重新裝修過廚房，也拿掉了當年架子上的泰迪熊與馬克杯，但是他們把所有小擺設收集在一個紙盒裡。最近有一次我回老家，特地翻出那個綠標籤的藥瓶。打開來，輕輕地搖晃，可以感覺到瓶內的重量沿著圓周滑動。偷偷地從瓶口窺探，我的眼光停留在一群散落的小珠子身上。只見它們端坐著，閃閃發光，像露珠似地，如此完美，彷彿來自幻境。我在整個童年期裡，總是把打翻的水銀與發高燒聯想在一起。如今，知道這些小球的「恐怖對稱」（fearful symmetry。譯按：出自布萊克的同一首詩作），我不禁背脊發涼。

從水銀這一個元素身上，我學習了歷史、詞源學、煉金術、神話、文學、毒物檢驗學以及心理學。① 而我搜羅到的元素故事可不是僅止於此，尤其在我進大學投入科學研究之後，遇到了幾位非常樂意偶爾不談研究、聊點科學閒話的教授。

身為心底渴望逃離實驗室而去寫作的物理系學生，我發覺置身於班上聰穎的年輕科學家之中，日子甚是難過。他們都熱愛正統的實驗，而我怎麼也做不來。我在天寒地凍的明尼蘇達州捱了五個年頭，最後領到物理學榮譽學士學位，然而，儘管我在實驗室裡耗掉幾百個小時，記憶了幾千條方程式，畫過幾萬個滑輪組與斜坡圖形——我眞正學習到的，還是來自那些教授所講的故事。甘地的故事，酷斯拉的故事，某個優生學家利用鍺元素偷到一座諾貝爾獎的故事。把鈉塊投入河中炸魚的故事。太空梭裡的人在被氮氣窒息死亡前，心中卻充滿了幸福感的故事。還有我們學校以前一名教授拿自己來做實驗的故事：他把以鈽做為動力的心臟節律器**裝進自己的胸腔**，然後靠著撥弄一只巨大線圈，讓它加速或減速。

我對這些故事總是聽得津津有味，最近，當我正一邊吃早餐一邊緬懷水銀時，我忽然了解到，其實週期表上每一個元素都有一則或有趣、或古怪、或可怕的故事。同時，週期表也是人類偉大的智慧結晶之一。它既成就了科學，也成就了一本故事書，而我寫下這本書，將週期表的所有層次一一剝開，就像解剖學教科書裡一張張透明的切片圖，以不同的深度，述說著同一則故事。就最簡單的層次而言，週期表登錄了世界上所有不同的物質，而這一百多種個性頑固的元素，組成了我們所見、所接觸到的世間萬物。此外，週期表的形狀也給了我們一些線索，透露這些不同個性的元素如何互動。在更複雜一點的層次，週期表裡頭藏有各種鑑識科學資訊的密碼，像是各個元素來自何方，哪些元素能分解或轉變成不同的元素等等。而且這些元素好像有生命似的，天生就會結合成動態的系統，而週期表有辦法預測種種動向。它甚至有辦法預測一些極端邪惡的元素走廊，住在裡頭的元素能夠妨礙或摧毀生命。

最後，週期表也堪稱人類學上的一大奇觀，反映人類一切的美好、才藝和醜陋，以及我們如何與物質世界互動——一部行文非常緊湊簡潔的人類史劇本。這些不同的層次，全都值得深究，我們可以從最基本的開始，然後漸次向上，進入複雜的層次。而且，除了娛樂之外，這些週期表故事還提供我們一條了解它的新路徑，是教科書或實驗手冊裡從來沒見過的。我們吃喝呼吸週期表；有人在它身上押注輸得慘兮兮；哲學家利用它來探索科學的意義；它會毒死人；它也會醞釀戰爭。從週期表左邊最頂端的氫元素，到那些窩藏在週期表底部，由人工製造、非地球天然存在的元素，你可以從中找到泡泡、炸彈、金錢、煉金術、政治小手段、歷史、毒藥、罪行以及愛情。甚至還能找到一點科學。

第一部　定位：列與列，欄與欄

1 地理位置決定一切

氦 He 2 4.003

硼 B 5 10.812

銻 Sb 51 121.760

銩 Tm 69 168.934

氧 O 8 15.999

鈥 Ho 67 164.930

大多數人一想到週期表，腦海裡就會浮現高中化學教室牆上懸掛的一張大圖表，裡面有一堆不對稱的欄與列，從老師的肩上冒出來。這張圖表通常很大，六呎乘四呎左右，的確大得嚇人，但是也頗符合它在化學上的分量。全班第一次看到它，是在九月初開學的時候；但直到隔年五月底，它還是主角，而且考試的時候，你大可以去查上面的科學資料，這點與一般筆記或教科書大不相同。當然，你可能還記得，週期表最令你氣餒的部分原因也在這裡：儘管它任君查看，是一張超大的合法小抄，但是對你的考試成績卻幾乎幫不上一點忙。

就某方面來說，週期表似乎很有條理，也很精準，簡直就像是德國人設計的科學用途最大化圖表。但就另一方面來說，它卻又這麼雜亂，充斥著長串數字、縮寫符號，以及一堆活像電腦亂碼的東西（$[Xe]6s^{2}4f^{1}5d^{1}$），讓人看了想不焦慮都難。而且，雖然週期表與其他科學（例如生物學與物理學）顯然也有關聯，可是又不清楚關係到底在哪。而最讓一般學生氣惱的，恐怕是那些週期表達人了，他們真的**曉得**週期表是怎麼回事，信手拈來就能從中看出諸多事實。這種氣惱，想必就像色盲的人看到別人有辦法從雜色斑點圖裡辨認出數字——那些關鍵但隱藏的資料，展現的

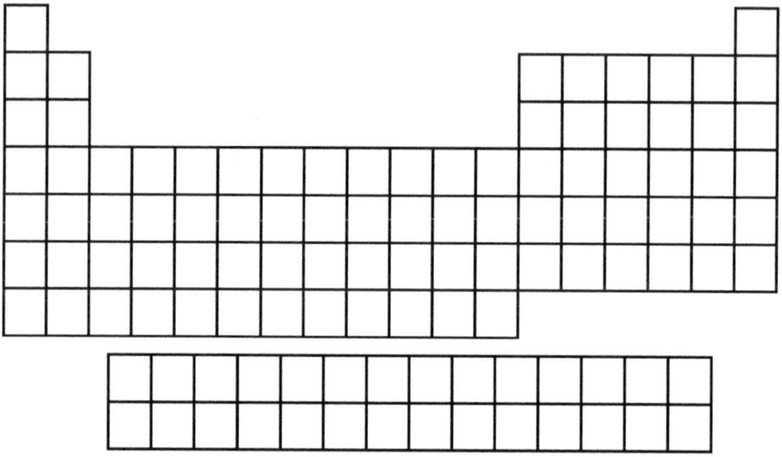

方式從來就沒有連貫性。對週期表的回憶，往往讓人五味雜陳：迷人，喜愛，自卑，以及憎惡。

在教導週期表之前，所有老師都應該先把上頭雜七雜八的符號和數字拿掉，讓學生看看空白的週期表。

它看起來像什麼？有點像一座主城牆不夠平的城堡，彷彿皇宮裡的石匠尚未完工，還剩下左邊城牆以及兩端高聳的塔樓。它共有十八個高低不等的欄，以及七個水平方向的列，再加上最底部的兩行「飛機跑道」。這座城堡是由「磚塊」砌成的，而週期表第一樁從外表看不出來的事實就是，它的磚塊完全不能互換。每一塊磚塊就是一個**元素**，或說是一種物質（目前表上有一百一十二個已知元素，另外還有幾個位置尚未確定），任何磚塊如果沒有確切待在它的崗位上，整座城堡就會崩塌。這話一點都不誇張：如果科學家不知怎的，決定把某個元素放到另一個位置上，或是把兩個元素互換，整座大廈都會倒塌。

這座城堡在建築上還有另一個罕見之處：不同的區域，由不同的材料打造。也就是說，這些磚塊的材質不盡相同，特性也不盡相同。百分之七十五的磚塊爲金屬材質，意思是說，它們都是冷冰冰的灰色固體，至少在人類習慣的溫度下是如此。城堡最東邊有幾欄裡頭有氣體。但在室溫下，只有兩種元素是液體，汞與溴。在金屬與氣體之間，差不多位在相當於美國地圖肯塔基州的地方，還有一些很難界定的元素，它們天生就不規則，因此擁有一些很有趣的特性，例如可以讓酸度增強幾十億倍，遠超過鎖在化學庫房裡的任何材料。整體而言，如果每塊磚都以它所代表的元素做成，這座元素城堡將會是一個嵌合體，有在不同時代加蓋的廂房與擴建部分。或者說得好聽一點，它就像是李伯斯金（Daniel Libeskind）所設計的建築，把看似不相容的材料組合成優美的整體。

我們不厭其煩地深究這座城堡的藍圖，原因在於一個元素的座標幾乎就能決定它所有的科學特點。因爲對每一個元素來說，地理位置決定了它的命運。事實上，既然各位對週期表的長相已經有了初步概念，我可以換一個更有用的譬喻：週期表就像一張地圖。爲了描繪得更仔細，我將由東往西來標註這張地圖，好好地拜訪其間的元素，不論是鼎鼎大名的元素，還是名不見經傳的元素。

我們先從最右邊第十八欄開始，這一組元素著名的稱號爲「高貴氣體」（noble gas，也就是中文裡的「惰性氣體」或「鈍氣」）。**高貴**是一個很八股、聽起來有點滑稽的字眼，比較有倫理學或哲學的味道，而不像化學用字。而事實上，高貴氣體這個詞的確來自西方哲學發源地古希臘。繼希臘同胞留基伯（Leucippus）與德謨克利特（Democritus）提出原子的概念後，柏拉圖也發明了「元素」（element，希臘文裡是 stoicheia）這個詞，泛指各種不同的物質小粒子。柏拉圖差不多是在西元前四〇〇年，也就是恩師蘇格拉底被處死之後，爲了保命而逃離雅典，此後遊走四方多年，撰寫哲學書籍，他當然並不了解元素在化學上的眞正意義。然而，他要是了解的話，一定會選擇週期表最東邊那欄元素，尤其是排在第一位的氦（helium），做爲他的最愛。

柏拉圖在討論愛與欲的對話集《饗宴》（*The Symposium*）中，宣稱世間萬物都渴望尋得自己的補體，也就是失落的另一半。對於人來說，這意味的就是熱情與性愛，以及伴隨熱情與性愛而來的一切麻煩。此外，柏拉圖還透過對話來強調，抽象且不變的物質基本上要比到處鑽營和攪和的物質來得高貴。這也說明了爲何他這麼喜歡幾何學，因爲幾何學裡的理想圓形、方形物體，只存在理性的感知中。對於其他非數學的物體，柏拉圖發展出一套「理型論」（theory of forms），指稱萬物都存在於其理想型的陰影之下。譬如說，所有的樹都是某個理想樹型的不完美複本，而那完美的「樹性」是所有樹木渴望達成的。同樣的道理，世間的魚兒也有所謂的「魚性」，甚至連杯子都有它們的「杯性」。柏拉圖相信這些理型不只在理論上存在，而且實際上眞的存在，即便是飄浮在天際之頂，超乎我們人類所能感知。也因此，他要是發現科學家開始在地球上變出一個理型氦元素，一定比任何人都震驚。

一九一一年，一名荷蘭裔德國科學家在用氦來冷卻水銀時發現，在攝氏零下二六八．九度以下，該系統會失卻所有電阻，成爲一個理想的導體。這項發現有點像是你把 iPod 冷卻到零下幾百度，結果發現只要氦能保持電路冷卻，不論音樂播放多久或是多大聲，電池始終滿載。一九三七年，一個蘇聯加拿大聯合研究小組也利用純氦耍了一招更厲害的把戲。當溫度被降到攝氏零下二七一．一度時，氦就變身爲一種超流體（superfluid），流動起來一點黏性與阻力都沒有，是一種完美的流質。超流體氦能夠抗拒地心引力，往上坡流動，爬上牆壁。在當時，這些都是令人目瞪口呆的大發現。科學家常常喜歡便宜行事，把各種效應（例如摩擦力）假設爲零，但此舉只是讓計算簡單一點而已。甚至連柏拉圖都不曾預言，有朝一日眞的會發現一個他所謂的理型。

氦是這麼一個最佳的「元素性」典範——用尋常的化學手段無法破解或改變的物質。科學家花了二千二百年，從西元前四○○年的古希臘開始，直到西元一八○○年的歐洲，才終於了解元素是什麼，因爲大部分元素都太善變了。當碳存在幾千種化合物中，而且這些化合物特性各不相同時，我們實在很難看出是什麼特性讓碳之所以爲**碳**。現在我們會說二氧化碳不是一種元素，因爲一個二氧化碳分子可以分解成碳與氧。但碳與氧卻都**是**元素，因爲你沒有辦法在不摧毀它們的前提下，把它們分得更細。現在，我們再回頭來討論《饗宴》的主題，以及柏拉圖尋覓失落另一半的理論，我們會發現，確實每個元素都在尋求能與它們形成連結的原子，而連結能遮住它們的本性。即便是最「純」的元素，例如空氣中的氧分子（O_2），在自然界中也總是以混合物的姿態存在。然而，科學家要是能早一點認識氦，可能會大大提早對元素的了解，因爲氦從不與其他物質攪和，而且一向以純元素的狀態存在。①

氦會有這種表現是有原因的。所有原子都具有帶負電的粒子，稱爲電子，它們居住在原子內的不同階層（或說能階）上。這些階層是以同心圓的方式層層包裹，而且每一層都需要特定數目的電子才會感到滿足。在最內部的階層，需要的特定電子數目是二。在其他層次，通常是八。一般說來，元素具有的帶負電粒子（電子）與帶正電粒子（也就是質子）數目相等，所以它們才會是中性的。不過，電子可以被原子隨意交易，而且當原子失去或得到電子時，會成爲帶有電荷的原子，稱做離子。

關於原子，有一件事不可不知：原子會儘量先用自己的電子去填滿較內、較低能量的階層，接下來，它們要嘛甩掉一些電子，或是與其他原子共用一些電子，或者乾脆偷一些電子，好讓最外圍的階層保有最適數目的電子。有些元素會用外交手腕來共用或交易電子，有些元素的行爲則非常卑劣。其實只要一句話，就可以道盡半部化學：最外圍的電子數目要是不足，原子們會彼此爭鬥、交換、乞求、結盟或打破結盟，甚至不惜一切手段，以求讓自己的最外階層達到適當的電子數目。

氦，也就是第二號元素，剛好擁有足以填滿它唯一階層所需的電子數目。這樣一個「封閉」的結構，讓氦擁有極大的獨立性，因爲它不需要與其他原子互動，以求共用或偷竊電子來滿足自己。氦已經在自己身上尋到完整的愛情。不只如此，同樣的結構也出現在氦以下的整個第十八欄元素身上——氖（neon）、氬（argon）、氪（krypton）、氙（xenon）、氡（radon）。這些元素全都具有電子數目完整的封閉階層，所以在正常情況下，它們都不和其他原子打交道。這也是爲什麼，儘管科學家在一八〇〇年代如此狂熱地搜尋並標記各種元素——包括發展出週期表，卻無人能在一八九五年之前分離出任何一個屬於第十八欄的元素。那股不食人間煙火的超脫氣息，和柏拉圖的理想幾何圖形多麼相像啊；它們想必能讓柏拉圖龍心大悅。也就因爲這樣，發現氦以及它的鈍氣元素兄弟的科學家們，試圖用「高貴氣體」的稱謂來喚起大家的記憶。或是套用柏拉圖式的說詞，「凡是崇尚完美與不變、而且鄙視腐敗與卑劣的人，顯然都將偏愛高貴氣體遠勝其他元素。因爲它們永不改變，永不動搖，永遠不會像市井小民那般逢迎巴結其他元素。它們既廉潔又理想。」

然而，像高貴氣體這樣平靜的個性非常罕見。它左手邊的第一欄，就住著週期表上最活躍、也最有反應性的氣體——鹵素（halogen）。而且你如果把週期表當成麥卡托航海圖那樣，圍成一圈，讓東邊碰到西邊，讓第十八欄碰到第一欄，位在週期表最西邊那群元素就更凶猛了，它們是鹼金屬（alkali metal）。與世無爭的高貴氣體等於是一塊非軍事區，周圍環伺著一群不安分的鄰居。

雖然就某方面來說，鹼金屬算是一般的金屬，但是它們在空氣或水中卻不會生鏽或腐蝕，而是產生激烈反應消耗掉。此外它們也會和鹵素氣體互利結盟。鹵素最外層有七個電子，比所需要的八個電子少一個；而鹼金屬的最外層有一個電子，往內一層則有滿滿的八個電子。所以很自然地，鹼金屬會把多出來的一個電子丟給鹵素，分別造成帶正電與帶負電的離子，兩者之間於是形成很強的鍵結。

這種鍵結不斷發生，也因此電子成爲原子裡頭最重要的成分。雖說組成原子核的質子與中子體積都遠大於電子，但電子幾乎占據了整個原子的空間，像雲一樣圍繞著一個很扎實的原子內核，也就是原子核。如果我們把一枚原子放大到和美式足球場一般大，富含質子的原子核將有如放置在五十碼線上（也就是球場正中央）的一顆網球。它的電子則好比大頭針的針尖繞著那顆網球飛馳——但速度之快，每顆電子每秒撞擊你的次數之多，足以讓你進不了球場：感覺起來，它們像是一堵實體的牆。於是乎，每當兩個以上的原子接觸時，深埋在內部的原子核都默不作聲；一切唯電子是尊。②

先簡單警告各位：請不要太執著於「電子彷彿一群個別的大頭針尖，飛快地繞著一個實體核心打轉」的影像。或是另一個更常見的行星繞日比喻，電子其實不見得會像行星般，環繞著原子核太陽打轉。拿行星來比喻是很好用，但是就像許多其他的譬喻，容易流於誇大不實，令一些知名科學家氣惱不已。

離子之間的鍵結，可以解釋爲何鹵素與鹼金屬經常結合，氯化鈉（食鹽）就是一個很好的例子。同樣地，來自多帶了兩個電子的欄的元素（像是鈣），經常會找上來自缺了兩個電子的欄的元素（像是氧），好自行調整一番。這是最容易滿足雙方需求的方法。至於並非剛好互補的欄裡的元素，也可以根據同樣的法則來配對。兩個鈉離子（Na^+）可以接受一個氧離子（O^{2-}），形成氧化鈉（Na_2O）。而氯化鈣（$CaCl_2$）也是基於這個原因形成的。總的說來，通常你只需要瞄一眼，弄清楚某些元素所在的欄以及帶的電荷，就可以料中它們會用什麼方式結合。規則全都明白地展現在週期表討喜的左右對稱中。

很不幸，並非整張週期表都這麼乾淨利落。但是話說回來，某些元素就是因爲不規則，反而更讓人想一探究竟。

有一則老笑話大意如下：一天早晨，一名實驗室助理衝進老闆的辦公室，儘管熬了一整晚做實驗，精神卻亢奮得不得了。他高舉一瓶冒著泡泡嘶嘶作響的綠色液體，宣布剛剛發現了一種宇宙溶劑。滿懷希望的老闆看了看玻璃瓶，問道：「什麼是宇宙溶劑呀？」助理語無倫次地說，「就是一種能夠溶解所有物質的酸！」

對於這則天大的好消息——如果屬實，這種宇宙酸將會是科學界的一大奇蹟，而且師徒倆都會變成億萬富翁——科學家思考了一會兒之後反問：「但是你怎麼可能用玻璃瓶來裝它呢？」

說得好。不難想像，路以士（Gilbert Lewis）要是聽到這段對話，會笑得有多尖酸。電子主導週期表，而對於電子的行爲以及它們如何形成鍵結，沒有人能解釋得比路以士更清楚了。以他在電子方面的研究，尤其他對於酸和鹼闡釋得格外清楚，一定會看出那名助理的宣稱有多荒謬。就比較個人的角度來說，教授的反問恐怕會讓路以士聯想起科學界的榮光是多麼變幻無常。

路以士一生漂泊，他生長在美國內布拉斯加州，一九〇〇年前後在麻州念大學和研究所，然後跑到德國，投身化學家能斯特（Walther Nernst）門下做研究。事後證明，基於種種有道理或沒道理的原因，跟隨能斯特的日子太不愉快了，他才待了幾個月就返回麻州，想在學術界找份工作。但這樣還是不開心，於是他前往剛被美國征服的菲律賓，幫政府工作。上任時，他隨身只帶了一本書：能斯特的大作《理論化學》（*Theoretical Chemistry*），爲的是要窮數年之力，發掘書中所有大大小小的錯誤，並執意公開撰文指正。③

最後，路以士實在太想家了，於是回到美國，在加州大學柏克萊分校安頓下來，而且一待就是四十年，把柏克萊化學系打造成全世界最頂尖的化學系所。最後這句話聽起來好像是個快樂的結局，實則不然。關於路以士這個人，他可能稱得上是「有史以來沒能贏得諾貝爾獎的最佳科學家」，而他也深知這一點。沒有人被提名的次數像他一樣多，但是他那赤裸裸的野心以及吵遍全球的一長串紀錄，總是害得他拿不到足以獲選的票數。很快地，爲了表示抗議，他開始辭去（或是被迫辭去）各項顯赫的學術頭銜與職位，最後變成一介憤世嫉俗的隱士。

路以士沒能拿到諾貝爾獎，除了個人因素之外，另一個原因在於他的研究廣度超過深度。他不曾有過特別驚人的發現，讓人睜大眼睛讚嘆的曠世傑作。相反地，他窮畢生之力來釐清原子裡的電子在眾多情境下如何運作，尤其是已知爲酸或鹼的分子。一般說來，每當原子彼此交換電子以形成或是打破鍵結，化學家就會說它們起了「反應」。酸鹼反應所提供的電子交換範例，通常十分明顯且暴烈，而路以士的酸鹼研究最能說明交換電子在超顯微層次的意義，任何人都望塵莫及。

大約一八九〇年之前，科學家都是把手指探進溶液裡點一下，來判斷一種溶液是不是酸或鹼，這實在不是一個安全的好辦法，而且也不夠可靠。過了幾十年後，科學家明白了，基本上酸就是質子的捐贈者。許多酸都含有氫這種簡單的元素，氫只有一枚電子繞著一個質子（氫原子核的全部組成）打轉。當氯化氫（HCl）這種酸與水混合時，會裂解成 H^+ 和 Cl^-。把帶負電的電子移除後，氫就只剩下一個孤單的質子，也就是 H^+，它會自個兒游開。像醋那樣的弱酸，會丟出好幾個質子到溶液中，但是像硫酸那樣的強酸，會讓溶液裡充滿質子。

路以士認爲用這種方式來定義酸，對科學家的限制太多了，因爲有些物質根本不需要靠氫，就能表現得像酸一樣。於是，路以士轉移了典範。他不說是 H^+ 分裂出去，而是說 Cl^- 攜帶電子潛逃。也因此，酸從質子的捐贈者，搖身變爲偷竊電子的賊。相反地，與酸相對的鹼，像漂白劑或鹼水等，卻可能被稱爲電子的捐贈者。他的定義除了更爲全面之外，而且強調的是電子的行爲，這一點也更符合週期表化學對電子的依賴。

路以士雖然早在一九二〇、三〇年代就已經提出這項理論，但直到現在，科學家仍在嘗試如何利用他的理念，將酸的強度推到極致。酸的強度是以酸鹼值來計算的，數值愈低，酸性愈強，而在二〇〇五年的時候，一名紐西蘭化學家研發出一種叫做碳硼烷（carborane）的硼基酸，酸鹼值爲負十八。要知道硼基酸有多酸，先得說明水的酸鹼值爲七，而我們胃液裡的高濃度氯化氫酸鹼值爲一。但是根據酸鹼值異於尋常的估算方式，每降低一單位（譬如酸鹼值從四降到三）代表酸性增加十倍。所以，從胃酸的酸鹼值一開始，降到硼基酸的負十八，意味著後者的酸性是胃液的「十的十九次方」倍。這個數值的原子如果堆疊起來，差不多可以上月球了。

還有一些更厲害的酸是以銻爲基礎，而銻這種元素恐怕是週期表上最富傳奇色彩的元素了。④在西元前六世紀建造了「空中花園」的巴比倫國王尼布甲尼撒（Nebuchadnezzar），曾經用有毒的銻鉛混合物將宮殿牆壁漆成黃色。不久之後發生的怪事，恐怕並非巧合：他突然瘋了，跑到戶外野地裡睡覺，而且像牛一樣地啃食青草。差不多在同個時期，埃及婦女也把另一種含銻物質當成睫毛膏來使用，一方面是爲了裝飾臉部，一方面也是爲了增添自己的巫術能力，用邪惡的眼光來瞪視敵人。後來到了中世紀，僧侶們——更別提還有牛頓——也對銻元素的兩性特徵著迷不已，認定這種半金屬、半絕緣體的物體是雌雄同體。此外，銻藥丸也贏得了通便劑的名聲。和現代藥丸不同的是，這些硬邦邦的藥丸在腸胃裡不會溶解，而且又被認爲價值不菲，所以人們會在糞便裡頭翻找，以便回收重新使用。有些家庭甚至有幸可以把這種通便劑當做傳家寶，父傳子，子傳孫。或許也是因爲這個原因，銻在醫藥方面擔當了重責大任，雖然它其實是有毒的。莫札特或許就是因爲服用太多銻來對抗高燒而送了命。

最後，科學家終於比較會處理銻了。到了一九七〇年代，他們發現銻很善於將渴求電子的元素屯積在身邊，這項特性讓它成爲打造特定酸的絕佳材料，最後得到的結果，就像氦超流體一樣驚人。將氟化銻（SbF_5）與氟化氫（HF）混合，可以製造出一種酸鹼值爲負三十一的物質。這種超級酸的酸度是胃酸的十的三十二次方倍，蝕透玻璃就像水穿透紙張一般。你沒有辦法用玻璃瓶裝這種溶液，因爲等它蝕透玻璃之後，就會開始溶解你的手。至於該如何回答笑話中教授的反問，答案是：可以裝在特製的鐵氟龍（Teflon）襯裡容器中。

不過坦白說，把含銻物質稱做世界上最強的酸，有作弊之嫌。其實氟化銻（電子竊賊）與氟化氫（質子捐贈者）本身就夠難纏的了。但是在讓它們變成超級酸之前，你得先加以混合，倍增它們的互補能力才行。它們只有在精心安排的狀態下，才能成爲最強的酸。事實上，最強的單一的酸依然是碳硼烷（$HCB_{11}Cl_{11}$）。關於這種硼酸，有一句絕妙好辭：這是世上最強的酸，但**也是最溫柔**的酸。別忘了，酸會分成帶正電與帶負電的部分。就碳硼烷的例子，你會得到一個H^+，以及剩餘成分（$CB_{11}Cl_{11}^-$）所組成像籠子般細緻的結構。大部分酸的腐蝕性，之所以能穿透你的皮膚，其力量都是來自帶負電的成分。但是這個硼酸籠子卻是世間最穩定的分子之一。它的硼原子是這麼地大方，願意分享電子，使得它幾乎像氦一樣穩定，且從來不會到處掠奪其他原子的電子而形成酸的強腐蝕性。

所以，不會溶解玻璃或是腐蝕銀行金庫的碳硼烷，到底有什麼能耐？有的，譬如說，它可以在汽油裡加上一個辛烷，也有助於維他命的消化。更重要的是，它具有化學「搖籃」的功能。許多與質子有關的化學反應，都不是非常簡潔、快速的交換，通常需要好幾個步驟，而質子會以十億分之一秒的百萬分之一的速度被運來運去——快到科學家根本弄不清楚發生了什麼事。然而，碳硼烷因爲非常穩定以及不容易起反應，可以把大量質子灌進溶液裡，然後將其中的分子凍結在關鍵的中間點上。碳硼烷會抓住那些中間物質，把它們靠在一個柔軟又安全的枕頭上。相反地，含銻的超級酸則是一個恐怖的搖籃，因爲它們會把科學家最想要觀察的分子撕個粉碎。路以士如果有機會看到他的電子與酸研究被應用在這些層面，想必會很開心，或許還能讓他陰鬱的晚年稍微快樂些。雖然路以士在一次大戰期間曾幫美國政府工作，且一做做到六十多歲，在化學方面貢獻卓著，但是二次大戰期間，他卻沒有受邀參與曼哈頓計畫。這讓他非常怨恨，因爲許多經他聘用才進入柏克萊的化學家，都受邀去建造世上第一顆原子彈，而且戰後也都變成國家英雄。反觀路以士，二次大戰期間無所事事，只能緬懷過去，甚至寫了一部傷感的庸俗小說，講述一名士兵的故事。一九四六年，他孤零零地死在自己的實驗室裡。

一般咸認，每天抽二十幾根雪茄、菸齡四十幾年的路以士死於心臟病發作。但是很難忽略的一樁事實是，在他死亡的那天下午，實驗室瀰漫著一股苦苦的杏仁味道——那是氰化物存在的象徵。路以士的研究會使用氰化氫，很可能是在他心臟病發作後，失手摔破一小罐氰化氫。但是話說回來，路以士當天稍早，才和一名比較年輕、迷人的化學家對手共進午餐——這頓飯他原本是不想去的，此人不但已經拿到諾貝爾獎，也是曼哈頓計畫的特別顧問之一。很多人心底始終懷疑，恐怕就是這名地位尊崇的同事讓路以士心情紛亂。果眞如此，他的化學設備對他來說既是方便，也是不幸。

除了位於西邊那群活潑的金屬，以及東岸的鹵素與惰性氣體之外，週期表中央還有一片「大平原」——從第三欄到第十二欄，稱爲過渡金屬（transition metal）。坦白說，過渡金屬具有令人惱怒的化學性，因此很難說出它們的共通點——只除了一點：要小心。你瞧，像過渡金屬這種比較重的原子，對於如何儲存自家電子的彈性遠大於許多原子。和其他原子一樣，它們也有不同的能階（像是第一、第二、第三層等等），低階層也同樣被埋在較高階層的底下。而且它們也會與其他原子爭鬥，好讓最外圍的能階維持八個電子。然而，到底哪一層才算是最外圍，卻大有學問。

當我們在週期表中水平移動時，每個元素都比它左手邊的元素多出一個電子。鈉是第十一號元素，通常擁有十一個電子；鎂是第十二號元素，則有十二個電子；以此類推。然而隨著元素的體積愈來愈大，它們不只會把電子整理安置到不同能階，還會把電子存放在不同形狀的臥鋪上，這些臥鋪稱做殼層（shell）。但是，當我們橫越週期表，這些既無想像力又循規蹈矩的原子，都是按照同樣順序來將電子塡入能階與殼層。週期表最靠左手邊的元素，會把第一個電子放進一個圓球形的s殼層，體積很小，只能裝兩個電子——這一點解釋了爲何左邊有兩欄比較高。在最初兩個電子之後，原子開始尋找更大的空間。跳過中央的那一大塊，位於右邊欄裡的元素開始把電子逐一塞進一個形狀有點像畸形肺臟的p殼層。p殼層能裝六枚電子，也因此，右邊有六個較高的欄。請注意，在橫跨週期表最頂端的那一列，兩個s殼層電子加上六個p殼層電子，總共是八個電子，正是大部分原子最外層想要擁有的電子數目。而且除了惰性氣體之外，這一列所有元素的外層電子都能夠被甩掉或是與其他原子起反應。這些元素的行爲非常符合邏輯：每增加一個新電子，原子的行爲應該就會跟著改變，因爲它擁有更多能夠參與反應的電子。

現在來看令人氣惱的部分。過渡金屬出現在週期表第三到第十二欄的第四至第七行，而它們開始把電子塡進可以容納十個電子的d殼層。（d殼層看起來就好像變形的動物氣球。）按照前面那些元素處理殼層的方式，你大概會以為，過渡金屬將把每個額外的d殼層電子展示在最外層的能階上，好讓這個額外的電子能夠與其他原子起反應。實則不然，過渡金屬會把額外的電子藏起來，通常喜歡藏在其他階層的下方。過渡金屬這種破壞常規、偷偷埋藏d殼層電子的做法，看起來相當笨拙，而且違反直覺——柏拉圖一定不會喜歡。但這依然是大自然的傑作，我們也拿它們沒轍。

了解這道程序有一個好處。通常當我們在週期表上以水平方向移動時，過渡金屬每增加一個電子，行為應該也會改變，就像表上其他部分的元素。但由於過渡金屬等於是把它們的d殼層電子埋在一個錯誤的底層抽屜裡，使得這些電子都被遮住了。其他想跟過渡金屬起反應的原子，也都沒有辦法取得這些電子，結果造成那一列上的許多金屬元素都擁有同樣數目的外圍電子。於是它們表現出來的化學性也是同一個樣子。這也是為什麼，在科學上許多金屬看起來非常雷同，行為也非常雷同。它們全都是冷冰冰的灰色塊狀物，因為最外圍的電子階層讓它們沒有其他選擇，只能表現出一致的模樣。（當然，有時候被埋藏的電子也會突然冒出頭來，發生反應，而這更是徒增困擾。那就是為什麼某些金屬之間會出現輕微的差異，也是為什麼與它們相關的化學會讓人這麼氣惱。）

f殼層也是同樣一團糟。f殼層始於漂浮在週期表下方的第一列金屬，這一群稱為鑭系元素（lanthanide）。（又名稀土元素，而且它們的原子序是從五十七到七十一，按理應該屬於第六列。它們之所以被隔離安置在底部，是為了讓週期表看起來苗條一點，也正常一點。）鑭系元素甚至把新增電子埋藏得比過渡元素還要深，通常是低了兩個能階。這意味著與過渡金屬群相比，彼此甚至更爲相像，也因此幾乎完全沒有辦法加以區分。橫越這一列元素，就好像從內布拉斯加州開車到南達科他州，完全不會意識到已經跨越了州界。

想在自然界裡找到一個純鑭系元素的樣品，是不可能的，因爲它總是會遭到兄弟們的污染。有一個很著名的例子：新罕布夏州有一名化學家試著把第六十九號元素銩給分離出來，他先是用一個煮菜的大鍋子裝滿富含銩的礦砂，然後反覆地用化學方法和煮沸法來處理；這個流程每次都可以純化出一點點的銩。由於溶解需要的時間實在太長了，剛開始他每天只能處理一、兩個循環。然而他卻用手工操作，重複這些磨人的程序多達一萬五千次，每次只能從數百磅的礦砂中篩選出幾盎司讓他滿意的成品。即使是這樣，最後的成品中還是有一點點來自其他鑭系元素的污染，因爲它們的電子實在被埋得太深了，找不出一種化學方法能夠揪出來。

電子的行爲主導了週期表。但是你若想深入了解元素，絕對不能忽略占原子總質量百分之九十九的部分——原子核。雖然電子乖乖遵守「最偉大的非諾貝爾獎得主科學家」訂定的法則，但原子核卻服從一位或許要算是「最不可能的諾貝爾獎得主科學家」的預測，這是一位女士，比起路以士，她學術生涯的漂泊程度有過之而無不及。

瑪麗亞．戈佩特（Maria Goeppert）一九〇六年生於德國。雖然她父親是家族裡第六代的教授，她卻很難說服大學錄取女性博士生，只好在各家學院之間遊走，儘量多聽一點課。好不容易，她總算在漢諾威大學拿到博士學位，當時她得在一群從沒見過的教授面前爲自己的論文答辯。不令人意外的是，沒有推薦信、也沒有學界人脈的她，即使拿到博士學位，依然沒有一家大學願意聘用她。她只能透過丈夫，拐彎抹角地進入學術圈，她先生梅爾（Joseph Mayer）是到德國訪問進修的美國化學教授。一九三○年，婚後被稱爲梅爾夫人的她，隨丈夫回到美國巴爾的摩，之後開始不請自來地跟著先生到處跑，一起工作，一起參加研討會。很不幸，大蕭條期間，梅爾失業了好幾次，他們舉家遷往紐約，後來又遷到芝加哥。

大部分學校都容忍梅爾夫人這樣跟前跟後，和大家一起談科學。有些學校甚至會施恩給她一點工作做做，雖然都是不支薪，而且研究主題也都是刻板印象裡的「女性題材」，像是發掘色彩的成因等等。大蕭條結束後，她有好幾百位聰明的同僚都爲了曼哈頓計畫而聚在一起，進行可能堪稱史上最爲活躍的科學意見交流。梅爾夫人也有受邀，但還是一樣，只能參與一個比較外圍、沒什麼大用的計畫：利用閃光來分離鈾。毫無疑問，私底下她一定很生氣，但是由於太熱愛科學了，即便環境這麼差，她還是繼續做她的研究。二次大戰後，芝加哥大學終於開始把她當一回事，任命她爲物理學教授。但是她雖然有了自己的辦公室，系上還是不付她薪水。

不過，有職位總是一個好的起步，她從一九四八年開始研究原子核，也就是原子最中心的要素。在原子核心，帶正電的質子的數目——也就是原子序（atomic number），相當於原子的身分證。換句話說，任何原子要是失去或增加一個質子，就一定會變成另一個不同的元素。原子通常不會失去中子，但是同一種元素的原子卻可能擁有不同數目的中子——這些原子變體稱做同位素（isotope）。譬如說，鉛二○四與鉛二○六具有相同的原子序（八十二），但是中子數目不同（一一二以及一二四）。科學家花了好多年，才弄清楚原子序和原子量之間的關係，但是一等他們弄懂後，週期表科學馬上豁然開朗。

當然，梅爾夫人對這些也很清楚，但是她的研究觸及一個更難了解的神祕現象，一個讓人誤以爲很簡單的問題。天下最簡單的元素氫，也是含量最豐富的元素。第二簡單的元素氦，則是第二豐富的元素。在一個充滿美感次序的宇宙裡，第三號元素鋰，照理應該是含量第三豐富，以次類推。然而我們的宇宙可沒有這麼整齊。含量第三豐富是第八號元素，氧。爲什麼會這樣呢？科學家或許會答道，因爲氧具有一顆很穩定的原子核，所以不會裂解，或說「衰變」（decay）。但那只不過是把問題往後推——爲什麼某些元素（例如氧）會有這麼穩定的原子核？

梅爾夫人和大部分同事不一樣，她看出這個現象有點類似惰性氣體的異常穩定。她提出的假設是，和電子一樣，原子核裡的質子與中子也是坐在殼層內，而且把原子核的殼層塡滿，也同樣能帶來穩定性。從局外人的眼光來看，這項說法滿合理的，是一個很好的類比。但諾貝爾獎可不是靠假設就能贏得的，尤其是那些連薪水都拿不到的女性教授。不只如此，這個想法還惹毛了核子科學家，因爲化學流程與核子流程是各自獨立的。沒有理由相信，依賴成性、整天宅在家裡的中子和質子，也能做出和小巧、善變的電子一樣的行爲，後者可是會爲了迷人的鄰居而拋家棄子的。沒錯，大部分中子與質子不會這樣做。

然而梅爾夫人繼續探究她的預感，然後藉由把許多沒關聯的實驗兜在一起，證明了原子核果然具有殼層，而且確實會形成她所謂的魔數原子核（magic nucleus）。基於複雜的數學原因，魔數原子核不會像元素特性般，以規律的週期出現。魔數分別爲二、八、二十、二十八、五十、八十二等等。梅爾夫人的研究證明了，在原子序爲魔數的元素裡，中子和質子如何將自己安頓到高度穩定、對稱的軌域中。請注意，氧因爲具有八個質子和八個中子，而成爲雙倍魔數，也因此極端穩定——這也解釋了氧的含量爲何這麼豐富。同時，這個模型還連帶解釋了，爲何有些元素（像是鈣，原子序爲二十）在地球上的含量高得不成比例，以及爲何我們的身體裡有這麼多現成的礦物質，後者絕不是偶然的。

梅爾夫人的理論呼應了柏拉圖的想法，所謂美麗的形狀比較完美，而她的魔數模型，球體形的原子核，便成爲所有原子核的理想型。相反地，介於兩個魔數之間的元素，含量就比較少了，因爲它們形成的是醜陋的橢圓形原子核。科學家甚至發現，極端缺乏中子的鈥（holmium，第六十七號元素），會生出一個畸形、不穩定、「像橄欖球般的原子核」。根據梅爾夫人的模型（或是親眼見識過某人在球賽裡如何打橄欖球），你大概也猜想得到，鈥的橄欖球形原子核不會太穩定。而且，原子核被扭曲的原子不像電子殼層失衡的原子，沒辦法從其他原子那裡偷一點中子和質子，來平衡自己。於是，原子核奇形怪狀的原子（例如鈥）幾乎沒法形成，就算形成了也會馬上崩解掉。

這個原子核殼層模型是一個非常聰明的物理理論。也因此，若考量梅爾夫人在科學社群中岌岌可危的地位，當她發現自己的理論已經被另一位男性德國同鄉提出來了，毫無疑問必定非常氣餒。她有可能最後落得一點功勞都沒有。好在，由於雙方都是獨立提出這個想法的，而且當德國老鄉很大方地承認她的研究，並邀請她一起合作之後，梅爾夫人的學術生涯終於起飛了。她贏得了屬於自己的表揚，而且她和丈夫於一九五九年搬到聖地牙哥，也成了最後一次遷徙。在加州大學聖地牙哥分校，她終於有了一份正式的支薪職位。不過，還是一樣，她始終甩不開那種半吊子科學家的印記。一九六三年，當瑞典科學院宣布她贏得自己專業領域裡的最高榮譽時，聖地牙哥的報紙竟然以下面這則標題來慶賀她的大日子，「聖地牙哥老媽贏得諾貝爾獎。」

但是，這些或許都是觀點問題。想想看，同樣輕浮的標題如果是拿來報導路以士獲獎，搞不好會讓他看得心花怒放呢。

橫向逐列閱讀週期表，可以知道許多有關元素的事，但那只是故事的開頭，而且還不是最精彩的部分。事實上，同一欄裡的元素，縱向的鄰居，關係遠較水平方向的鄰居來得親密。幾乎在每一種人類語文中，人們都是習慣從左邊往右邊閱讀（或是從右邊往左邊），但是在閱讀週期表的時候，從上往下讀，一欄一欄地讀，就像某種形式的日文，其實更有意義。這樣做，可以看出元素之間諸多隱藏的關係，包括出乎意料的競爭與敵對。週期表有自己的文法，仔細探究它的字裡行間，新的故事將一一浮現。

2 雙胞胎與不肖子：週期表的族譜

碳 C	6	12.011
矽 Si	14	28.086
鍺 Ge	32	72.641

莎士比亞曾經試過一個單字 "honorificabilitudinitatibus" ——它到底是什麼意思，恐怕要看你問誰了，可能是指「榮耀之至」，或是一個顛倒順序字，意在宣告「莎士比亞的劇本不是那名吟遊詩人寫的，而是培根寫的」。① 但是這個由二十七個字母組成的單字，其實和號稱英文裡最長的單字簡直沒得比。

當然，要決定最長的單字是哪一個，有點像嘗試涉水渡過一道激流。你很可能一下子就失去控制，因爲語言是流動的，不停在改變方向。甚至連什麼叫做英文單字，都有不同的見解。在莎士比亞劇作《空愛一場》（*Love's Labor's Lost*）裡，由一名丑角口中說出的一個長單字，顯然來自拉丁文。但是，外來語即便出現在英文句子中，可能也不算數。此外，如果你把只是堆疊字首和字尾的字（例如由二十八個字母組成的 antidisestablishmentarianism，意思是「反對廢除國教制度」）或是無意義的字（例如由三十四個字母組成的 supercalifragilisticexpialidocious，意思是「太棒了」）都算進來，作家要騙讀者就太簡單了，恐怕可以寫到手抽筋。

但是你如果採用合理的定義——英文文獻裡出現過的最長單字，但是其目的**並非**爲了破紀錄，那麼我們要找的單字出現在一九六四年的《化學摘要》（*Chemical Abstracts*）中，這是一本類似字典的化學家參考書。這個單字是描述第一個被發現的病毒（一八九二年，菸草嵌紋病毒）裡的一種重要蛋白質。各位，在念這個單字前，請先吸一口大氣：

acetylseryltyrosylserylisoleucylthreonylserylprolylseryl-
glutaminylphenylalanylvalylphenylalanylleucylserylseryl-
valyltryptophylalanylaspartylprolylisoleucylglutamyl-
leucylleucylasparaginylvalylcysteinylthreonylserylseryl-
leucylglycylasparaginylglutaminylphenylalanylglutami-
nylthreonylglutaminylglutaminylalanylarginylthreo-
nylthreonylglutaminylvalylglutaminylglutaminylpheny-
lalanylserylglutaminylvalyltryptophyllysylprolylphenyla-
lanylprolylglutaminylserylthreonylvalylarginylphenylala-
nylprolylglycylaspartylvalyltyrosyllysylvalyltyrosylargin-
yltyrosylasparaginylalanylvalylleucylaspartylprolylleucyli-
soleucylthreonylalanylleucylleucylglycylthreonylphenyla-
lanylaspartylthreonylarginylasparaginylarginylisoleucyli-
soleucylglutamylvalylglutamylasparaginylglutaminylglu-

taminylserylprolylthreonylthreonylalanylglutamylthreo-
nylleucylaspartylalanylthreonylarginylarginylvalylaspar-
tylaspartylalanylthreonylvalylalanylisoleucylarginylsery-
lalanylasparaginylisoleucylasparaginylleucylvalylasparagi-
nylglutamylleucylvalylarginylglycylthreonylglycylleucyl-
tyrosylasparaginylglutaminylasparaginylthreonylphenyla-
lanylglutamylserylmethionylserylglycylleucylvalyltrypto-
phylthreonylserylalanylprolylalanylserine

這條大蛇共有一千一百八十五個字母。②

坦白說，你們大概只隨便掃了它一眼，對吧？現在，請回頭再看它一眼。你會發現，它的字母分布很有意思。英文中最常出現的字母e，在這個單字裡出現了六十五次；英文字裡並不普遍的字母y，在這裡卻出現了一百八十三次。整個單字裡，字母l占了百分之二十二（出現二百五十五次）。而且y和l不是隨機出現的，它們經常連袂出席——共有一百六十六對y l，差不多每隔七個字母就出現一對。那可不是巧合。這個長單字是在描述一個蛋白質，而蛋白質是由週期表第六號（也是最多才多藝的）元素碳所建造起來的。

說得更詳細些，碳是胺基酸的骨幹，而胺基酸就像小珠子般，串成蛋白質大分子。（菸草嵌紋病毒蛋白質由一百五十九個胺基酸組成。）生化學家因爲需要應付太多胺基酸，所以就設了一個簡單的文字登錄規則。他們把有些胺基酸名稱裡的 ine 刪掉，改成 y l，讓這些字符合一個規律的計量表：例如 serine 或 isoleucine 改成 seryl 或 isoleucyl。於是，只要按照順序去排，這些相連的 y l 就可以精確地描述出一個蛋白質的結構。就像一般人看到複合字 match-box（火柴—盒子），就可以看出它的意思是火柴盒，一九五〇以及六〇年代初的生化學家，用這種方式爲分子定名，爲的也是只要看到名字就能重建整個分子的結構。這個系統夠精準，但實在太累人了。從歷史角度來看，這種把單字合併起來的命名法，反映出德國以及超愛複合字的德文對化學的影響有多大。

但是，胺基酸爲什麼要串在一起呢？基於碳在週期表裡的位置，再加上它需要塡滿外層能階的八個電子——稱做八隅體規則（octet rule）。就原子及分子對待彼此的攻擊性強弱程度而言，胺基酸偏向比較文明的那頭。每個胺基酸分子的一端都含有氧原子，另一端含有一個氮原子，然後中間主幹上含有兩個碳原子。（主幹上也還有氫原子和一個分枝，這個分枝可以有二十種不同的分子組成，但是這裡我們不用細究。）碳、氮及氧全都想要讓外層能階擁有八個電子，但是其中一個原子比較容易辦到。氧原子身爲第八號元素，總共擁有八個電子。其中兩個電子屬於最低能階，先塡入第一個能階。剩下六個電子則留在外層，所以氧原子總是在尋找額外的兩粒電子。兩粒電子並不難找，積極的氧原子會自訂規則，欺負別的原子。但是以同樣的算法，第六號元素碳就可憐多了，它將頭兩個電子塡入第一層之後，剩下四個電子，因此需要再加四個電子才能湊足八個。這就難多了，結果是，碳原子在形成鍵結方面，標準低得不得了。它到處與人糾纏，幾乎是來者不拒。

這種人盡可夫的習性，正是碳原子的一大優點。碳不像氧原子，與其他原子結盟時，必須不計較是「給予」還是「接受」。事實上，碳原子有辦法同時與其他四個原子產生鍵結。也因此，碳原子可以打造出複雜的分子鏈，甚至三度空間的分子網。也因爲它會與其他原子共用電子，而不會去偷電子，它形成的鍵結格外穩定。氮也需要形成多重鍵結才會快樂，雖說程度不如碳。像前面提到的大蛋白質分子，正是利用這類的元素特性。胺基酸分子主幹上的一個碳原子，會與另一個胺基酸某端的氮原子，共用一個電子，然後，當這些可相連的碳與氮沒完沒了地串連下去，像字母串成一個極長的單字一般，蛋白質大分子就這樣誕生了。

事實上，現在的科學家已有能力解開遠較上述蛋白質長得多的分子密碼。目前保持紀錄的巨型蛋白質名稱，如果要完全拼寫出來，共有十八萬九千八百一十九個字母。但是到了一九六〇年代，當一些能快速定出胺基酸序列的儀器問世後，科學家覺悟到，要不了多久，他們就會碰到名稱長度和本書文長不相上下的化學物質了（那種名字校對起來眞會要人命）。於是他們終於拋開笨重的德國命名系統，改用比較短小、比較不浮誇的名稱，即使是官方的正式名稱亦然。譬如說，剛剛提到十八萬九千八百一十九個字母的蛋白質，現在的名字可簡單多了，叫做 titin（肌聯蛋白）。③總的說來，是不是眞有人將菸草嵌紋病毒的名字完整印出來，甚至只是想印出來，都頗值得懷疑。

但這並不表示胸懷大志的辭彙專家就不應該重溫一下生化學。講到長得可笑的單字，醫學始終是一塊沃土，而目前在《牛津英文辭典》的非技術專有名詞當中，最長的一個單字正是以碳最親近的表兄弟元素爲基礎，這個元素通常被當做其他銀河系裡，相當於地球上「以碳爲基礎的生命形式」的另一種選擇——它就是第十四號元素，矽。

在族譜裡，位於頂端的父母生下的孩子必定與父母有些相似之處，同樣地，碳與位在下方的元素矽所具有的共通點，多於左右兩個鄰居，也就是硼與氮。我們已經知道原因了。碳是六號元素，而矽是十四號元素，兩者之間差了八個元素（另一個八隅體）可不是巧合。對矽來說，兩個電子塡入第一能階，然後八個電子塡入第二能階。最後剩下四個電子——於是矽也陷入與碳相同的窘境。但是，那樣的處境也讓矽具有與碳相同的彈性。也因爲碳的彈性和它形成生物體的能力有直接關係，因此矽是否有能力像碳一樣，就成了科幻小說迷的夢想（因爲長久以來，他們都醉心於另一種生命形態，也就是遵循不同於地球生物規則的異形）。但同時，血統也不能決定一切，因爲孩子從來就不會與父母一模一樣。所以，碳和矽的關係雖然非常親近，但終究是兩種不同的元素，會形成不同的化合物。對科幻迷來說，很不幸，矽沒有能力玩碳的那些花招。

奇妙的是，我們可以藉由剖析另一個保持紀錄的長單字，來得知矽爲何會有這方面的限制；那個單字之所以落落長，原因和前面那個蛋白質的名字有一千一百八十五個字母的原因一樣。坦白說，蛋白質的名字是有點公式化的——趣味主要是在於它的新奇，就像數學裡的 π，可以一路算出幾兆個數字。相反地，《牛津英文辭典》中最長的四十五字母的單字是 pneumonoultramicroscopicsilicovolcanoconiosis（矽肺病），一種與矽有關的病。字彙狂喜歡把這個字稱爲 p45，但是醫界有人質疑 p45 是否眞能算是一種疾病，因爲它只是一種無法治癒的肺部狀態變體，而此肺部狀態稱爲肺塵病（pneumonoconiosis）。這種 p16（也就是肺塵病）與肺炎很像，是因爲吸入石棉造成的。如果是吸入矽與玻璃的主要成分二氧化矽，也會引發肺塵病。整天在噴砂的建築工人，以及絕緣材料工廠的裝配工人，因爲吸入大量玻璃塵，通常會染上以矽爲根源的 p16。但因爲二氧化矽是地殼上最普遍的礦物，另外一群人也很容易受害：居住在活火山附近的人。威力強大的火山能將二氧化矽（SiO_2）磨得粉碎，然後噴吐到空氣裡。這些粉末很容易鑽進我們的肺囊。由於我們的肺整天都在處理二氧化碳，碰到二氧化碳的表親二氧化矽，會覺得應該可以照吸不誤，然而後者卻能致命。六千五百萬年前，當一顆大如城市的小行星或彗星撞上地球後，大批恐龍可能就是這麼死的。

明白這一點後，要解析 p45 的字首與字尾就容易多了。這種肺病是人們在逃離火山爆發現場時，由於氣喘吁吁，吸入大量火山噴發的二氧化矽微粒所造成的，因此才會叫做 pneumono-ultra-microscopic-silico-volcano-coniosis（肺部的—超級—微小—矽—火山—粉塵病）。如果你打算在下次和人閒聊時，拿出來賣弄一下，先警告你，許多純粹文字的擁護者都很憎惡這個字。某人在一九三五年創出這個單字，贏得了一項益智競賽，有些人至今都輕蔑地說這是一個「獎杯單字」（trophy word）。甚至連正經八百的《牛津英文辭典》編輯都說 p45 的壞話，把它界定爲「一個搗蛋的字」，只能「據稱是指」它所指的病。大家這麼輕視它，乃因爲 p45 是從諸多「眞正的」單字擴張而成。p45 是拼湊而成的，就像是人造生物，而不是由每日生活用語當中自然演變出來的。

對矽研究得再深入一點，我們就可以探究出以矽爲基礎的生物是否可能存在。雖然和以矽爲基礎的生物死光槍一樣，在科幻小說裡常見到氾濫，但它終究是一個很重要的想法，因爲它把我們的「碳中心」生命可能性觀念又向前推了一步。矽的擁護者甚至可以指出，地球上已經有幾種動物的體內帶有矽，像是海膽具有矽質的棘刺，以及放射蟲（一種單細胞原生動物）用矽打造外骨骼。電腦和人工智慧的進步更暗示了，矽有可能形成像任何生物一般複雜的「腦袋」。理論上，你應該可以把腦中所有的神經元都改成矽電晶體。

但是，p45 爲我們所上的一堂實用化學課，將矽生物的夢想給戳破了。顯然得很，以矽爲基礎的生物需要能將矽運出、運入身體以修補組織，就像地球生物都會把碳送出送進。在地球上，位於食物鏈底部的生物（就很多角度來說，也是最重要的生物）可以透過氣態二氧化碳來達成。矽在自然界中也幾乎都與氧結合，通常是二氧化矽。但是和二氧化碳不同，在適宜生命存活的環境下，二氧化矽（即便是火山粉塵）都是固態形式，而不是氣體。（它要到攝氏二千二百零四度才會變成氣體！）就細胞的呼吸作用來說，吸入固體是行不通的，因爲固態物質會黏成一團，不會流動，因此很難取得個別的分子，但細胞就是需要個別分子。即使是最原始以矽爲基礎的生物，例如類似綠藻的生物，要呼吸矽都很困難，更別提具多層細胞的大型生物了。如果沒有辦法與周遭環境交換氣體，植物類的矽生物會餓死，動物類的矽生物則會被廢物窒息而死，就像人體以碳爲基礎的肺，會被 p45 悶死一般。

這些矽微生物難道沒有其他方法來排出或吸入矽嗎？也許有，但是二氧化矽不能溶於水，而水是已知宇宙中最豐富的液體。所以，如果真有矽生物，它們必須捨棄演化優勢，放棄血液或任何能循環養分與廢物的液體。如此一來，矽生物將只能依賴固體，但是固體無法輕易地混合，所以簡直無法想像矽生物還能夠**怎麼辦**。

不只如此，由於矽所帶的電子比碳多，體積也比較龐大，就好比增重二十多公斤的碳。有時候這並不會造成問題。譬如說，在火星上相當於脂肪或蛋白質的分子中，矽可能可以取代碳。但是碳還能把自己扭曲成環狀分子，形成我們所謂的糖類。環狀是高張力的狀態——意思是儲存了許多能量，而矽不夠柔軟，沒有辦法彎曲到適當的角度以形成環狀。還有一個類似的問題，矽原子也沒有辦法把電子擠進狹小的空間，以便形成雙鍵，而幾乎所有複雜的生化分子裡都有雙鍵。（當兩個原子共用兩個電子時，就會形成單鍵。兩個原子共用四個電子，則形成雙鍵。）因此矽生物在儲存化學能量以及製造化學荷爾蒙方面，選項會少掉好幾百個。總之，只有非常極端的生物化學結構與特性，才能支持矽生物的生長、反應、生殖以及攻擊。（海膽和放射蟲只把矽當做結構支撐材料，而不是拿來呼吸或儲能。）此外，即使碳在地球上的普及度遠低於矽，碳生物還是能在地球上演化出來，單單這件事實，幾乎就是碳生物自身的最佳證明。④我當然不會傻到敢斷言矽生物不可能存在，但除非這些生物排放的糞便是矽土，而且居住在火山不斷噴出超微矽粉塵的星球上，否則矽恐怕是沒有辦法讓生物活命的。

幸運的是，矽還是找到了另一條通往不朽的路。和病毒這種類生物一樣，它設法鑽進了一個生態區系，藉由寄生於正下方的元素，得以存活下來。

在週期表上碳及矽的欄裡頭，我們可以上好幾堂族譜學。在矽下面，我們看到了鍺。在鍺下面，我們很意外地發現了錫。再下面一格則是鉛。於是從週期表直直往下走，我們會先經過碳，建構生命的主要物質；接著是矽和鍺，兩者都與現代電子科技息息相關；再到錫，一種乏味的灰色金屬，常做爲罐頭的材料；然後是鉛，對生物帶有些許敵意的元素。以上每一步都很小，但是卻很能提醒我們，雖說某個元素可能和下一個元素很像，但還是會累積出一些小突變。

我們要上的另一課是，每個家族都會有一個不肖子，一個被族人放棄的成員。在週期表第十四欄裡，這個成員就是鍺，一個運氣不佳的倒楣鬼。我們把矽用到電腦裡，用到晶片裡，用到汽車和計算機上。矽半導體不但把人送上月球，還能帶動網際網路。但是如果六十年前的歷史稍稍改動一下，今天北加州恐怕就不會有個地方叫「矽谷」，而是叫做「鍺谷」了。

現代半導體工業是在一九四五年起源於紐澤西州的貝爾實驗室，距離愛迪生七十年前所設置的發明工廠，只有幾哩遠。貝爾實驗室裡有一位電子工程師兼物理學家蕭克利（William Shockley），一直嘗試著要建造一種小巧的矽放大器來取代大型電腦裡的眞空管。工程師都很厭惡眞空管，因爲那種長長的、像燈泡般的玻璃外殼，既笨重又脆弱，而且還有容易過熱的毛病。但是儘管百般瞧不起，他們還是需要這些管子，因爲找不到其他東西來負擔它們的雙重大任：這些管子一方面可以放大電流訊號，所以極微弱的訊號都不至於消失；另一方面，它們還可以充當電流的單向閘門，好讓電流無法在電路中回流。（如果你家的污水管是雙向流動的，你能想像後果有多可怕嗎？）蕭克利打算要對眞空管發動一場革命，就像愛迪生對蠟燭所做的革命，而他也知道，答案就在半導體元素當中：只有半導體元素能夠達成工程師渴望的平衡，一方面要讓足夠的電流通過，形成電路（「導體」的部分），但另一方面又不能讓太多電流通過，免得無法控制（「半」的部分）。不過，蕭克利雖然比其他工程師更有遠見，但是他的矽放大器始終沒法放大任何訊號。兩年都做不出成果的他，氣餒之餘，就把這個計畫丟給兩名部下巴丁（John Bardeen）和布拉頓（Walter Brattain）去做。

根據一位傳記作家的說法，巴丁和布拉頓「相親相愛，說多要好就有多要好……巴丁有點像是連體嬰的頭腦，而布拉頓則是雙手」。⑤這種共生是互利的，因爲巴丁（「蛋頭」這個形容詞，好像是爲他量身打造的）並不是手很巧的人。這對連體嬰很快就斷定，矽太過脆弱，而且不易純化做爲放大器。再說，他們也知道鍺，鍺的外圍電子所坐落的能階比矽高，因此連結也比較鬆，導起電來會更流暢。於是，一九四七年十二月，巴丁和布拉頓利用鍺打造出世界上第一個固態（而非真空）的放大器。他們稱之爲電晶體。

這則消息照理應該會讓老闆蕭克利狂喜才對——只除了一點，那年耶誕節他人在巴黎，使得他很難宣稱這項發明也有他的功勞（更別說，他之前還用錯了元素）。於是，蕭克利打算要偷取巴丁和布拉頓的研究功勞。蕭克利並不是個壞胚子，但是只要自認有理，他是可以很無情的，而他相信電晶體的大部分功勞都該歸他。（這種無情的信念，在蕭克利晚年再度浮現出來，當時他已經不研究固態物理學，而改從事優生「科學」——繁殖比較優秀的人種。他相信有所謂知識分子裡的婆羅門種姓，也就是最高等的人，而且他也開始捐精給「天才精子銀行」⑥，並呼籲應該付錢給窮人及弱勢者，要他們絕育，以免拖垮人類整體的智商。）

話說當時蕭克利由巴黎匆匆趕回美國，硬把自己擠進電晶體的畫面中，這裡說的擠進去，可不是形容詞，而是真正的「擠進去」。在貝爾實驗室發布的照片中，都可以看到他們三個人好像在做研究的樣子，而他總是站在巴丁與布拉頓中間，把那對連體嬰切開，而且他還把自己的手放在儀器上，迫使另外兩人只能從他肩後探頭觀望，一臉助理相。這些影像果然成爲新的事實，而科學界也把功勞歸給他們三人。另外，蕭克利還像封建制度下的小器王儲般，把智識上的主要敵手巴丁放逐到另一間不相干的實驗室，好讓自己來主導研發第二代更符合商業用途的鍺電晶體。一點都不令人意外，巴丁很快就辭去貝爾實驗室的工作，改到伊利諾大學任教。事實上，由於這段經歷太令他反感，他連半導體研究都不碰了。

鍺的處境也開始走下坡。等到一九五四年時，電晶體工業已經快速蓬勃起來。電腦處理資訊的能力以級數成長，而且各種新產品（像是袖珍收音機）也迅速發展起來。但是在這片榮景中，工程師對矽依舊念念不忘。部分原因在於鍺太反覆無常。這是導電性優良的必然後果，因爲會產生多餘的熱，使得鍺電晶體因爲高熱而熄火。更重要的是，身爲砂石主要成分的矽，價格恐怕比泥土還便宜。科學家雖然對於鍺還是忠心耿耿，但私底下還是花了一大把時間在幻想矽。

突然之間，就在那年的一場半導體經銷商大會上，當某人講完一場關於矽電晶體如何不可行的演講後，一名德州工程師大剌剌地站起身，聲稱事實上他口袋裡就有一個矽電晶體。大家想不想看他示範呀？於是，這位馬戲大王——眞名叫做提爾（Gordon Teal），先把一具使用鍺電晶體的錄音機外接上擴音器，然後好像中世紀時代的人，把拆掉外殼的錄音機投入一盆滾燙的熱油裡。不出所料，錄音機馬上就掛了。接著，提爾把錄音機撈出來，拔掉鍺電晶體，換上他的矽電晶體。然後他再次將錄音機拋入沸油中，樂聲卻依然響亮。就在這一刻，當滿屋子經銷商蜂擁到大廳後方打公共電話，鍺正式淪爲半導體的棄婦。

巴丁的運氣倒是不錯，他和鍺的一段情早已畫下快樂的句點，即便有一點疙瘩。他所研究的鍺半導體已經證實非常重要，因此，他、布拉頓以及（怎麼說呢，只能**嘆息**）蕭克利，一同獲頒一九五六年的諾貝爾物理獎。巴丁是在某天早晨於廚房做早點時，從收音機（那時應該已經是矽電晶體）聽到這則消息。一陣緊張之下，他把整家人的炒蛋都打翻到地板上。但這可不是他最後一次的諾貝爾洋相。在前往瑞典領獎前幾天，他在清洗大禮服的白領結和背心時，與其他會褪色的衣物混在一起，結果把領結給染綠了，就像他教的大學部學生會出的紕漏。典禮當天，對於即將覲見瑞典國王古斯塔夫一世，他和布拉頓因爲太緊張了，只好先暢飲一杯奎寧來鎮定他們的胃。更糗的是，古斯塔夫竟然責怪他怎麼不把兩個兒子帶來觀禮（巴丁要他們留在哈佛大學，怕他們錯過一場考試）。對於國王的指責，巴丁只好乾笑兩聲，勉強打趣道，等他下次再贏得諾貝爾獎時，一定把他們帶來。

儘管出了些小洋相，這場典禮確實把半導體推上了巔峰，只可惜爲時甚短。當時，負責頒發諾貝爾化學和物理獎項的瑞典國家科學院，想把獎頒給純科學研究的傾向勝過工程研究，因此電晶體的獲獎對於應用科學界來說，算是一份頗不尋常的殊榮。儘管如此，到了一九五八年時，電晶體工業又遇到另一項危機。既然巴丁已經離開這個領域，機會之門將爲另一位英雄敞開。

雖然基爾比（Jack Kilby）可能得彎腰（他身高六呎六吋）才過得了這道門，他還是很快就通過了。這位講話慢吞吞的堪薩斯佬，有一張堅韌粗獷的面孔，他在一九五八年到德州儀器（Texas Instruments）上班前，曾在窮鄉僻壤的密爾瓦基待了十年。雖然基爾比的背景是電子工程，但他在德儀卻負責解決一個電腦硬體問題，所謂的「數量暴君」（tyranny of numbers）。基本上，廉價的矽電晶體雖然還算好用，但是時髦花俏的電腦電路需要極大量的矽電晶體。意思就是說，像德儀這類公司必須聘用一整個機棚的低薪工人（大部分是婦女），整天啥都不做，就只是蹲在顯微鏡前，身著防護衣，一邊咒罵，一邊揮汗如雨地將小塊小塊的矽焊接在一起。這個流程不只是昂貴，而且很沒效率。在每個電路上，總難免會有一個脆弱的線路斷裂或鬆脫，害得整個電路報廢。可是工程師卻沒有辦法不依賴這麼大量的電晶體：所以叫做數量暴君。

基爾比是在悶熱的六月來到德儀。身為新進員工，他沒有假期可休，所以當數千名員工都在七月蜂擁去度假時，只剩他孤零零地坐鎮在實驗桌前。這份突如其來的寧靜，無疑地讓他認定，雇用幾千名工人來焊接電晶體是一件蠢事。另外，少了上司的監督，也讓他有時間放手嘗試一個新想法，他稱之為「積體電路」（integrated circuit）。矽電晶體並不是電路板上唯一需要用手工焊接的零件。碳膜電阻器以及陶瓷電容器，同樣需要工人將它們與銅線接在一起。基爾比把這種個別元件的設置完全拋開，改為從一整塊半導體材料上，雕刻出所有元件，所有的電阻、電晶體以及電容。這眞是一個了不起的點子——就結構以及藝術性來說，兩種方法的差別，就像是用一整塊大理石刻出一尊雕像，對照於先分別雕刻出四肢，然後再設法組成一尊雕像。但是，他對用矽來做電阻和電容不太放心，所以轉而用鍺做為他原型積體電路的材料。

這個積體電路最後終於解放了眾家工程師，不用再忍受數量暴君。因為元件全都由同一塊材料製成，不需要人工去焊接。事實上，過不了多久，甚至沒有人可以去焊接了，因為積體電路也讓工程師得以將蝕刻流程自動化，以及做出顯微電晶體——第一個眞正的電腦晶片。這項發明的功勞從來不曾全數歸於基爾比（幾個月後，蕭克利的一位門生提出一份更詳細一點點的專利申請，然後就把專利權從基爾比的公司手中搶走了），但是直到今天，科技迷還是會把最高的工程榮耀還給基爾比。在一個產品週期以月份來計算的產業領域，五十年後的今天，晶片還是採用他的基本設計。二〇〇〇年，他終於因為發明積體電路而贏得一座遲來的諾貝爾獎。⑦

不過，可憐的鍺，名譽始終沒法起死回生。基爾比最初做出來的鍺積體電路，如今被供奉在史密森國家博物館裡，但是在嚴厲無情的商業市場裡，鍺卻只有挨打的份兒。矽實在太便宜，也太容易取得了。牛頓曾經說過一句名言，說他的成就是站在巨人肩上完成的——他的發現是建立在無數前人科學家的發現上頭。同樣的話，或許也可以拿來形容矽。在鍺完成所有苦工之後，矽成爲偶像，鍺則被流放到週期表上，沒沒無聞。

事實上，就週期表來說，那倒是滿常見的命運。大部分元素都不應該如此不爲人知。甚至連發現許多元素的科學家，以及將它們排進最初的週期表的科學家，都早已被人遺忘。不過就像矽一樣，有少數幾個人博得舉世名聲，而且不見得都有很充分的理由。所有研究早期週期表的科學家，都認得出有一些元素彼此很相像。化學「三元素組」（triad），例如現代的碳、矽、鍺案例，是週期系統存在的第一條線索，但是有些科學家就是比別人更擅長辨識細微之處，辨識出週期表同一族元素身上的特徵，就像人類家族裡的祖傳酒窩或是歪鼻子。由於通曉如何追蹤並預測這類相似點，科學家門得列夫（Dmitri Mendeleev）很快就躍上歷史舞台，榮登週期表之父的寶座。

3 週期表的加拉巴哥群島

33	砷	As	74.922
31	鎵	Ga	69.723
58	鈰	Ce	140.116
39	釔	Y	88.906
70	鐿	Yb	173.043
68	鉺	Er	167.259
65	鋱	Tb	158.925

關於週期表的歷史，或許也可以說是一部塑造週期表的人物史。看到史書上各種的第一號代表人物，像是斷頭台設計者吉勒汀醫生（Dr. Guillotin）、龐氏騙局始祖龐齊（Charles Ponzi）、高空鞦韆發明人李奧塔（Jules Léotard），或是名字等同剪影的希婁耶特（Étienne de Silhouette），想到眞有其人其事，讓你不禁會心一笑。說到爲週期表打頭陣的先鋒，更是値得大大讚美，因爲以他爲名的燃燒器幫忙學生耍過的把戲，史上任何實驗室儀器皆難望其項背。然而令人失望的是，這位名叫本生（Robert Bunsen）的德國化學家並沒有眞正發明「他的」燃燒器，只是改良原有設計，並在一八〇〇年代中期加以推廣。但就算沒有本生燈，他還是有辦法幫自己惹上一堆危險和禍害。

本生的初戀情人是砷。雖然這第三十三號元素自古以來就臭名遠播（古羅馬的刺客常常把它塗在無花果上），但早在本生把砷放進試管裡亂攪和之前，罕有安分守己的化學家很了解它。本生研究的主要是二甲砷基（cacodyl），這種化合物的名稱源自希臘文的「惡臭」。本生自己也說，二甲砷基臭得讓他產生幻覺，「會讓你瞬間手腳刺痛，甚至暈眩、麻木。」連他的舌頭也「蒙上一層黑色」。或許是爲了自己著想，他很快就研發出至今依然最有效的砷毒解毒劑——水合氧化鐵（iron oxide hydrate），一種與鐵鏽有關的化合物，能鉗住血液中的砷，把它拖出來。不過他還是沒法永遠全身而退。有一次因爲疏忽，砷在燒杯裡爆炸，幾乎轟掉他的右眼，令他往後的六十年人生都處在半瞎狀態。

這樁意外發生後，本生終於和砷道別，把熱情轉向天然的爆炸。本生熱愛所有能從地底噴發的東西，他花了好幾年時間研究間歇泉與火山，親手採集它們的蒸氣和沸騰液體。他甚至在實驗室裡安置了一座緊急備用的人工老忠實噴泉，而且也發現了間歇泉如何儲壓與爆發。本生於一八五〇年代回到海德堡大學化學系，很快就因爲發明光譜，也就是用光來研究元素，而讓自己成爲不朽的科學人物。週期表上的每一種元素被加熱時，都能製造出銳利、狹窄的彩色色線。譬如說，氫總是能散發出一道紅、一道黃綠、一道淺藍以及一道靛藍色的色線。如果你把某種神祕物質加熱，結果發散出剛剛提到的那些譜線，你就可以打賭裡面一定含有氫。這是一項非常重大的突破，讓科學家碰到奇怪的化合物時，第一次有機會不需煮沸，也不需用酸解離，就能窺見它們的內在成分。

在建造第一個光譜時，本生和一名學生把一個稜鏡裝入一個雪茄盒，以防止光線散開，另外還裝上兩個從望遠鏡取下的接目鏡，以便窺視雪茄盒內部，就像是西洋鏡的構造。當時，光譜唯一的限制，就是沒辦法讓火燄溫度增高到足以激發元素。於是，本生便發明了一項裝置，令他成爲「所有曾用火融化一把尺或鉛筆的孩子心目中的英雄」。他將當地一名技師的瓦斯燃燒器拿來，加裝了一個活門，以便調節氧氣的量。（還記得你在學校手忙腳亂地調節本生燈底部那個轉鈕嗎？就是它。）結果燃燒器的火燄從原本效率不足、劈啪作響的橘紅色，改良成爲現代所有好爐子上都會出現，整潔、嘶嘶叫的藍色火燄。

本生的研究快速推進了週期表的發展。雖說他曾經反對以光譜做爲元素分類的依據，但其他科學家並不覺得這樣做有何不妥，而光譜也立刻開始指認新元素。另外也很重要的是，由於光譜能在未知的物質中找出已知的舊元素，因此也有助於釐清錯誤的說法。有了可靠的鑑定法，化學家總算能朝向終極目標邁出一大步，也就是更深一層地去認識物質。但還是一樣，除了找出新元素，科學家還需要把它們組織成類似族譜的關係圖。講到這，我們又要談談本生對週期表的另一項重大貢獻——協助在海德堡建立起一個知識王朝，因爲他指導過的好幾名學生，都有功於建立早期的週期表規則。其中包括本章第二位主角，通常被譽爲第一個創造出週期表的門得列夫。

但是說實話，就像本生和本生燈，門得列夫並沒有獨自憑空想出週期表。共有六個人各自獨力發明出週期表，而且也都是根據諸多前輩化學家早就注意到的「化學親和力」（chemical affinity）。剛開始，門得列夫只有一點粗略的概念，是關於如何將元素分成一個個不知名的小組，然後再把這些週期體系的表示法轉化成科學法則，就像荷馬把一堆不相關的古希臘神話，轉化成一部文學巨著《奧德賽》（*The Odyssey*）。科學界和其他領域一樣，也需要英雄，而門得列夫後來會變成週期表故事裡的主角，有好幾重原因。

首先，他的傳記實在太精彩了。門得列夫生於西伯利亞，是十四名子女中的老么，在他十三歲那年（一八四七年），父親就過世了。爲了養家活口，他母親接收一家玻璃工廠，親自管理廠裡的男性技工，這在當時算是很大膽的舉動。很不幸，玻璃廠發生火災燒個精光。這下子，他母親轉而把希望都投注在極端聰明的么兒身上。她爲兒子打包妥當，然後跳上馬，親自護送么兒穿越陡峭多雪的烏拉山脈，長途跋涉一千二百哩來到菁英薈萃的莫斯科大學——但是後者卻不讓門得列夫入學，理由是他不是本地人。但是頑強的門得列夫媽媽可不會輕言放棄，她把么兒放上馬背，然後再次跳上馬，又往前騎了四百哩，前往亡夫的母校聖彼得堡大學。在親眼看到愛兒順利入學之後，她就過世了。

門得列夫果然是個優等生。畢業後，他又前往巴黎和海德堡深造，曾經短暫受教於本生的門下（兩人發生衝突，部分原因出在門得列夫個性陰晴不定，部分則是因爲本生的實驗室是出了名的喧囂嘈雜，而且經常瀰漫著一股惡臭）。一八六〇年代，門得列夫以教授之姿返回聖彼得堡，然後在此開始思考元素的性質。這項研究在他於一八六九年提出舉世聞名的週期表時，達到巔峰。

同個時期，有好多人都在研究如何歸納整理眾多的元素，有些人甚至也採取類似門得列夫的方法，儘管心存疑慮，拿不定主意。英格蘭有一位三十幾歲的化學家紐蘭茲（John Newlands），便在一八六五年向化學學會提出一份他對元素表的暫時構想。然而，一項修辭上的失誤注定了他的命運。在那個年代，還沒有人知道惰性氣體（從氦到氡）的存在，所以他的週期表最上方兩列都只有七欄。紐蘭茲突然異想天開，把這七欄元素拿來和音階上的 do-re-mi-fa-sol-la-ti-do 相比。很不幸，倫敦化學學會可不是那種懂得欣賞奇思怪想的觀眾，他們覺得紐蘭茲的想法太可笑了，諷刺它是點唱機化學。

門得列夫最大的敵手是德國化學家邁耶（Julus Lothar Meyer），蓄著一把蓬亂的白鬍鬚，以及一頭油亮整齊的黑髮。邁耶也曾經在海德堡接受過本生的指導，而且擁有多張重要的專業證照。他有許多成就，其中包括想出血液之所以能運送氧氣是藉由血紅素與氧的結合。邁耶差不多與門得列夫同時期發表他自己的週期表，這兩人甚至基於同時發現「週期法則」，而在一八八二年共享有「前諾貝爾獎」之稱的戴維獎（Davy Medal。這是一個英國獎項，但紐蘭茲卻被摒除在外，直到一八八七年才終於獨得屬於他的戴維獎）。然而就在邁耶持續從事重大研究，名聲節節高升之際——他協助推廣了一些當時很激進的理論，但事後證明都是正確的——門得列夫卻變得日益怪僻，最不可思議的是，他竟然拒絕相信關於原子的事實。①（日後他同樣否定無法用肉眼看到的事實，例如電子以及放射性。）如果要你在一八八〇年左右評斷這兩人，何者是比較偉大的理論化學家，你很可能會選擇邁耶。所以啦，到底是什麼因素，讓門得列夫有別於邁耶以及其他四名更早發表週期表的人（至少就歷史學的角度來看）？②

首先，門得列夫比任何化學家都更了解，元素的某些特質是不變的，儘管其他一些性質可能會改變。譬如說，他知道像氧化汞這樣的化合物（一種橘色的固體），並非不知怎地「含有」一種氣體（氧）和一種液態金屬（水銀），雖然其他人都這樣認爲。相反地，他認爲，氧化汞含有兩種元素，只不過這兩種元素單獨存在時，剛好一種是氣體，一種是固體。而每種元素不變的性質，在於各自的原子量；原子量也是門得列夫認爲可用來界定元素的特徵，這一點與現代觀點算是滿接近的。

第二，和其他科學家只是試著將元素編排成列與欄不一樣，一輩子都泡在實驗室裡的門得列夫，培養出對元素的深刻感受，深知它們摸起來是什麼感覺，聞起來味道如何，反應狀況又是什麼模樣，尤其是在週期表上最難安排位置的金屬元素。也因此，他就是有辦法將當時已知的六十二種元素都排進他的列與欄當中。此外，門得列夫對於校正自己的週期表也彷彿著了魔，有一度他甚至把每個元素寫在索引卡上，然後在辦公室裡把玩這些卡片，好像在玩單人化學撲克牌遊戲。最重要的是，因爲沒有適合的已知元素，門得列夫與邁耶都在各自的週期表上留下了一些空格，但是門得列夫和老實正派的邁耶不同，他敢大膽預測將會有新元素被發現。他彷彿在嘲笑，**你們這批化學家和地質學家呀，再用力一點，一定會找到的**。門得列夫甚至會根據每一欄中的已知元素，來預測尚未被發現的元素的密度和原子量，而當某些預測竟然成眞，人們自然就被他迷住了。不只如此，當科學家在一八九〇年代發現了惰性氣體之後，門得列夫的週期表終於通過最嚴格的考驗，因爲只要在他的週期表上多加一欄，就能將這些氣體輕鬆納入。（門得列夫本人起初不相信有這些氣體，但是到了那個時候，週期表已經不是他個人的財產了。）

再來，還有門得列夫那超強的個性。他和知名的俄國同鄉杜斯妥也夫斯基一樣——杜氏曾經在三週內寫完長篇小說《賭徒》（*The Gambler*），以便清償一筆緊急的賭債——門得列夫發表第一版週期表，也是趕在他的教科書出版商訂定的截稿期限前。當時他已完成教科書的第一冊，全套教科書厚達五百多頁，但是裡面只講解了八個元素。換句話說，他得把剩下的元素都塞進第二冊中。在拖延耽擱了六週之後，他突然心血來潮，認定最簡潔的表示手法，莫過於用一張表來呈現所有資料。興致勃勃的他，辭去在當地某家乳酪工廠擔任顧問的副業，準備全力編列這張元素表。等到他的大作問世後，大家發現門得列夫不只預測將來會有新元素塡進表上的空格，甚至還幫它們取了暫用的名字呢。而且他採用充滿異國風情的神祕語言來命名，對他更是只有加分作用

（在不確定的年代，世人尤其渴望大師）。他用梵文的**在此之下**來描述這些未知元素：例如矽下元素（eka-silicon）、硼下元素（eka-boron）等等，不一而足。〔譯註：在梵文裡 eka 的意思是一，eka-silicon 意思是「在矽下方一位的元素」。〕

幾年後，已經名滿天下的門得列夫和老婆離了婚，想要再婚。雖然保守的當地教會說，他得等滿七年後才可再婚，但他卻賄賂一名教士，如願完婚。就技術面而言，他等於犯下重婚罪。然而，當一名地方官員向沙皇抱怨這件案子的裁決有雙重標準時——門得列夫沒事，但收賄的教士被免職——沙皇卻一本正經地答道：「我知道門得列夫有兩個老婆，但是我只有一個門得列夫呀。」不過沙皇的容忍終究是有限度的。一八九〇年，自許爲無政府主義的門得列夫，還是因爲同情暴力的左派學生團體，而丟掉了學術職位。

不難看出，爲什麼歷史學家和科學家會對門得列夫的生平軼事如此津津樂道。不過話說回來，要是他沒有建立起週期表，現在也不會有人還記得他的生平。總的說來，門得列夫的研究可以媲美達爾文的演化論，以及愛因斯坦的相對論。儘管他們當中沒有一個人是獨力做出**所有**研究，但是他們做得最多，而且他們的做法也遠較其他人優美。他們看出影響會有多深遠，而且也採用了大量證據來支持自己的發現。另外和達爾文一樣的是，門得列夫也在研究領域樹立了終生的敵手。爲從沒見過的元素命名是一件魯莽的事，這項舉動大大激怒了本生的智識傳人——這位發現了所謂「鋁下元素」（eka-aluminium）的仁兄，覺得命名權應該屬於他，不屬於那個俄國瘋子。

鋁下元素（現在的名稱爲鎵）的發現，引發了一個問題：驅策科學前進的到底是什麼——是理論嗎？理論建構人們對世界的看法。或是實驗呢？最簡單的實驗都可能摧毀最精緻的理論。發現鎵的實驗專家在與理論學家門得列夫爭論之後，得出一個確定的答案。布瓦伯德朗（Paul Emile François Lecoq de Boisbaudran）於一八三八年出生在法國干邑地區的一個造酒世家。他外貌英俊，天生一頭鬈髮和彎捲的鬍鬚，經常穿戴時髦的闊領帶，成年後搬到巴黎，精通本生的光譜學，成爲全世界最好的光譜學醫生。

布瓦伯德朗有夠機靈，一八七五年，他在某種礦物中看到從未見過的色線，就馬上論定（又快又正確）他發現了一種新元素。他把這種元素命名爲 gallium（鎵），語出拉丁文裡的 Gallia，意思是法國。（但是陰謀論者指控他，其實是狡猾地以自己來命名，因爲他姓氏中的 Lecoq 在拉丁文中正是 gallus。）布瓦伯德朗打定主意，要把他的新戰利品握在掌心，好好感受一番，因此他開始純化鎵元素，想做出一份可以握在手上的樣品。這個流程耗去了好幾年，直到一八七八年，這個法國佬才總算有了一大塊純鎵元素。鎵雖然在一般室溫下是固態，但在攝氏約二十九度就會熔化，也就是說，你如果用手握住它（人體體溫約爲攝氏三十七度），就會熔化成粒狀的、濃濃的僞水銀（pseudoquicksilver）。只有極少數液態金屬是我們可以用手摸，而不必擔心燙傷手的，它就是其中之一。結果，鎵從此變成化學玩家最喜歡的惡作劇材料，絕對比原先流傳的本生燈笑話有趣得多。由於鎵很容易塑形，外觀又很像鋁，其中一項把戲就是把鎵做成湯匙形狀，放在一杯熱茶旁邊，端給你的客人，然後準備欣賞客人驚嚇的模樣：杯中的伯爵茶竟然會吃湯匙！③

布瓦伯德朗在一份科學期刊上，很自豪地發表他發現了這種善變的元素。自門得列夫在一八六九年提出週期表以來，第一個被發現的新元素就是鎵，而理論專家門得列夫在讀了他的論文後，也想參一腳，宣稱發現鎵是他的功勞，因爲他早就預測過鋁下元素。布瓦伯德朗冷冷地回覆道，不，那全是靠他做出來的。但門得列夫可不贊成這種說法，於是法國佬和俄國佬就在科學期刊上爭辯起來，你來我往，活像每章由不同主角獨白的連載小說。沒多久，他們的討論就變得尖酸起來。對於門得列夫的洋洋自得愈看愈不順眼，布瓦伯德朗宣稱，事實上有一個不知名的法國人比門得列夫更早發明週期表，這名俄國佬其實是侵占了那個人的想法——這種指控，在科學上可是僅次於僞造數據的重罪。（門得列夫從來就不喜歡與人分享功勞。反觀邁耶卻在一八七〇年代發表的論文中，引用了門得列夫的週期表，結果使得他的研究看在後人眼中，比較不像是獨創的。）

門得列夫這邊，則是積極掃瞄對手的鎵元素數據，然後告訴這位實驗專家（但沒有舉出正當理由），他一定有某些地方計算錯誤，因爲鎵元素的密度與重量不符合門得列夫的預估。此舉所流露的恨意，濃得令人吃驚，不過就像科學哲學史專家塞里（Eric Scerri）所描述的，門得列夫總是「隨時準備要把自然界摺成符合他偉大哲學體系的形狀。」門得列夫和瘋子怪人的唯一差別只在於，他是正確的：布瓦伯德朗很快就收回他的數據，然後發表新的結果，證實了門得列夫的預測。根據塞里的說法，「科學界很震驚地發現，理論學家對於一種新元素特性的了解，竟然超過發現該元素的化學家。」一位文學老師曾經告訴我，讓一則故事偉大的條件在於——建立週期表，絕對是一則偉大的故事——要有一個「令人驚訝、但又無法避免的高潮。」我猜，門得列夫對於自己發現的偉大週期表，一定很驚訝——但同時也相信它是眞的，因爲它的優雅，以及無可避免的簡潔。難怪他有時候會對自己的能力感到如此飄飄然。

暫且擱下科學界怎樣比拼男子氣概了，我們這裡的重點是理論與實驗之爭。理論是否眞的幫忙引導布瓦伯德朗，去注意到新東西？還是實驗提供了眞正的證據，而門得列夫的理論恰巧可以吻合？在布瓦伯德朗發現他的表上有鎵存在的證據之前，門得列夫就算要預言火星上有起士也可以啊。但是話說回來，法國佬收回了原先的數據，改發表能支撐門得列夫預測的新結果。雖然布瓦伯德朗否認看過門得列夫的週期表，但是很可能他從別人那兒聽說過，或是在參加科學會議時討論過，因此間接地讓科學家做好準備去發現新元素。正如絕頂天才愛因斯坦曾經說過的，「是理論，決定我們能觀察到什麼。」

講到最後，我們或許不可能釐清到底是科學的頭還是尾，到底是理論還是實驗，推動科學前進的功勞比較大。尤其是，當你考慮到門得列夫曾經做過好幾個錯誤的預測，這點就更眞確了。他其實是滿好運的，有一個像布瓦伯德朗這樣優秀的科學家，先幫他找到鋁下元素。要是有人先戳到他的某個錯誤——門得列夫曾經預測，在氫的前面還有許多元素，而且信誓旦旦地說，太陽的日冕含有一種叫做 coronium 的獨特元素——這名俄國佬恐怕會沒沒無聞地終老。這就如同世人總是原諒古代占星學家的錯誤，甚至原諒他們自相矛盾的說法，但是對於他們難得料中的一次預言卻念念不忘，同樣地，世人也只記得門得列夫的勝績。不只如此，我們在簡化歷史時，往往也會忍不住把太多功勞歸給門得列夫以及邁耶等人。他們在建構元素表的架構上，的確功不可沒；但是直到一八六九年，也只發現了三分之二的元素，而且即便是最好的週期表版本，還是有些元素在錯誤的列及欄上一坐好幾年。

從門得列夫時代的週期表，進步到現代週期表，其間還有許多人的心血研究，尤其今天坐在

Typische Elemente							
			K = 39	Rb = 85	Cs = 133	—	—
			Ca = 40	Sr = 87	Ba = 137	—	—
			—	?Yt = 88?	?Di = 138?	Er = 178?	—
			Ti = 48?	Zr = 90	Ce = 140?	?La = 180?	Tb = 281
			V = 51	Nb = 94	—	Ta = 182	—
			Cr = 52	Mo = 96	—	W = 184	U = 240
			Mn = 55	—	—	—	—
			Fe = 56	Ru = 104	—	Os = 195?	—
			Co = 59	Rh = 104	—	Ir = 197	—
			Ni = 59	Pd = 106	—	Pt = 198?	—
H = 1	Li = 7	Na = 23	Cu = 63	Ag = 108	—	Au = 199?	—
	Be = 9,4	Mg = 24	Zn = 65	Cd = 112	—	Hg = 200	—
	B = 11	Al = 27,3	—	In = 113	—	Tl = 204	—
	C = 12	Si = 28	—	Sn = 118	—	Pb = 207	—
	N = 14	P = 31	As = 75	Sb = 122	—	Bi = 208	—
	O = 16	S = 32	Se = 78	Te = 125?	—	—	—
	F = 19	Cl = 35,5	Br = 80	J = 127	—	—	—

這是早期(側排)的週期表，由門得列夫在 1869 年提出。從鈰(Ce)之後的大缺口，可以看出門得列夫以及那個年代的科學家，多麼不了解稀土金屬錯綜複雜的化學性質。

週期表最底部的鑭系元素更是如此；它們當初可是一團亂。鑭系元素始於第五十七號元素鑭，而它們在週期表上的適當位置到底應該是哪裡，化學家始終想不出來，一直困擾到二十世紀。由於把電子埋藏得很深，鑭系元素老是彼此黏成一團，很令人氣惱；要把它們分開，就像把葛藤分開一樣困難。光譜學碰上鑭系元素也沒輒，因為就算科學家偵測出幾十條新的色線，也不曉得是由幾個元素製造出來的。即使是一點都不怕預測未知的門得列夫，也決定要把鑭系元素擱置一邊，因為太傷腦筋了。在一八六九年的時候，從第二個鑭系元素鈰以下，沒有幾個元素是大家知道的。然而，門得列夫並沒有去搜尋更多的「鑭下」元素，反而坦承他也沒辦法。從鈰開始，他在週期表上留下一排又一排惱人的空位。後來，他在填入鈰以下的「新」鑭系元素時也常常搞錯，因為許多「新」元素日後證明只是已知元素的混合體。鈰元素彷彿是門得列夫世界的邊緣，就像直布羅陀海峽之於古代航海家，越過鉺，他們就有可能栽進一個大漩渦，或是被沖出世界邊緣。

事實上，門得列夫當年如果肯從聖彼得堡往西多走個幾百哩，就有可能解決這些煩惱了。那兒是瑞典境內，靠近鉺最先被人發現的地方，他將會看到一座很平庸的瓷礦場，位在一個小村莊裡，小村的名字有點滑稽，叫做伊特比（Ytterby）。

一七〇一年，有一個很會吹牛的青少年名叫波特格爾（Johann Friedrich Böttger），用一些無傷大雅的謊話引來一大群觀眾。他很興奮地掏出兩枚銀幣，說要變個魔術，只見他揮舞雙手，施展了一些化學魔法後，銀幣竟然「消失」了，變成一枚不知打哪兒冒出來的金幣。這眞是當地老鄉看過最令人心服口服的煉金術了。波特格爾心想，這下子他應該可以大大出名了。很不幸，確實如此。

有關波特格爾的傳言，無可避免地傳到波蘭王奧古斯都二世耳裡。奧古斯都二世馬上逮捕了這名年輕的煉金術士，關進一座城堡裡，命令他變出金子給大家花用。不消說，波特格爾當然無法辦到，經過幾番徒勞的實驗，這名小騙子驚覺絞刑台隱隱在望。爲了保住小命，情急之下，波特格爾懇求國王開恩。雖然他的煉金術未能奏效，但是他聲稱知道如何製造瓷器。

在那個年代，這項聲明可謂更有價值。因爲自從十三世紀末馬可．孛羅從中國返回歐洲後，歐洲上流社會就對白色的中國瓷器癡迷不已，因爲中國瓷器一方面夠硬耐刮，另一方面卻又薄得像蛋殼般透明。當時一個王國的富強程度是以茶具的優劣來評斷的，許多關於瓷器神力的怪異謠言更是滿天飛。其中一則謠言堅稱，使用瓷器杯子就不會中毒。另一則謠傳則宣稱，中國的瓷器多得不得了，中國人甚至用瓷器疊起一座九層高的瓷器塔，只爲了炫耀。（這則謠言倒是眞的。）幾百年來，諸如佛羅倫斯的梅迪奇家族（Medici in Florence）等歐洲權貴，都曾掏腰包贊助瓷器研究，可惜只能做出三級的仿製品。

算波特格爾走運，國王身邊剛好有一位瓷器能人契恩豪斯（Ehrenfried Walter von Tschirnhaus）。契恩豪斯先前的工作是採集波蘭泥土，以決定應該到哪兒幫王室挖掘珍寶，而且他才剛剛發明一座特製烤爐，溫度可以高達攝氏一千六百多度。這座烤爐讓他能熔化瓷器，以便進行分析，於是當國王指派聰明伶俐的波特格爾擔任他的助手時，他們的研究立刻進展神速。他們發現，中國瓷器裡的祕密成分包括一種叫做高嶺土（kaolin）的白色黏土，以及一種在高溫下會變成玻璃的長石岩（feldspar rock）。此外，他們還釐清了另一個關鍵之處：和陶器製造方式不同，他們必須同時烤燒瓷釉和黏土，而不是分成兩個步驟來處理。就是因爲釉與黏土在這種高溫下混合，才能讓眞正的瓷器同時擁有透明與堅硬兩種性質。把這套流程調整到盡善盡美之後，他們總算可以鬆口氣，回去覆命，展示給國王看。奧古斯都賞給他們豐厚的謝禮，一心巴望瓷器可以立刻讓他成爲歐洲最有影響力的君王，至少在社交上是如此。波特格爾在達成這項突破後，很合理地期待重獲自由。但是不幸得很，如今國王認定他是一個太過寶貴的人才，不能放出去，因此反而更加嚴密地監禁他。

不可避免的，瓷器祕密終於外洩，波特格爾和契恩豪斯的配方傳遍了歐洲。接下來的半個世紀，工匠靠著基本的化學設備，不斷推敲和改進這個流程。很快地，不論在什麼地方，人們只要一發現長石岩就要開採，包括天寒地凍的斯堪地納維亞。瓷爐在斯堪地納維亞非常值錢，因爲保溫能力比鐵爐持久。於是，爲了滿足歐洲暴起的工業所需，一七八〇年在距離斯德哥爾摩幾十哩的地方，名叫伊特比的小島上，一座長石礦場開工了。

伊特比的意思是「在村莊外」，外表完全符合你想像中的瑞典海邊小村，紅紅的屋頂浮現在水面上，巨大的白色百葉窗，以及長滿樅樹的寬敞庭園。人們搭渡船往來於眾島之間。街道都以礦物和元素來命名。④

伊特比採石場是從該島東南角的一座小山丘頂開挖的，出產非常細的原礦石，可用於製作瓷器以及其他用途。但是對科學家來說最有意思的是，伊特比的岩石經過處理後，也能製造出一些非常奇特的色素和彩釉。如今我們已經知道，那些五彩色澤就是鑭系元素的鐵證，而伊特比礦場之所以擁有這麼豐富的鑭系元素礦藏，是幾項地理因素造成的。地球上的元素一度曾經非常均勻地混合在地殼中，就像某人把廚房架上的所有香料倒進一個大碗公，然後拼命地攪拌。但是，金屬原子（尤其是鑭系元素）喜歡成群結黨地行動，於是隨著熔融的地球不斷翻騰，它們就黏成了一大團。結果一大袋鑭系元素剛好落在瑞典附近——事實上，就在瑞典下方。又因爲斯堪地納維亞靠近斷層線，遠方的地殼板塊運動也會把富含鑭系元素的岩石從地底深處翻攪出來，而本生最熱愛的地熱噴口，也有助於這個過程。終於，在最後一段冰河期期間，斯堪地納維亞的冰河刮掉了地表。最後這起地理事件，使得富含鑭系元素的岩石裸露出來，讓伊特比附近的礦場很容易開採。

但是，即便伊特比擁有適當的經濟條件，讓它能賺取礦產利潤，也擁有適當的地理環境讓它兼具科學價值，它還是需要適當的社會氛圍。直到一六〇〇年代末，斯堪地納維亞幾乎都還沒有脫離維京人的思想心態，在十七世紀的一百年間，當地大學裡的獵巫規模之大，就連惡名昭彰的波士頓塞林鎮（Salem）女巫審判都要自嘆不如。但是到了一七〇〇年代，當瑞典以軍事征服整個半島，而瑞典啓蒙運動也徵收了當地的文化之後，斯堪地納維亞便開始齊心擁抱理性主義。偉大科學家紛紛冒出頭來，人數之多，和當地稀少的人口不成比例。其中包括一七六〇年出生的化學家加多林（Johan Gadolin），他出身於一個饒富科學頭腦的學術世家。（他父親的職業是物理學教授兼神學教授，他祖父的職位更怪，是物理學教授兼主教。）

加多林在年輕時便廣泛遊歷過歐洲——包括英格蘭，他在那裡結識了瓷器製造商威吉伍德（Josiah Wedgwood），並參觀威氏的黏土礦場——之後返回家鄉圖爾庫（Turku）。圖爾庫位於現在的芬蘭，隔著波羅的海，與斯德哥爾摩遙遙相對。他在圖爾庫成爲知名的地球化學專家。業餘地質學家開始把採自伊特比的罕見岩石送來請他過目，漸漸地，透過加多林所發表的文章，科學界開始得知這座引人注目的小採石場。

雖然他沒有化學工具（或是化學理論）來供他挑揀總共十四種鑭系元素，但是加多林在分離這些元素上頭，卻進展得非常好。他把追獵元素當成打發時間的活動，甚至當成個人嗜好，等到科學家擁有比較精良的工具（門得列夫晚年時期），開始重新檢視加多林當年的伊特比岩石研究之後，新元素就像銅板似地叮叮噹噹落滿地。加多林因爲曾經將某個應該是元素的物質取名爲yttria（氧化釔），開啓了一股潮流，而後世化學家爲了向這些元素的共同發源地表達敬意，也開始把伊特比拱上週期表，讓它永垂不朽。和伊特比有血緣關係的元素最多（共七個），再沒有任何一個人、地、物能和這麼多的元素扯上關係。以伊特比爲命名靈感的元素包括鐿（ytterbium）、釔（yttrium）、鋱（terbium）、鉺（erbium）。剩下三個還沒命名的元素，雖然與伊特比相關的字母尚未用完（可 rbium 看起來就是不對勁），但化學家決定另外改以斯德哥爾摩來命名鈥（holmium）；以斯堪地納維亞來命名銩（thulium）；以及在布瓦伯德朗的堅持下，以加多林的名字來爲最後一個與伊特比有關的元素命名，那就是釓（gadolinium）。

總共有七種新元素是在伊特比發現，其中的六種是讓門得列夫無緣一見的鑭系元素。其實，歷史有可能改寫成：門得列夫自己把位於週期表下方、鈽以後的空格給填滿，並不斷翻新週期表。如果當年他能往西走，渡過芬蘭灣與波羅的海，來到週期表的加拉巴哥群島的話。

第二部　製造原子，打破原子

4 原子哪裡來：「我們全都是星塵。」

鐵 Fe	26	55.845
氖 Ne	10	20.180
鉛 Pb	82	207.2
銥 Ir	77	192.217
錸 Re	75	186.207

元素是從哪兒來的？幾百年來，科學界的主流常識觀點是：它們沒有從任何地方來。關於何人（或哪個神）創造了宇宙，以及爲何要創造宇宙，有很多哲學上的辯論，但一般說來大家都認同，元素的壽命等同於宇宙的壽命。它們不是被創造出來的，也不會被毀滅：元素就只是存在。一些比較晚近的理論，像是一九三〇年代的大霹靂理論，也順勢將此觀點編入其中。既然早在一百四十億年前，這個含具所有宇宙物質的小點就已經存在，那麼我們周遭的一切必定都是從那個小點射出來的。雖然它們還未具有像鑽石王冠、錫罐或鋁箔的形狀，但仍是同樣基本的物質。（有一位科學家曾計算，大霹靂只要花十分鐘就可以創造出所有已知物質。接著他打趣道，「煮元素的時間，還不及煮一盤鴨子和烤馬鈴薯的時間長。」）再者，這也是常識觀點——一部穩定的元素天文史。

但是這個理論在往後幾十年期間，開始崩解。到了一九三九年，①德國和美國科學家已經證實，太陽與其他恆星都會藉由「將氫融合成氦」來加熱自己，這個流程所釋出的熱能，就該原子的迷你體積來說，真是大得不成比例。有些科學家說，很好，氫與氧的數量可能會改變，但只會改變一點點，而且沒有證據顯示其他元素的數量有任何更動。但是隨著望遠鏡愈來愈進步，傷腦筋的問題也一一浮現。理論上，大霹靂應該會把元素均勻地射向四面八方。然而數據證實，大部分年輕的星體只含有氫與氦，但是較老的星體卻燉了幾十種元素。此外，一些極不穩定的元素，像是鎝（technetium），在地球上不存在，但卻存在某些「化學方面很奇特」的星球上。② 一定有某些東西天天都在製造新元素。

在一九五〇年代中期，好幾位具有洞察力的天文學家都發覺，星體本身就是天空裡的火神。其中四名科學家伯畢奇夫婦（Geoffrey Burbidge 與 Margaret Burbidge）、富勒（William Fowler）以及霍伊爾（Fred Hoyle），在一九五七年合作發表的一篇論文中，對於「恆星核合成理論」（stellar nucleosynthesis）的詮釋貢獻最大，這篇論文被科學同行簡稱爲 B^2FH（四名作者的姓氏縮寫）。就學術論文來說滿奇特的是，B^2FH 以兩句煞有介事且互相矛盾的莎士比亞句子開場，這兩個句子提到星星能否宰制人類的命運。③ 這篇論文不斷主張星星確實會宰制人類命運。作者認爲，宇宙最初是一攤原始的氫元素，裡頭只夾雜了少量的氦與鋰。但是到最後，氫會聚集結成星體，而星體內部極爲強大的重力壓會開始將氫融合成氦，這個過程會使天空中的每一個星球都燃燒起來。然而，不論這個過程對宇宙論有多重要，在科學上卻是無比乏味，因爲所有星星就只是源源不斷地製造氦，長達幾十億年之久。然後，B^2FH 指出，等到氫燒完之後——這裡就是該論文貢獻最大之處——所有物質都開始顫動。原本一直呆坐咀嚼著氫元素的星體，突然開始變形，而且變形之徹底，連煉金術士做夢都不敢想像。

由於迫切需要保持高溫，缺乏氫的星體開始燃燒並融合核心裡的氦。有時候氦原子會完全黏在一起，形成偶數的元素；有時候質子和電子會碎裂出去，形成奇數元素。很快地，大量的鋰、硼、鈹，尤其是碳，就會堆積在星體內部（而且只在內部——在星體的一生中，溫度較低的外層主要仍然是氫）。很不幸，燃燒氦所釋出的能量低於燃燒氫，所以星體頂多撐個幾億年，就會把氦給用光。這時，有些小星體甚至會「死去」，製造出一堆熔融的碳，稱為白矮星（white dwarf）。較重的星體（約比太陽重八倍）則繼續掙扎，把碳壓碎，多形成六種元素，直到鎂，而這個過程可以幫它們多爭取個幾百年。然後，又有一些星體死去，但是最大、最熱的星體（內部溫度可以高達攝氏二十八億度）連那些元素也一併燃燒，再撐它個幾百萬年。B^{2}FH 追蹤這些不同的融合反應，並解釋如何製造出到鐵為止的各種元素：其實講到底，就是元素的演化。由於有 B^{2}FH 的研究，現代天文學家可以一視同仁地將從鋰到鐵的元素歸類為恆星金屬（stellar metal），而且一旦在某個星體上發現鐵，就不用費神去搜尋比鐵更小的元素——因為只要看到鐵，就可以預測在鐵以下的其他元素也都會出現，幾乎萬無一失。

按照常識推斷，鐵原子在更大的星體中很快就會融合，然後接續的原子融合又會形成週期表上其他所有元素。然而再一次地，常識又錯了。你只要做做數學，檢查每個原子融合將製造出多少能量，你會發現，把任何元素融合成鐵的二十六個質子都是非常耗能的。意思就是，鐵元素之後的原子融合，④對於渴求能量的星體而言絕對划不來。鐵是星體臨終前的最後絕響。

那麼，最重的那些元素，從原子序二十七的鈷到九十二的鈾，到底是從哪裡來的？諷刺的是，B^{2}FH 說它們來自一場迷你大霹靂。當星體揮霍完諸如鎂、矽之類的元素後，極重的星體（有太陽的十二倍重）會在相當於地球一天的時間內，燃燒到最內部的鐵核。但在臨死前，會出現一場末世的死亡顫動。就像一股熱氣體，由於突然之間缺乏能量來保持完整的體積，燃燒殆盡的星體會因爲自身的強大重力，產生內爆，幾秒之內就可以坍陷幾千哩遠。在核心內，它們甚至會把正子與電子撞在一塊，形成中子，直到除了中子，幾乎什麼都不剩爲止。接下來，這場內爆的反作用力又會讓它們向外爆炸。我這裡所說的爆炸，是眞眞確確的**爆炸**。只見這顆璀璨了一個月的超新星，延展了好幾百萬哩之遠，亮度更是超過十億顆恆星。在這段超新星期間，有太多帶有高動量的粒子每秒相撞太多次，以至於它們會跳過尋常的能障（energy barrier）而融合成鐵。許多鐵原子的核，最後會被滿滿的中子包住，其中部分中子會衰變回質子，進而創造出新元素。而元素與同位素的每一次自然結合，都是湧自這種粒子風暴。

單單我們這個銀河系裡，就有好幾億顆超新星經歷過這種轉世與狂暴的死亡循環。像這樣的爆炸，也曾突然降臨到我們的太陽系。大約四十六億年前，有一顆超新星爆炸，送出的爆震穿越寬達一百五十億哩的星際雲；這片星際雲是起碼兩枚星體的遺骸。這些微塵粒子與超新星噴出的氣流混在一起，整團物質開始旋轉，好比一個超大池塘表面受到轟擊而形成的大漩渦。星際雲濃密的中心部分沸騰成爲太陽（等於是把已死的星體遺骸重新組裝成太陽），而諸多行星則開始集結成形。其中最搶眼的行星是那些氣態的巨無霸，爲恆星風（stellar wind）——來自太陽的一道噴射流——將較輕元素往外圍吹的時候所形成的。在這些巨無霸當中，含氣量最高的是木星，基於好幾重原因，木星堪稱元素的夢幻王國，能夠以我們在地球上想像不到的形態存在於木星上。

打從遠古時代就有許多傳說，關於智慧的金星、鑲了彩環的土星以及充滿火星人的火星，深深抓住人們的想像力。同樣地，這些星星也成爲元素命名的靈感來源。譬如說，天王星（Uranus）

在一七八一年被發現，科學界因爲太興奮了，一位科學家便在一七八九年以這顆新行星的名字，把一種新元素命名爲鈾（Uranium），雖說天王星上連一克鈾都沒有。循同樣慣例，錼（neptunium）是根據海王星（Neptune）來命名，鈽（plutonium）則是來自冥王星（Pluto）之名。但是在最近幾十年當中，木星有一場演出最是壯觀，技壓所有行星。一九九四年，舒梅克—李維九號（Shoemaker-Levy 9）彗星與木星相撞，這是人類有史以來第一次親眼目睹星系間的碰撞。場面果然精彩：二十一塊彗星碎片擊中木星，彈起來的火球有二千哩高。這場大戲也激起社會大眾的興致，美國太空總署的科學家在公開的線上問答過程中，不得不閃躲各式各樣嚇人的問題。其中有位仁兄問道，木星的核裡是否可能藏有一顆體積比地球還大的鑽石。另外還有一個人問道，木星上的大紅斑與「他聽過的超維度物理（hyper-dimensional physics）」到底有什麼關係；所謂超維度物理，就是與時空旅行有關的物理學。幾年過後，當木星的重力迫使耀眼的海爾波普（Hale-Bopp）彗星轉向，直奔地球而來，三十九名穿著耐吉跑鞋的天堂門教派信徒在聖地牙哥集體自殺，因爲他們相信木星是藉由上帝的神力讓彗星轉向，而彗星上有一艘飛碟，會把他們送往一個靈性更高的星球。

但是人各有志，什麼樣的奇怪信仰都有可能。（譬如B^{2}FH那夥人裡頭的霍伊爾，儘管具有那樣的科學背景，卻既不相信演化論，也不相信大霹靂，而且大霹靂這個名詞還是他在英國廣播公司的一個節目上發明的，爲的是嘲笑這個想法。）不過上一段提到的大鑽石問題，起碼有事實根據。幾位科學家曾經很嚴肅地指出（或是心底暗暗期盼），木星的超大質量有可能製造出這般大的寶石。有些人至今還相信可能眞的有液態鑽石，以及像凱迪拉克那般大的固態鑽石。如果你想尋找眞正夠怪的物質，天文學家相信，木星上極不規則的磁場，只能以一大片、一大片像海洋般的黑色液態「金屬氫」（metallic hydrogen）來解釋。科學家在地球上也曾見過金屬氫，但是只有短短幾奈秒（一奈秒等於十億分之一秒），而且是在完全極端的情況下才能製造出來。然而許多人還是相信，木星上頭攔蓄了厚達二萬七千哩的液態金屬氫。

木星內部的元素之所以會過著這麼奇怪的生活（第二大行星土星也差不多，只是程度稍遜），原因在於木星算是一顆中間星體：與其說它是顆大行星，不如說它是顆失敗的恆星。如果木星形成時能夠多吸入十倍的殘渣，或許就能修成正果，變成一顆棕矮星，也就是原始質量剛好足夠融合一些原子，然後發出低功率棕色光芒的恆星。⑤如此一來，我們的太陽系將會有兩顆恆星，成爲雙星太陽系。（待會兒我們會談到，這其實不是狂想。）相反地，木星卻在還沒有達到核融合最低門檻前就冷卻了，但是它仍保有足夠的熱量、質量與壓力，能將原子緊緊壓縮在一起，緊到它們沒有辦法表現出在地球上的行爲。至於木星的內部，則處在一個渾沌狀態，介於化學反應與核子反應之間，也因此，大如行星的鑽石以及油狀的氫金屬似乎都有可能存在。

此外，木星表面的氣候對於元素也有類似的影響。但是這點應該並不令人意外，畢竟幾個世紀以來，這顆行星上面那隻大紅眼——一個比地球還寬的狂暴颶風——始終不曾停歇過。木星深處的氣象有可能比表面更壯觀。因爲恆星風只會把最輕、最普遍的元素，吹到像木星那麼遠的地方，因此木星的基本元素組成應該和眞正的恆星一樣——百分之九十的氫，百分之十的氦，以及可預期的少量其他元素，包括氖。但是最近的人造衛星觀察顯示，木星外圍大氣層裡頭的氦有四分之一不見了，同樣地，百分之九十的氖也不見蹤影。然而並非出於巧合，較深的地方卻有一大堆這類元素。很顯然，有某股力量將氦和氖從一個點灌注到另一個點，而科學家很快就明白，氣候圖可以告訴他們那股力量是什麼。

在一顆眞正的恆星上，核心裡的所有迷你核子不管如何暴增，都會和往內拉扯的重力取得平衡。然而在木星上，由於缺乏核子熔爐，使得它無法攔阻外圍氣態層裡比較重的氦與氖，讓它們不向內塌陷。差不多在深入木星四分之一的地方，那些氣體會來到液態金屬氫層附近，而此處強烈的大氣壓會將散掉的氣體原子壓在一起，成爲液態，很快就沉澱下來。

各位讀者一定都看過氦與氖在玻璃管內燃燒的亮麗色彩——所謂的霓虹燈是也。同樣地，從木星上空往下墜落時，摩擦力也會以相同方式激發這些滴落的元素，讓它們的能量增加，就像流星一樣。於是，這些元素液滴如果夠大，降落速度夠快，這時你若飄浮在木星內部靠近金屬氫層的地方，舉頭仰望那乳橙色的天空，你可能（只是可能）會看到前所未見最壯觀的燈光秀——無數鮮紅色的煙火，點燃整個木星的夜空，這就是科學家口中的霓虹雨。

我們太陽系裡的岩石行星（rocky planet，包括水星、金星、地球和火星）則有不同的歷史，故事更爲細膩。當太陽系開始集結合併時，氣態巨無霸率先形成，差不多只需要一百萬年，然而沉重的元素卻會集結在大約位於地球軌道中心的天空帶上，然後再靜靜地多待個數百萬年。等到地球和它的鄰居終於旋轉成爲熔融的星球後，這些元素才會比較均勻地攪拌進內部。這裡要先請大詩人布萊克見諒，事實上，您眞的可以抓起一把泥土，就將整個宇宙、整張週期表元素握在掌中。（譯註：布萊克寫過「一沙一世界」的名句，To see a world in a grain of sand.）但是，隨著眾元素的翻攪，原子開始與它們的雙胞胎、它們的化學表親接觸，然後再經過幾十億次來來回回地傳遞，每種元素都會形成體積可觀的沉澱。譬如說，高密度的鐵會沉到每顆行星的核心裡，然後一直停留到現在。（水星的演出不輸木星，它的液態核有時也會釋出鐵「雪花」，只不過形狀並非我們地球上熟悉的六角形，而是極其小巧的立方體。⑥）若非地球又發生了另外一件事，我們有可能落得一無所有，只剩下巨大的鈾、鋁以及其他元素的浮冰：地球行星冷卻下來，固化得太嚴重，以致很難再繼續攪拌。因此我們今天才會擁有各種叢集的元素，但這些叢集的分布也夠廣了——只除了少數幾個例外——不至於讓單一國家寡占某種元素。

和其他恆星周圍的行星相比，我們太陽系的四顆岩石行星，每種類型元素的蘊含量都不一樣。大部分的太陽系都是因超新星爆炸而形成的，每個太陽系裡的元素比則要看超新星爆炸前有多少能量來融合元素，以及當時有什麼（例如太空塵）能與這些噴出物相混合。也因此，每個太陽系都有一個特定的元素指紋（elemental signature）。你大概還記得高中化學課看過的週期表，每個元素下方都列出它的原子量——該元素的質子數加上中子數。譬如說，碳的原子量為十二．〇一一單位。事實上，這只是平均數。大部分碳原子的重量是整整十二單位，附加的〇．〇一一是為了解釋一些重量為十三或十四單位、極少見的碳。然而，在不同的銀河系裡，碳的平均重量可能會稍低或稍高一點點。不只如此，超新星還會製造出許多放射性元素，它們在爆炸一發生就展開衰變了。也因此，兩個不同的星系除非同時誕生，否則，幾乎不可能具有相同的「放射性元素與非放射性元素之比例」。

知道不同的太陽系之間有差別，也知道它們形成的年代久遠到無法想像，講求理性的人大概會問，科學家對於地球如何形成怎麼可能有一丁點的了解。基本上，科學家採用的辦法是分析地殼，從一般元素與稀有元素的含量和分布，來推論它們如何達到那樣的含量與位置。譬如說，一九五〇年代，芝加哥一名研究生做了一系列極其細瑣的實驗，透過這些實驗，科學家終於能從普通的元素鉛和鈾定出行星的出生日期。

最重的元素都是具有放射性的，而且幾乎全部——尤其是鈾——都會衰變成穩定的鉛。派特生（**Clair Patterson**）在參與過曼哈頓計畫後，成爲這方面的專家，他知道鈾衰變速率的精確值。他也知道地球上有三型鉛元素。每一型鉛，或說每一種鉛同位素各有不同的原子量——二〇四、二〇六或是二〇七。這三型鉛有些早在我們的超新星剛誕生時就已經存在了，但是有些鉛是鈾新製造出來的。玄機在於，鈾只能衰變成其中兩型，二〇六和二〇七。所以鉛二〇四的量是固定的，因爲沒有元素會衰變成它。這裡頭最關鍵的是，鉛二〇六、二〇七與數量固定的鉛二〇四之間的比率，會以一個可預測的速度增加，因爲鈾會持續製造出前兩者。如果派特生能夠想出現在這個比率較最初高了多少，他就可以利用鈾的衰變速度，倒推出起始的年代。

但這裡有一項難處，那就是最早並沒有人記錄下三種鉛同位素的原始比率，因此派特生也不曉得應該往回追溯到哪一點。但是他發現了一個取巧的辦法。顯然，地球周遭的太空塵並沒有全都集結成行星，因爲還有流星、小行星以及彗星。可是它們也是由同樣的太空塵所形成的，而且自從形成後，便飄浮在溫度極低的太空中，所以這些星體等於是被保存下來的大塊原始地球樣本。不只如此，由於鐵元素坐落在恆星核合成理論的金字塔頂端，宇宙裡的鐵含量高得不成比例。流星是固態的鐵。好消息是，就化學反應而言，鐵與鈾是不會混合的，但是鐵和鉛卻會相混，所以流星含有的鉛三種同位素的比率與原始地球相同，因爲周圍沒有鈾來添加新的鉛原子。派特生非常興奮地開始研究採自亞利桑納州戴布洛峽谷（Canyon Diablo）的隕石樣本。

但是他的實驗碰到一個更大、更普遍的難題：工業化。人類在古早以前，就開始使用軟鉛來進行鋪水管之類的工程。（鉛在週期表上的符號Pb，和「水管工」的英文plumber具有相同的拉丁文字根。）再加上含鉛油漆以及能「防爆震」的含鉛汽油，於十九世紀末和二十世紀初相繼問世，地球周遭環境裡的鉛含量竄升之快，和現在二氧化碳含量節節升高的狀況類似。派特生早期的隕石分析實驗，也因爲這種到處都是鉛的環境，難以進行，迫使他不得不設計一些更極端的措施——像是在濃硫酸裡煮沸的儀器——以防止人造鉛蒸汽污染他那全新的太空岩石。日後他接受採訪時曾說過，「當你踏進一間像我那樣超級乾淨的實驗室，從你頭髮散發出來的鉛，就足以污染整間實驗室。」

這份小心翼翼，很快地就演變成著魔。翻開星期天早報，他開始把史努比漫畫裡頭老是一身灰塵的乒乓（Pig-Pen）看成人類的象徵，而乒乓身邊帶著的那團灰塵，就是我們空氣中的鉛。但是派特生這種對鉛的執迷，倒也造成兩項重要的結果。第一，當他把實驗室弄得夠清潔之後，他終於得出到目前爲止仍算最佳的地球年代估算值，四十五．五億年。第二，由於他對鉛污染的恐懼，讓他成爲積極的反鉛人士。後來兒童再也不會吃到含鉛洋芋片，加油站不用再特別標示「無鉛」字樣，他的功勞最大。多虧派特生這場聖戰，「含鉛油漆應該禁用」和「汽車不應該把鉛散發到空氣中，讓我們吸進肺裡，沾到頭髮上」，已經成爲現代人的常識了。

也許派特生眞的定出了地球的起始，但是，只知道地球何時形成還不夠。金星、水星和火星都是同時形成的，但除了少數表面細節之外，它們和地球幾乎沒有相似之處。想要把我們的歷史細節完全兜合起來，科學家必須進一步探討週期表上一些隱晦不明的地帶。

一九七七年，一對父子檔物理—地質學家路易士及沃爾特．阿爾瓦雷斯（Luis Alvarez 與 Walter Alvarez），研究採自義大利的石灰岩沉積，該岩層的年代約爲恐龍滅絕時。這些石灰岩層看起來很均勻，但是有一道很細、幾乎難以辨識的紅土層，夾雜在沉積岩中，大約就是六千五百萬年前大滅絕的年代。同樣奇怪的是，這些紅土裡的銥元素含量是正常值的六百倍。銥是親鐵元素，⑦也因此大部分的銥都和地球內部熔融的鐵核心綁在一起。銥元素的唯一共來源，是富含鐵的流星、小行星和彗星——這點讓阿爾瓦雷斯產生了一些想法。

像月亮這類型的星體上有許多坑洞，是遠古時代被轟擊的痕跡，而我們也沒理由認爲地球能逃過同樣的劫難。如果在六千五百萬年前，眞有大如城市的星體撞擊地球，在全球激起的含銥塵埃，看起來應該就像史努比人物乒乓身邊那團灰塵。當時這層灰塵雲有可能遮蔽了太陽，悶死了植物，因此可以說得通爲何不是只有恐龍滅絕，而是百分之七十五的物種以及百分之九十九的生物，都在那段時期滅絕。雖然投入不少心力才說服了某些科學家，但是阿爾瓦雷斯父子倒是很快就認定，銥層的分布遍及全世界，而且他們也排除了另一種可能，所謂「這些星塵來自鄰近的一顆超新星」。當其他（在石油公司做研究）的地質學家在墨西哥的猶加敦半島，發現一個超過一百哩寬、十二哩深的大坑洞，而且也是在大約六千五百萬年前形成時，小行星造成滅絕的說法似乎得到了證實。

但還有一個小疑問，卡在人們的科學意識裡。就算那顆小行星眞的遮蔽了天空，引發酸雨和高達一哩的海嘯，但是地球頂多只需要幾十年就可以安定下來。麻煩的是，根據化石紀錄，恐龍的滅絕前前後後共延續了幾十萬年之久。許多地質學家現在相信，碰巧發生在猶加敦撞擊前後的印度大火山爆發，也是恐龍滅絕的原因之一。一九八四年，某些古生物學家開始指稱，這一次的恐龍滅絕只是一個更大模式裡的一部分：每隔二千六百萬年左右，地球似乎就會出現一次大滅絕。小行星掉落之際，正逢恐龍滅絕之時，兩者到底是不是巧合？

另外，地質學家也開始挖掘出其他富含銥元素的薄層——而且年代似乎也剛好與其他的生物滅絕事件吻合。於是有些人便以阿爾瓦雷斯父子爲榜樣，下了個結論：地球史上所有的生物大滅絕，都是因爲小行星或彗星撞擊所造成的。父子檔裡的父親路易士．阿爾瓦雷斯覺得，這個想法頗爲可疑，尤其是從來沒有人能解釋這項理論中最重要、也最不合理的部分——造成撞擊持續發生的原因。巧的是，這一次讓阿爾瓦雷斯改變想法的，輪到另一種缺乏特徵的元素：銥。

老阿爾瓦雷斯的同事穆勒（Richard Muller）在著作《復仇女神》（*Nemesis*）中憶述，一九八○年代的某一天，老阿爾瓦雷斯揮舞著一篇他正在審查的「荒謬」論文，衝進穆勒的辦公室。那篇論文是關於週期性生物滅絕的推論。阿爾瓦雷斯當時已經氣得快抓狂了，但穆勒還是決定要逗逗他。兩人開始唇槍舌劍地激辯起來，像極了老夫老妻在拌嘴。關於他們爭論的重點，穆勒總結如下：「在遼闊的宇宙中，即便地球都只能算是一個極微小的目標。一顆行經太陽附近的小行星，只有略高於十億分之一的機率會剛好撞上我們這顆行星。如果眞的發生這種撞擊，應該也是隨機性的，而非持續性地一再發生。小行星怎麼可能會定期來撞擊我們？」

雖然穆勒對此毫無頭緒，但依然強辯說，還是有某件事物會造成週期性撞擊的**可能性**。最後，老阿爾瓦雷斯聽夠了種種推測，進而向穆勒嗆聲，執意要他說出是什麼樣的事物可能具有這種影響力。至於穆勒，照他自己的形容，在狂飆的腎上腺素刺激之下，他福至心靈，隨口說出可能太陽有一顆漫步在旁的伴星，而我們的地球因為繞著它旋轉的速度太慢，以致沒能注意到——而且，而且，當它接近我們時，它的重力會吸引小行星，將小行星扔向我們。**信不信由你！**

穆勒扯上的這顆太陽伴星，日後被稱為復仇女神⑧（以希臘神話中的復仇女神來命名），原本可能只是隨口說說而已。然而這個想法卻馬上澆熄了老阿爾瓦雷斯的怒火，因為這確實可以解釋一項非常讓人心癢的細節，與元素錸有關。還記得前面曾說過，所有太陽系都有自己的元素指紋，也就是獨特的同位素比率嗎？科學家在含銥紅土層中也找到些許錸的痕跡，然後根據兩種錸元素的比率（一種具有放射性，另一種不具），老阿爾瓦雷斯得知：如果真有造成滅絕的小行星，一定是來自我們自家的太陽系，因為這個比率數值與地球相同。如果復仇女神真的每隔二千六百萬年，就要朝我們扔一些太空岩石，那些岩石也將具有同樣的錸比率。最妙的是，復仇女神還可以解釋為何恐龍的滅絕那麼緩慢。只要復仇女神待在我們附近，墨西哥那個坑洞很可能只是持續數千年之久的猛擊中，最大的一擊。至於最後終結了著名的恐怖蜥蜴（terrible lizard，意思就是恐龍）年代的，可能並非一次重傷害，而是數以千計甚至數以百萬計的小刺傷。

那天在穆勒的辦公室裡，當老阿爾瓦雷斯明白週期性的小流星起碼不是完全不可能，他的火氣——一向來得急，去得快——也就消失了。他很滿意地放過了穆勒。但是穆勒卻沒有辦法放過這個意外想到的點子，而且愈想愈覺得有理。復仇女神為何不可能存在呢？他開始和其他天文學家談起這事，並發表有關復仇女神的論文。他收集了一些證據與動量，寫成大作《復仇女神》。在一九八〇年代中期，也就是這個理論最風光的那幾年，很多人都覺得，即便木星沒有足夠的質量把自己燃燒成一顆恆星，太陽在天上可能還是有一顆伴星，與它長相廝守。

很不幸，復仇女神的非間接證據始終不夠強，而且很快地就益發顯得貧弱了。如果說，原先的單一撞擊理論招來了批評者的火力攻擊，復仇女神理論簡直就像美國獨立戰爭期間，排排站等著挨子彈的英軍。要說幾千年來無數天文學家搜尋天空，都漏看了某顆星球，實在太過牽強；就算復仇女神剛好運行到最遠端的位置，聽起來還是不太可能。尤其是已知（太陽以外）最近的一顆恆星阿爾法半人馬座（Alpha Centauri）離我們有四光年那麼遠，而復仇女神如果要發揮影響力的話，移動距離應該在半光年之內。不過，還是有一些死硬派和浪漫人士，汲汲營營地搜尋復仇女神在宇宙裡的郵遞區號。然而隨著時光一年一年地流逝，卻不見女神芳蹤，她存在的可能性已經愈來愈低了。

但還是一樣，千萬不要低估人一旦動了念，威力有多大。根據三項事實——看起來很有規律的滅絕；銥元素暗示有撞擊發生；銤元素則暗示來自本太陽系的發射體——科學家覺得就算不是復仇女神，這裡頭還是有些名堂。他們努力搜尋其他可能造成浩劫的循環，而且很快就在太陽的運動裡找著了另一個候選人。

很多人以爲，哥白尼的革命是把太陽安置到時空中的一個固定點上，但事實上，太陽被我們的螺旋星系裡的潮流拖著跑，而且會上上下下地振動，好像旋轉木馬一樣。⑨有些科學家認爲，這種上下振動讓太陽能夠就近拉住一團飄浮在本太陽系附近的極大彗星雲和太空碎片：歐特雲

（Oort cloud）。歐特雲裡的物體，全都源自我們的超新星爆炸，每當太陽爬上一個高峰或跌落一個深谷時，它可能就會吸引到一些小型、不友善的星體，將它們扔向地球。這些小星體大部分都會被太陽（或木星，例如它曾幫我們擋下舒梅克—李維九號）的重力吸過去而轉向，但還是有一些會通過而擊中地球。這項理論距離證實還早得很，但是如果能被證實，我們等於正在進行一場漫長、致命的旋轉木馬宇宙之旅。至少我們可以感謝銥和錸，謝謝它們讓我們了解，或許不久之後我們也得趕緊閃人。

在某方面，週期表對於研究元素的天文史來說並不重要。每顆恆星的組成其實都只有氫與氦，氣態的大行星也是如此。但是，不論氫氦循環在宇宙學上有多重要，都無法挑起太多想像。想要擷取與「存在」有關的最有趣細節，例如超新星爆炸或是石炭紀生物等等，我們可就需要週期表了。正如哲學史家塞里曾經寫道，「除了氫和氦以外，所有元素只占宇宙組成的萬分之四。從這個觀點來看，週期表系統似乎一點都不重要。但事實是，我們住在地球上……這裡相對豐富的元素種類，卻是大不相同的。」

一點都沒錯，雖說已故天文物理學家薩根（Carl Sagan）的講法更富詩意。要是沒有B^2FH論文中所描述的核子熔爐來製造像是碳、氧及氮之類的元素，要是沒有超新星爆炸來繁殖像地球這樣適宜居住的地方，生命是不可能形成的。就像薩根充滿感情地描述，「我們全都是星塵。」

很不幸，薩根口中的「星塵」，沒有均等地潤飾地球行星的每一個區域，這眞是天文學裡一椿悲哀的事實。儘管超新星將所有元素炸向四面八方，儘管熔融的地球已經盡力攪拌了，有些地帶就是擁有比較豐盛的稀有礦物。有時候，就像瑞典的伊特比，這樣的結果會激發出科學上的聰明才智。但是更多時候，激發的卻是貪婪與豪取強奪——尤其是當原本藉藉無名的元素被發現可以用於商業，或用於戰爭，或者更糟糕，兩者皆宜。

5 當元素遇到戰爭

元素	符號	原子序	原子量
溴	Br	35	79.904
鋨	Os	76	190.233
氯	Cl	17	35.453
鉬	Mo	42	95.942
鎢	W	74	183.841
鈧	Sc	21	44.956
鉭	Ta	73	180.948
鈮	Nb	41	92.906

就像現代社會的其他領域（例如民主、哲學、戲劇），我們在追溯化學戰爭時，可以一路回到古希臘時代。西元前四〇〇年，斯巴達城邦包圍了雅典，決定用毒氣來讓頑強的對手屈服，於是採用了當時最先進的化學科技：煙燻。沉默嚴肅的斯巴達士兵，帶著一束束有毒的木材、瀝青和惡臭的硫磺，悄悄爬上雅典城；點燃；然後蹲在城外牆腳下，等待被嗆得拼命咳嗽的雅典人奪門而出，留下無人守衛的家園。這個妙計的創意雖然不輸特洛伊木馬，但卻沒有成功。濃煙吹過雅典，但該城還是挺過臭彈的攻擊，贏得戰爭。①

這次失敗果然不是好兆頭。往後二千四百年期間，就算化學戰還有任何進展，也都是斷斷續續的。而且這樣說吧，化學戰的功力始終沒能超越拿沸騰的油來澆灌攻擊者。直到一次世界大戰之前，毒氣都不具戰略價值，但不是因爲各國沒有體認到這層威脅。當時世界上所有科學先進國家，除了一個死硬派國家之外，都簽署了一八九九年的海牙公約，禁止在戰爭中使用化學爲基礎的武器。但是那個死硬派國家——美國——也自有道理：禁用當時威力只比撒胡椒粉稍微強一點的毒氣，但卻樂於用機關槍掃射十八歲的青少年，用魚雷摧毀戰艦，讓整船水兵淹死在海裡，未免太僞善了吧。其他國家異口同聲譴責美國，愼重其事地簽署了海牙公約，然後呢，很快地相繼食言。

在早期，祕密的化學藥劑研究都以溴（bromine）爲主，這是一種非常活躍的元素手榴彈。和其他鹵素元素一樣，溴的最外層能階有七個電子，迫切需要第八個電子來塡滿。溴發覺，其實爲了目的可以不擇手段，因此它會把細胞內最弱的元素（例如碳）撕得粉碎，以便得到所需的電子。溴尤其容易傷害眼睛和鼻子，到了一九一〇年，軍方化學家已經研發出以溴爲主的催淚彈，效力之強，可以頓時讓一個大男人淚流滿面。

因爲沒有理由禁止把催淚彈用在自己國民身上（海牙公約只鎖定戰爭用途），法國政府在一九一二年就曾經利用溴乙酸乙酯（ethyl bromoacetate），逮到一幫巴黎的銀行搶匪。但是這樁事件很快就傳到鄰國耳裡，而對方也有理由擔憂。果然，一九一四年八月一次大戰爆發時，法國馬上就朝行進中的德軍扔擲溴彈。然而，即便是比他們早二千年的斯巴達人，表現都比他們強。法軍扔的溴彈落在一個多風的平原上，毒氣幾乎沒什麼功效，德軍還沒來得及察覺自己受到「攻擊」，毒氣就被吹散了。不過，比較正確的說法應該是：溴彈無法立即見效，因爲關於毒氣的種種誇大謠言，之後竟席捲了德法兩國的報紙。德國樂得搧風點火——譬如說，他們把一場發生在德國軍營裡的一氧化碳中毒事故，歸咎於祕密的法國窒息劑——好讓他們有藉口發展自己的化學戰計畫。

多虧一位仁兄，一位戴著夾鼻眼鏡、留著一撮小鬍子的禿頭化學家，德國的毒氣研究很快地就超越了世界各國。哈柏（Fritz Haber）擁有史上最偉大的化學頭腦之一，當他想出如何把世間最普通的化學物質——空氣中的氮，轉換成一種工業產品時，他也成爲一九〇〇年前後全球最知名的化學家之一。雖說氮氣可以令人在不知不覺中窒息身亡，但是它通常素行良好。事實上，它善良得近乎無用。關於氮，最重要的一點是它能補充土壤的養分：它對植物的重要程度，就像維生素C對人類一樣。（當豬籠草和捕蠅草抓到昆蟲時，它們中意的正是小蟲體內的氮。）然而，即便空氣組成的百分之八十是氮——我們所吸的每一口氣，五個分子當中就有四個是氮分子——但是它在滲入土壤方面的表現卻差得驚人，因爲它很少和任何物質產生反應，向來無法「被固定」在土壤裡。結果，由於氮的豐富、無能，再加上重要性，使它成爲野心勃勃的化學家想當然爾的目標。

哈柏所發明的「捕捉」氮的流程，有相當多步驟，而且其間也有許多化學物質會出現或消失。但是基本上，哈柏就是將氮加熱到數百度，然後注入一些氫氣，把壓力調高爲正常大氣壓的數百倍，然後加入一點鋨（osmium）做爲催化劑。於是乎：最普通的氣體就變成了氨，NH_3，所有肥料的前驅物質。當便宜的工業肥料唾手可得，農夫便不再只能用堆肥或糞便來施肥了。甚至在一次大戰爆發時，哈柏就已經拯救了幾百萬人免於馬爾薩斯所謂的饑饉，而今天全球六十七億人口大多數能填飽肚子，也還是要歸功於他。②

不過，這段論述裡頭沒有提到的是，哈柏其實不太關心肥料，雖然有時候他會自稱很關心。事實上，他當時研究廉價的氨爲的是要幫德國製造氮炸彈，也就是一九九五年，麥克維（Timothy McVeigh）把美國奧克拉荷馬市聯邦大樓轟出一個大洞的那種肥料蒸餾炸彈。悲哀的是，在人類歷史中，總會不時地冒出像哈柏這樣的人：一群把科學發明扭轉成高效率殺人裝置的小浮士德。

但哈柏的故事更爲陰暗，因爲他的技術實在太厲害了。一次世界大戰爆發後，僵持不下的壕溝戰拖累了德國經濟，軍方將領希望儘快突破僵局，於是徵召哈柏到毒氣作戰師服務。但是，哈柏雖然打算從這份以他的氨專利爲基礎的政府合約中大撈一筆，他卻無法快速擺脫手邊其他的計畫。於是師部很快就提議設置「哈柏辦公室」，而且還晉升他：一名改信路德教派（因爲對事業有助益）的四十六歲猶太人，竟成爲上尉。這一招果然奏效，令他產生孩子氣的驕傲。

他的家人可沒有這麼感動。哈柏那種德國超越一切的立場，讓他的親朋好友心底發涼，尤其是最有機會導正他的那個人，他的妻子依茉娃（Clara Immerwahr）。她其實也展現出過人的天分，是第一位取得哈柏家鄉布勒斯勞（Breslau，現在的地名稱爲沃克勞〔Wrocław〕）知名大學博士學位的女性。但是和同時代的瑪麗．居禮不同，依茉娃從未發展自己的事業，因爲她不像居禮夫人，嫁了一個開明的丈夫皮耶．居禮，她嫁的人是哈柏。表面看來，她的婚姻抉擇還不算差，她選擇了一個具有科學野心的伴侶，但是哈柏的化學天分有多高，他的品格缺點就有多差。有位歷史學者說伊茉娃「從未脫下圍裙」，而她也曾懊悔地對友人表示，「弗里茲〔哈柏〕總把自己擺得比這個家庭和婚姻還高，以至於另一個不那麼殘酷、自信的人，就這樣給毀了。」她支持哈柏做很多事，幫他把草稿翻譯成英文，在氮計畫中也提供技術上的協助，但是她不肯幫忙進行溴毒氣研究。

不過哈柏根本沒在意她不願幫忙毒氣研究，因爲有幾十個年輕化學家志願來協助這項研究。當時德國在化學戰方面落後給可惡的法國佬，然而到了一九一五年初，德國找到了回敬法國催淚彈的答案。不通情理的是，德軍卻拿英軍來試驗他們的新砲彈，但英軍根本沒有毒氣。好在這次嘗試和法國初次嘗試一樣，毒氣被風吹散，遭鎖定的攻擊目標英軍——窩在附近的壕溝裡，無聊得要命——完全不知道自己受到攻擊。

德軍可不願就此罷休，還打算投入更多資源於化學戰。但是問題來了，討人厭的海牙公約梗在那裡，政治領袖不願意公開違約。他們的解決之道是：以超認眞但也超虛僞的方式去詮釋條約內容。在這個公約上，德國簽署同意「禁止使用『專用於散布窒息性或有毒氣體』的投射物。」於是，按照德國熟練的法律解讀技巧，該合約無權管轄「投擲炸彈碎片以及氣體」的砲彈。這需要很精巧的工程技術——晃動得稀哩嘩啦的液態溴，受到撞擊就會蒸發成氣態，嚴重破壞砲彈的投射——但是德國的軍工科研部門依舊克服萬難，於是長度十五公分、裝滿甲基溴（xylyl bromide，一種具侵蝕性的催淚劑）的砲彈在一九一五年底準備就緒。德軍稱之爲 weisskreuz，意思是「白十字」（white cross）。同樣地，這次開刀的對象也不是法國，德國把他們的活動氣體元件甩向東邊，以一萬八千枚白十字來轟炸俄軍。這次試射的成果甚至比第一次更慘。俄國的氣溫實在太低了，甲基溴全都凍結成固體。

哈柏仔細研究這次悽慘的實驗結果，決定拋棄溴，改而追求溴的表親元素氯。氯在週期表的位置就在溴的正上方，而氯對呼吸的爲害甚至更大。它會更積極地攻擊別的原子，以奪取電子，而且因爲氯的體積較小——原子量不到溴的一半——它攻擊體細胞的身手更爲靈活。氯會讓受害者的皮膚發黃、發綠，甚至發黑，還會用白內障遮住他們的眼睛。受害人事實上是淹死的，被肺裡的積水給淹死。如果說，溴氣像是一群步兵與黏膜發生衝突，那麼氯氣就好比一輛閃電突擊身體防線的坦克，把靜脈竇與肺臟都撕個粉碎。

拜哈柏之賜，史書上令人永難忘懷的是殘酷無情的氯氣戰，而非滑稽可笑的溴氣戰。敵軍很快就得害怕以氯爲基礎的綠十字（grunkreuz）；藍十字（blaukreuz）；以及噩夢般的糜爛性戰劑黃十字（gelbkreuz），又名芥子氣（mustard gas）。科學研究上的成果並不足以令哈柏滿足，他還熱心地親臨現場，指揮史上第一次成功的毒氣攻擊，讓五千名搞不清楚狀況的法軍在伊普雷斯（Ypres）附近的爛泥壕溝裡嚴重灼傷。此外，哈柏還利用閒暇時間，創造出一條醜陋的生物定律——「哈柏定律」（Haber's Rule），將毒氣濃度、接觸時間與死亡率之間的關係加以量化——想必需要多得可怕的數據，才能計算出這樣的定律吧。

依茉娃被這些毒氣計畫嚇壞了，和哈柏發生衝突，要他停止。然而一如往常，哈柏根本充耳不聞。事實上，當哈柏辦公室的實驗檯發生一場意外，害死某些同事後，哈柏雖然當場掉了幾滴眼淚，但是一從伊普雷斯回來，就辦了場宴會，慶祝新武器的成功。更糟糕的是，伊茉娃發現他回家只是過個夜而已，他眞正的目的地是東邊戰線，要親自前往指揮更多的毒氣攻擊。夫妻倆大吵一架，當天深夜，伊茉娃帶著哈柏的手槍，走進花園，舉槍自盡。雖說這件意外無疑地會讓哈柏很沮喪，但卻沒能更動他的行程。第二天早晨，他按原定計畫出發，連留下來幫太太準備喪禮的時間都沒有。

然而，儘管擁有哈柏這項大利多，德國最終還是輸掉戰爭，並且被冠上流氓國家的封號。國際社會對哈柏的反應就比較複雜了。一九一九年，在一次大戰的煙塵（或說毒氣）尚未落盡之前，哈柏贏得了因戰爭而懸缺的一九一八年度諾貝爾化學獎，得獎理由是他所研發的氨製造流程，儘管他的肥料沒能保護數以千計的德國農民，讓他們在戰爭期間不致餓肚子。但就在一年後，他被起訴爲國際戰犯，罪名是參與領導化學戰，導致數十萬人傷殘，數百萬人受到威脅——他成爲一個矛盾的案例，一個被自己抹殺的傳奇人物。

更慘的還在後頭。對於德國必須付出天價的戰爭賠款，哈柏深感羞辱，於是他花了六年時光，想從海洋中提煉金子，以便幫德國償還負債，但卻空忙一場。這段期間，哈柏一事無成，除了曾向俄國推銷自己能擔任「毒氣戰顧問」以外，他唯一博得注目的是製出一種殺蟲劑。哈柏在一次大戰前就研發出氫氰酸A（Zyklon A，中文又名「齊克隆A」），而一家德國化學公司在戰後，將他的配方稍加修改，製造出高效率的第二代毒氣。最後，當記憶力短暫的新帝國納粹掌控了德國，立刻因爲哈柏具有猶太人血統而將他驅逐。他在一九三四年前往英國尋求庇護的途中去世。但在這段期間，殺蟲劑研究持續進行。幾年後，納粹以毒氣屠殺數百萬名猶太人，包括哈柏的眾親友，採用的正是從哈柏配方改良出來的第二代毒氣——氫氰酸B（齊克隆B）。

其實，德國驅逐哈柏，除了他是猶太人之外，還有另一個原因。他過時了。一次大戰期間，德軍一邊研究毒氣戰，一邊開始搜尋週期表上另一個區塊，最終並做出決定：用鉬（molybdenum）和鎢（tungsten）這兩種金屬來痛擊敵方戰士，比用氯氣和溴氣來灼傷他們更爲合理。於是再次地，戰爭啓動了單純且基礎的週期表化學。鎢日後果然成爲二次大戰的當紅金屬，但是就某些方面來說，鉬的故事卻有趣得多。幾乎沒有人知道，一次大戰最遙遠的戰事既非發生在西伯利亞，也不在撒哈拉沙漠（阿拉伯的勞倫斯），而是在美國科羅拉多州落磯山脈的一處鉬礦場。

一次大戰期間，除了毒氣之外，德軍最令人害怕的武器莫過於貝爾塔大砲（Big Bertha），那是一組超重的長程火砲，摧殘法國和比利時士兵心理的程度，不亞於重創兩國的壕溝。第一尊貝爾塔大砲有四十三噸重，必須以零件狀態由多輛拖車分裝運送到發射地點，然後再由兩百名技工花六個小時來組裝。辛苦的代價是，這下子他們有能力在區區數秒之內，把直徑十六吋、重達一噸的砲彈射到九哩之外。不過，有一個大缺點深深妨礙了貝爾塔。發射重達一噸砲彈需要幾百磅的火藥，所產生的極高熱能連二十呎長的鋼製砲管都能烤焦，最後扭曲變形。經過幾天慘烈的射擊，儘管德軍很自制地每小時才發射貝爾塔幾次，但貝爾塔還是把自己給射死了。

然而，爲祖國發展軍火一向使命必達的克魯伯（Krupp）兵工廠，發現了如何強化鋼鐵的妙方：攙入鉬元素。鉬可以承受極高的溫度，因爲它的熔點爲攝氏二千六百二十一度，比鐵高出甚多，而鋼材裡最主要的金屬就是鐵。鉬原子比鐵原子大很多，因此它們興奮的速度也比較慢，再加上它們的電子數多出百分之六十，所以能吸收更多熱能，而且彼此也能結合得更緊密。此外，當溫度改變時，固體內的原子通常會自發地重新調整，但結果往往很差（這會在第十六章詳細討論），使得金屬變脆，容易斷裂。爲鋼材加入能黏合鐵原子的鉬，可預防鐵原子到處亂滑。（最先想出這個點子的並不是德國人。十四世紀有一位日本鑄劍大師就曾將鉬撒進鋼材裡，製造出全日本最令人覬覦的武士刀，刀鋒從來不會變鈍或出現裂口。但由於這位日本鍛神至死都沒有吐露他的造劍祕方，以致失傳了五百年之久——這個例子證明了，高超的技術不見得就能廣爲流傳，而且通常會斷絕。）

現在再回頭來談一下壕溝。話說德軍很快就用第二代的鉬鋼砲把法軍和英軍擊退，但是不久之後，貝爾塔又碰到另一個大麻煩——德國缺乏鉬元素的貨源，庫存就快要用完了。事實上，當時唯一已知的貨源位於美國科羅拉多州巴特利山（Bartlett Mountain）上一處倒閉的廢棄礦場。

在一次大戰以前，有位當地人聲稱擁有巴特利山上發現的礦脈權，那些礦脈看起來很像是鉛與錫。如果眞是鉛與錫，每磅起碼還值個幾美分，但是換做他發現的沒用的鉬，開採成本比所得還高，因此他就把採礦權賣給了京恩（Otis King）。京恩來自內布拉斯加州，身高只有五呎五吋，是一個喜歡據理力爭的銀行家。在這之前，京恩已經取得一項別人懶得投資的新開採技術，於是他很快地就採得五千八百磅的純鉬礦——此舉多少算是毀了他。這批接近三噸重的鉬，比全球每年的鉬總需求量多出百分之五十，意思是說，他不僅讓鉬市場爲之氾濫，他簡直是把鉬市場給淹死了。美國政府至少還注意到了京恩採用的新科技，在一九一五年的礦物學通報上提了一下。

少有人注意到這份通報，除了一家巨無霸國際礦業公司，這家公司的大本營位於德國法蘭克福，但在美國紐約也設有分支機構。根據一份當年的報告，「梅特格公司」（Metallgesellschaft，或稱「德國金屬工業集團」）在世界各地都擁有冶煉廠、礦場、提煉廠，以及種種「機構」。當該公司的董事（他們和哈柏很熟）一看到京恩鉬礦的訊息，馬上就動員起來，下令公司在科羅拉多州的最高主管蕭特（Max Schott）前去搶奪巴特利山。

這位被形容成「眼光犀利得可以催眠人」的蕭特，派出一些非法侵占礦權的人，在礦區到處打樁圍籬，並以訴訟手段來騷擾京恩，爲這座已經搖搖欲墜的礦場再添一大堆麻煩。一些更狠的侵權者甚至會威脅礦工的妻小，在氣溫降到攝氏零下六度的冬天，摧毀礦工的營地。京恩也雇了一個號稱「雙槍亞當斯」的跛腳歹徒當保鑣，但是德國佬的爪牙有一次終究逮到了京恩，在山路上拿刀子和尖鋤打劫他，還把他推下陡峭的懸崖。幸好有個位置巧妙的雪堆救了他一命。一名自稱「野丫頭新娘」的礦工在自傳裡描述道，德國人使出「一切手段來阻撓京恩公司的運作，只差沒有大開殺戒而已。」京恩手下那群堅定勇敢的礦工，喜歡把這種害他們冒生命危險去開採，而且發音又古怪的金屬暱稱為「該死的茉莉」（Molly be damned，發音很接近 molybdenum）。

京恩對於茉莉被運到德國去做什麼略知一二，但他幾乎是全歐洲或北美洲唯一一個稍微有概念的非德國人。至少在一九一六年以前是如此，那年英國擄獲德軍武器，用熔解的方法逆向推出其中成分，這時協約國才發現這種**奇妙的金屬**，但是落磯山脈上的欺凌騷擾還是繼續存在。美國政府直到一九一七年才參戰，因此沒有特別的理由要去監視德國金屬工業集團設在紐約的子公司，更何況該子公司取了一個愛國的好名字：美國金屬公司（American Metal）。而蕭特的「公司」所聽命的對象，正是美國金屬公司，因此當一九一八年左右美國政府開始調查它時，美國金屬公司宣稱自己合法擁有該礦場，因為不堪其擾的京恩以區區四萬美元的價格，把礦場賣給蕭特了。同時，該公司也坦承他們剛將所有的鉬都運送到德國。聯邦政府很快就凍結德國金屬工業集團在美國的股票，並出面接管巴特利山。但是很不幸，這些努力都太遲了，來不及阻撓德國製造貝爾塔大砲。直到一九一八年的戰爭後期，德國依然有能力發射鉬鋼砲，從七十五哩之遙的距離來砲轟巴黎。

唯一讓人覺得還有天理的，是蕭特的公司在戰後的一九一九年三月宣告破產，因為鉬的價格暴跌。京恩又重操採礦舊業，並成為百萬富翁，因為他說服福特公司用鉬鋼來製造汽車引擎。但是鉬的戰爭歲月也隨之終結。等到二次大戰蓄勢待發時，鉬在製鋼上的角色已經由它在週期表下方的鄰居元素鎢給取代了。

這麼說吧，要是鉬堪稱週期表上英文名字最難發音的元素，那麼鎢就是化學符號最令人困惑的元素了，代表它的元素符號是一個肥大的W。原來這個W源自鎢的德文名稱 wolfram，而且字中的 wolf，更是貼切地預告它將在戰爭中扮演的黑暗角色。納粹德國覬覦鎢，爲的是要製造機械以及穿甲彈，而且渴求的程度甚至超越了搜括來的金子；納粹當局非常樂意交出金子來換取鎢。那麼，是誰在跟納粹做買賣呢？不是義大利，也不是日本或其他軸心國，更不是任何被德國鐵蹄征服的國家，諸如波蘭或比利時。餵養德國戰爭工廠豺狼般大胃口的國家，是原本應該謹守中立的葡萄牙。

當時的葡萄牙，態度莫測高深。它一方面出借一座極重要的空軍基地給盟軍，基地位於大西洋上的亞速爾群島。而且就像電影《北非諜影》裡頭所演的，當時各地難民都想逃到里斯本，因爲從那兒就可以安全地飛往英國或美國。但在另一方面，葡萄牙獨裁者薩拉查（Antonio Salazar）卻又縱容政府裡同情納粹的人，爲軸心國間諜提供了一塊沃土。而且在戰爭期間，他還大玩兩面手法，同時輸送數千噸的鎢礦給雙方陣營。薩拉查不愧是經濟學教授出身，充分利用葡萄牙在鎢礦上近乎寡占的地位（占全歐產量的百分之九十），賺得比承平時代多十倍的利益。如果葡萄牙本來就和德國擁有長期貿易關係，擔心中斷貿易會影響國家財政，那或許還說得過去。但是，薩拉查是在一九四一年才開始銷售大量的鎢礦給德國，顯然他依據的理論是：既然葡萄牙是中立國，當然就有資格同時向交戰雙方敲竹槓。

於是，鎢礦貿易就這樣進行著。記取鉬礦的教訓，加上也體認到鎢礦在戰略上的重要性，德國在進攻波蘭和法國之前就試圖屯積鎢。鎢是目前已知最堅硬的金屬之一，把它加入鋼材，可以製造出品質絕佳的鑽頭和鋸片。此外，即使是中等大小的飛彈，只要彈頭上覆蓋了鎢——所謂的動能穿甲彈（kinetic energy penetrators）——就能轟垮坦克。鎢爲何比其他鋼鐵添加劑更高明，從週期表就可以看出端倪。鎢位在鉬的正下方，具有類似的特性。但是帶有更多電子的鎢，要到超過攝氏三千四百二十度才熔化。再說，身爲比鉬更重的原子，鎢在防止鐵原子滑動方面，堪稱是一具更理想的錨。還記得靈巧的氯在毒氣戰裡有多管用嗎？在金屬裡，鎢的堅固和強韌也證明了其具有同樣的吸引力。

鎢是這麼地有吸引力，揮霍慣了的納粹帝國，在一九四一年便將鎢的存貨用得乾乾淨淨，這回甚至驚動到元首大人。希特勒親自下令盡量搶鎢，只要穿越占領區法國的火車能運多少就搶多少。然而令人洩氣的是（正如一名歷史學家曾經指出的），當時這種灰撲撲的金屬不但沒有什麼黑市交易，整個交易過程反而是再透明不過了。鎢礦從葡萄牙裝運啓程，經過信奉法西斯的西班牙（另一個所謂「中立國」），同時納粹從猶太人身上搜括來的大批金子——包括從死於毒氣室的猶太人嘴裡拔出的金牙，則被送到里斯本和瑞士（還是一樣，另一個聲稱中立的國家）的銀行，進行洗錢。（五十年來，即便許多金條上都明明白白地蓋有納粹黨徽，里斯本一家大銀行依然堅稱，當時官方完全不知道賺得的四十四噸黃金是髒錢。）

就連最忠貞愛國的英國佬，也懶得搭理鎢礦的事，即便這種金屬正在幫忙削減英國小夥子的人數。英國首相邱吉爾私下曾說，葡萄牙的鎢礦交易是一樁「小罪行」，而且爲了怕引起誤解，他又趕緊補上一句，說薩拉查把鎢礦賣給英國的敵人「非常正確」。不過，再次地，有一個國家表示反對。這一切赤裸裸造福社會主義德國的資本主義，在實施自由市場的美國引起震怒。美國官方完全無法理解，英國政府爲何不下令（或是直接威嚇）葡萄牙，停止這種牟利式的中立。由於美國不斷施壓，邱吉爾才終於同意要管制強人薩拉查。

在那之前，薩拉查可以說是把軸心國與同盟國耍弄得團團轉（如果我們暫時拋開道德來看這件事），用一些曖昧的承諾、祕密的協定以及拖延戰術，讓載運鎢礦的火車繼續行駛。他把該國的鎢礦價格從一九四〇年的每噸一千一百美元，炒到一九四一年的每噸二萬美元，而他經過三年的瘋狂炒作，賺進一億七千萬美元。直到所有藉口都用盡了，薩拉查才終於開始對納粹實施鎢礦禁運，時間是一九四四年六月七日——盟軍進攻西歐日（D-Day）的第二天。到了這個時節，盟軍領袖們都太忙（或是太不屑）了，以致懶得去懲罰他。我記得《亂世佳人》裡的白瑞德曾經說過，唯有趁著帝國興起或崩解之際，才能發到橫財，而薩拉查顯然非常同意這種說法。在這場所謂的鎢戰中，是葡萄牙的獨裁者贏得最後勝利。

鎢和鉬只是一場眞正金屬革命的前哨，這場金屬革命要到二十世紀後半才登場。雖然每四種元素裡頭就有三種是金屬，但是直到二次大戰之前，除了鐵、鋁和少數幾種金屬之外，大部分金屬的貢獻，都只是把週期表上的洞給塡起來而已。（事實上，本書在四十年前是寫不出來的，因爲沒有多少資料可以寫。）但是打從一九五〇年左右，每一種金屬都找到了自己的位置。釓元素是非常合適的磁共振造影顯影劑材料。鈥元素可以製造出前所未見的強力雷射。現在，鈧元素的用途和鎢一樣，可做爲添加劑，加在棒球打擊用的鋁棒以及自行車架中，甚至還協助蘇聯在一九八〇年代製造出輕型直升機，甚至被刻意裝置在蘇聯洲際飛彈的彈頭上，因爲這些飛彈儲藏在北極的地底下，而鈳能幫助這些核子武器打穿厚厚的冰層。

可惜的是，儘管這場金屬革命創造了這麼多先進科技，還是有一些元素不斷地在煽動戰爭——而且不是古早以前，是最近十年。在這群元素中，有兩種元素非常貼切地根據希臘神話裡受盡苦難的角色來命名。在神話中，妮歐比（Niobe）因爲誇耀自己育有七個美麗的女兒和七個英俊的兒子，招來眾神的憤怒。這些動不動就發怒的奧林匹斯諸神，立刻把她的十四名子女全數殺死，只爲了懲罰她的驕傲。再來看妮歐比的爸爸泰坦倫斯（Tantalus），他殺了自己的親兒子，做成菜餚拿來款待諸神。結果泰坦倫斯受到的懲罰是，必須永遠站立在水深及頸的河水中，面前垂掛著結實累累的蘋果枝條。然而，每當他想吃蘋果時，果子就會被吹走，讓他拿不到；想喝水時，河水就會退去，讓他喝不著。不過，雖然泰坦倫斯和妮歐比飽受「得不著」與「喪失子女」之苦，以他們來命名的元素鉭（tantalum）與鈮（niobium）卻是過於豐富，在中非釀成大量傷亡。

此刻，你的口袋裡極可能就有鉭或鈮。它們和週期表上的鄰居一樣，都是高密度、高抗熱、非腐蝕性的金屬，很能保住電子——這些性質對於講求結構緊密的行動電話來說，至關緊要。在一九九〇年代中期，行動電話設計者開始向全球產量最大的地區剛果民主共和國（當時叫薩伊共和國）大量訂購這兩種金屬，尤其是鉭。剛果位於中非，盧安達就在旁邊。我們大部分人可能都還記得一九九〇年代的盧安達大屠殺，但是，恐怕沒幾人記得一九九六年盧安達的胡圖族官員蜂擁進入剛果尋求庇護的那一天。在當時看來，彷彿只是盧安達國內的衝突向西邊延伸了幾哩，然而事後回想，這場星星之火竟然延燒成長達十年的種族動亂。最後，共有九個國家、二百個部落，帶著化不開的新仇舊恨，加入這場叢林深處的戰爭。

儘管如此，要是有主力部隊介入，剛果這場衝突很可能會漸漸消弭。然而，面積大過阿拉斯加、叢林茂密勝過巴西的剛果，道路比以上兩個地區更難通行，意思就是，想在這裡發動長期戰爭可不容易。再說，貧窮的村民除非事關金錢，否則也打不起仗來。這時，鉭、鈮以及行動通訊科技上場了。我的意思並不是要把罪過都推到手機上頭。很明顯，並不是行動電話引發戰爭——是仇恨與積怨。但同樣明顯的是，金錢因素讓這些爭鬥停不下來。這兩種金屬全球產量的百分之六十都集中在剛果，而且它們在地層裡是混合的，存在於一種叫做鈳鉭鐵礦（coltan，也被稱爲「血礦石」）的礦物裡。行動電話暴紅之後——銷量從一九九一年近乎零暴增到二〇〇一年的十億支以上——西方國家對手機的饑渴，就像泰坦倫斯一樣，而鈳鉭鐵礦的價格也翻了十倍。購買礦石的手機製造商不會多問，也不在乎貨源來自何方，而剛果的礦工更是完全不知道這些礦物有什麼用途，只知道白人願意付錢購買，而他們可以把賺來的錢拿來支持他們擁護的民兵。

說也奇怪，鉭與鈮之所以爲害這麼大，正是因爲它們太民主了。與當年比利時奸商經營鑽石與黃金礦不同，這次並沒有企業集團在操縱鈳鉭鐵礦，而且開採時也不需要靠怪手和翻斗車。任何人只要有一把鏟子，有一副耐扛的背肩，就可以在溪床挖出好幾磅（它們看起來很像黏稠的爛泥巴）。一名農夫短短挖上幾個小時，賺到的錢就已是鄰居種田年收入的二十倍。隨著利潤愈來愈豐厚，大家都不耕田了，只管挖礦。這使得剛果原本就岌岌可危的糧食供應更加短缺，於是人民開始獵食大猩猩，將牠們趕盡殺絕，宛如牠們是一群水牛。但比起其他的人類暴行，大猩猩的死亡只是小巫見大巫。當大量金錢湧入一個基本上沒有政府的國家，絕對不會是好事。一種極殘酷的資本主義掌控了當地的一切，所有事物都是可以賣錢的，包括人命。有圍籬的大型營地到處都是，裡面蓄養著被奴役的娼妓，另外還有數不清的獎金，做爲血腥殺戮的獎賞。令人作嘔的故事到處流傳，例如得意的勝利者爲了侮辱死者，將對方的內臟扯出來，披掛在自己身上，跳舞慶祝。

剛果戰火延燒最烈的是在一九九八到二〇〇一年間，直到那時手機製造商才體認到，他們一直在贊助無政府狀態。值得稱許的是，他們開始轉向澳洲購買鉭與鈮；雖然成本升高，但剛果的戰火總算冷卻了一點點。而即使二〇〇三年簽下停戰協定，該國的東半部，也就是靠近盧安達的地區，動亂始終沒有完全平息。而且不久之後，又有另一種元素來資助戰亂了，那就是錫。二〇〇六年，歐盟宣布消費性產品中禁止使用鉛焊料，於是大部分製造商都改用錫來替代鉛——很不巧，剛果的錫產量也非常豐富。小說家康拉德（Joseph Conrad）曾經說，剛果「擄掠之惡質，醜化人類良知史，莫此爲甚」，而且直到現在，都沒有什麼理由能逆轉這種想法。

總的說來，自從一九九〇年代中期以來，已有超過五百萬人死於剛果，成爲二次大戰之後人命耗損最大的地區。那兒的動亂證明了，週期表不只能夠激發高昂的情操，也能夠玩弄人類最黑暗、最不仁道的本能。

6 霹靂一聲，週期表完工

61 鉅 Pm 145.0

94 鈽 Pu (244)

27 鈷 Co 58.993

一顆超新星把所有天然存在的元素撒在我們的太陽系裡，不停翻攪的年輕熔融行星，則確保這些元素在岩石土壤中混合均勻。但是單靠這些程序，並不能告訴我們元素在地表分布的所有情形。自從超新星爆炸後，許多元素都走向滅絕，因爲它們的原子核與它們的核心太過脆弱，無法存活在自然界。它們這般不穩定，令科學家大爲震驚，同時也在週期表上留下神祕的破洞——和門得列夫時代不同，科學家不論搜尋得多賣力，這些洞就是補不起來。直到科學家開發出一些新領域，容許他們自己創造元素，同時也了解到某些元素的脆弱其實隱含了一個閃亮的危機，他們才終於把週期表填起來。事實證明，製造原子和裂解原子之間，關係之深遠超過任何人所敢想像的。

這一切都要回溯到一次世界大戰前，位於英格蘭的曼徹斯特大學。當時曼徹斯特大學聚集了一批極出色的科學家，包括實驗室主任拉塞福（Ernest Rutherford）。而其中最有出息的學生，應該要算莫斯利（Henry Moseley）。他是達爾文最欣賞的博物學家的兒子，但莫斯利喜歡的卻是物理學。他對實驗研究的態度超認眞，好像在守護臨終者似地連續工作十五個小時，餐點就只有水果沙拉和起士，彷彿時間不夠他完成想做的工作。和許多天才一樣，莫斯利也是個惹人厭、不友善又無聊的傢伙，他甚至曾公開表示，曼徹斯特的外國人身上有一股「骯髒的臭味」，令他作嘔。

但是傲人的才華讓他備受寬容。雖說拉塞福不贊成他的研究，認爲是白費時間，莫斯利還是愈來愈熱中於用電子束爆破原子來研究元素。他還找達爾文的孫子（是個物理學家）做爲研究夥伴，從一九一三年開始，有系統地探測金之前的每一種已知元素。現在我們都已經知道，當電子束擊中某個原子時，會將該原子的電子給打掉，結果留下一個破洞。但電子一向會被原子的核所吸引，因爲電子與質子攜帶相反的電荷，也因此，將電子從原子核身邊撕走是非常暴力的行徑。又因爲自然界討厭空缺，其他電子就會爭先恐後地衝去塡補空位，而這些衝撞會令它們釋放出高能量的X射線。莫斯利非常興奮地發現，「X射線波長」與「原子核裡的質子數」以及「該元素的原子序（也就是它在週期表上的位置號碼）」之間，具有某種數學關係。

自從門得列夫於一八六九年發表他著名的週期表以來，週期表經過不少更動。門得列夫最早提出的週期表是歪向一邊的，直到有人告訴他，應該旋轉九十度。此後四十年，化學家們一直忙著修補這張表，這裡加一欄，那裡的元素換換位置。然而在這期間，不時會出現一些不規則現象，令人信心備受打擊，懷疑自己是否眞的了解週期表。絕大部分的元素在排隊等著上週期表的通告時，依循的順序都是愈來愈大的體重。但是根據這項標準，鎳應該排在鈷前面才對（鎳的重量略低於鈷）。然而，爲了要讓元素的排列恰當——讓鈷可以坐在像鈷的元素頭上，而鎳可以坐在和鎳很相似的元素頭上——化學家必須把它們的位置對調。當時沒有人知道爲什麼必須這樣做，而這只是諸多惱人現象中的一個案例。爲了迴避這個問題，科學家因此發明了原子序這個玩意兒，做為元素排位的標誌，但也更加凸顯科學家其實完全不了解原子序的意義。

年僅二十五歲的莫斯利，把這個問題從化學轉到物理學，然後解出了謎底。關鍵之處在於，當時沒有幾個科學家相信原子核的存在。拉塞福提出「原子具有一個緊密的、帶正電荷的核子」才不過兩年，而且這個想法直到一九一三年以前都沒有被證實，實在太不確定了，科學家沒法接受。莫斯利的研究提供了最早的證實。就像拉塞福另一位門生波耳（Niels Bohr）所回憶的，「我們現在恐怕很難了解，但是〔拉塞福的研究〕當時並不受重視……是莫斯利逆轉了情勢。」因為莫斯利把「元素在週期表上的位置」和一項物理特性連在一起，讓原子核的正電荷數等同於原子序。而且他是利用一個大家都有辦法重複的實驗來證明這一點。另外，這也證明了元素的順序不是隨意亂排的，而是來自對原子結構的真正理解。之前被認為怪異的個案，例如鈷與鎳，突然之間都說得通了，既然較輕的鎳擁有較多質子，因此擁有較高的正電荷，所以就必須排在鈷的後面。如果說，門得列夫和其他人發現了元素的魔術方塊，那麼破解魔術方塊的人就是莫斯利，而且自此以後，科學家再也不需要閃避這個問題了。

不只如此，莫斯利的電子槍就和光譜儀一樣，有助於整頓週期表，因為它能將一列令人困惑的放射性物種分出來，也能反駁錯誤的發現新元素的宣告。此外，莫斯利還指出，週期表上只剩下四個空洞——第四十三、六十一、七十二以及七十五號元素。（在一九一三年，比金重的元素都太寶貴了，沒法取得適合的樣本來做實驗。要是莫斯利有機會拿到，應該也會發現在第八十五、八十七以及九十一號位置上有空缺。）

很不幸，那個年代的化學家和物理學家互不信任，有些顯赫的化學家懷疑，莫斯利的發現根本沒有他自稱的那麼重大。法國化學家厄本（Georges Urbain）就曾向這位激進的物理學家下戰帖：他帶了一團混雜的稀土元素來找莫斯利。厄本投下二十年的苦工來學習稀土化學，他做了好幾個月的實驗，才辨識出這團樣本中的四種元素，因此他滿心以爲這個問題就算難不倒莫斯利，至少也可以讓他難堪一下。誰知兩人見面後，莫斯利不到一個鐘頭，就將正確完整的元素名單回覆給他。①曾經這麼困擾門得列夫的稀土元素，如今輕輕鬆鬆就能解決。

但是，最後解決稀土元素的人，卻不是莫斯利。雖然他是核子科學的先驅，但是就像盜火給人類的普洛米修斯受到諸神嚴懲，這名爲後代人類照亮黑暗無知的年輕人，彷彿也受到天譴。一次世界大戰爆發時，莫斯利加入英軍（違背軍方的建議），親自參與了一九一五年那場要命的加利波利戰役（Gallipoli campaign）。有一天，土耳其軍隊以八人方陣衝進英軍陣營，戰鬥很快就演變成街頭肉搏戰，刀子、石塊和牙齒全都派上用場。在這場野蠻的混戰之中，二十七歲的莫斯利陣亡了。一次世界大戰的徒勞，主要是因一些同樣死於這場戰役的英國詩人而聞名於世（譯註：例如英國詩人布魯克〔Rupert Brooke〕）。但是一名科學家同僚痛陳，單單折損莫斯利，就足以讓這場終結所有戰爭的戰爭，被視爲「人類史上最醜陋和無法彌補的罪行之一。」②

對於莫斯利，科學家能給予的最高禮敬，莫過於繼續追獵他生前指出但尚未發現的元素。事實上，元素獵人受到莫斯利的啓發是如此之深，他們忽然弄清楚要找的是什麼，而這場元素大狩獵幾乎有點熱過頭了。到底是誰先發現了鉿、鏷及鎝，很快地引發爭論。一九三〇年代晚期，其他研究團隊藉由在實驗室裡創造元素，將八十五和八十七號元素的空洞填滿。到了一九四〇年，只剩下一個大獎，一個還沒有被找到的天然元素——六十一號元素。

怪的是，這時全世界只有寥寥幾個研究小組還願意去費心尋找。其中一個團隊是由義大利物理學家塞格瑞（Emilio Segrè）領軍，嘗試創造一個人工製作的樣品，大約在一九四二年左右成功了，但是他們在嘗試分離它幾次之後，卻又宣告放棄。直到七年之後，三名來自美國田納西州橡樹嶺國家實驗室的科學家，才在費城舉辦的一場學術會議上宣布，他們發現了第六十一號元素。化學史經過幾百年的演進，週期表上最後一個洞，終於被塡滿了。

但是這項宣布並沒有激起太多興奮之情。這三名科學家表示，他們早在兩年前就發現六十一號元素，但一直沒有公布結果，因爲他們太忙於研究鈾——那才是他們的正業。報章媒體對這項發現的反應，也同樣不熱絡。在《紐約時報》上，該元素的新聞與另一則報導塞在一條稿子裡頭，那則報導是關於一種滿可疑的採礦技術，號稱可以確保石油源源不絕，長達百年。《時代》雜誌則把這則消息夾在研討會綜合報導裡，而且語帶不屑地說，這種元素「沒什麼大用。」③再來，這幾位科學家宣布，他們打算依希臘神話裡的泰坦先知普洛米修斯（Prometheus）之名，把它命名爲鉅（promethium）。在二十世紀早年被發現的元素，全都得到一個很炫或至少有典故的名稱，然而，普洛米修斯因盜火給人類而遭到宙斯嚴懲：永生承受禿鷹啄食肝臟之苦，因此 promethium 這個名字給人一種嚴厲、陰森甚至是罪惡的感覺。

所以啦，從莫斯利的時代到第六十一號元素被發現，期間到底發生了什麼事呢？爲何追獵新元素會從「莫斯利的過世被同僚認爲是無可彌補的罪行」這般重要，淪落到「只值得寫幾行新聞稿」的地步？鉅固然沒有什麼大用，但是至少就科學家來說，對於非應用的科學發現應該會大聲歡呼才對呀，更何況週期表完工是一項累計數百萬工時的劃時代成就。也不是只因人們厭倦了探索新元素——冷戰期間，美蘇科學家之間還不時爲此發生爭執。事實上，是因爲核子科學的本質以及影響發生了變化。人們已經**見識過了**，而像鉅這樣一個中段位置的元素，引發的反應再也不可能比得上鈽和鈾之類的重量級元素，更別提它們那赫赫有名的孩子：原子彈。

一九三九年的某天早晨，一名加州大學柏克萊分校的年輕物理學家跑到學生活動中心去理髮。天知道他們那天的話題是什麼——可能是該死的希特勒，或是洋基會不會四連霸世界大賽冠軍。總之，老阿爾瓦雷斯（當時可還沒有因爲恐龍滅絕理論而聲名大噪）一邊閒聊，一邊隨意瀏覽《舊金山紀事報》，突然間，他掃到外電報導哈恩（Otto Hahn）在德國做的一項實驗，關於核分裂——讓鈾原子分裂的實驗。據一名友人回憶，阿爾瓦雷斯馬上要「剪到一半」的理髮師停下來，然後他扯掉身上的罩袍衝出去，直奔實驗室，抓起一個蓋革計數器就去找來一些放射性鈾。頭髮只理了一半的他，大聲吆喝實驗室所有的人都來看看哈恩的發現。

阿爾瓦雷斯這樣莽撞的舉動，除了有趣之外，也象徵了核子科學當時的狀態。關於原子核心如何運作，科學家的了解一直在穩定增進之中，但是很緩慢，而且是零零散散的——但突然之間，因爲一項發現，他們發覺自己正在狼吞虎嚥。

莫斯利堪稱原子和核子科學的奠基者，而且他也吸引了大批聰穎的科學家，在一九二〇年代競相投入相關領域。然而，進展卻不如想像那麼順利。其中有些混淆之處，可以間接怪到莫斯利頭上。因爲他的研究證明，像鉛二〇四以及鉛二〇六這樣的同位素，具有相等的淨正電荷，但卻可以具有不同的原子量。在只知道質子與電子的那個年代，這項事實讓科學家生出一大堆奇思怪想，揣測原子核裡的質子可能會像小精靈那樣呑食電子。④此外，爲理解次原子粒子的行爲，科學家必須設計出整套全新的數學工具——量子力學，而且他們又花了好幾年才想出，如何將量子力學套用在簡單如個別的氫原子身上。

在這同時，科學家也研發出相關的放射線領域，研究核子如何分裂。任何一個老原子都可能會甩掉或偷取電子，但是像居禮夫人或拉塞福那樣的權威專家都知道，有些稀有元素也可以藉由把原子碎片爆掉，來改變自己的核。尤其是拉塞福，還將這類原子碎片加以分類，分別以希臘字母來命名，包括阿爾法、貝塔和伽馬衰變。其中伽馬衰變最簡單也最致命——當核子發射出密集的X射線時，就會產生伽馬衰變，而它正是今天的核子夢魘。其他涉及元素轉換的放射類型，在一九二〇年代也是一個非常誘人的流程。但是每一種元素，都有特別的方式來進行放射，也因此阿爾法和貝塔衰變深藏不露的特性，讓科學家摸不著頭緒，對於同位素特性愈來愈感到挫敗。小精靈模式失敗後，一些冒失鬼甚至建議，爲了要應付日益增加的新同位素，唯一的辦法就是把週期表廢掉。

最大的集體當頭棒喝——那種「哎呀，原來如此！」的時刻，發生在一九三二年。拉塞福的另一個門生查德威克（James Chadwick）發現了不帶電的中子，它們能增加原子的重量，但不會改變原子的電荷。這項發現加上莫斯利對原子序的洞見，突然之間，讓原子（至少是孤立原子）的一切都說得通了。中子的存在意味著，鉛二〇四與鉛二〇六還是可以都屬於鉛——可以擁有正電荷相同的原子核，並坐在週期表上同一個格子裡，即便它們具有不同的原子量。放射線的性質也是一樣，突然之間都能說得通了。大家把貝塔衰變理解成，是中子轉換爲質子——而且也因爲中子數目改變，貝塔衰變可以把一個原子轉換成不同的元素。阿爾法衰變也同樣可以轉換元素，而且就原子核來說，是最劇烈的變動，因爲它被剝奪了兩個中子與兩個質子。

接下來那幾年，中子的功用不再只是一項理論工具。譬如說，它等於提供了一條絕佳的路徑去探討原子的內部結構，因爲科學家可以用中子去射擊原子而不至於受電力排斥，這一點和發射帶電荷的粒子不同。此外中子還能幫助科學家誘導出一種新形態的放射性。化學元素，尤其是重量較輕的，都會試著要將中子與質子的數值比維持在一比一。如果某原子擁有太多中子，它就會自我分裂，並在這個過程中釋出能量和多餘的中子。如果附近的原子吸收了被釋出的中子，就會變得不穩定，也開始分裂，釋出更多中子，這種步階式的反應就稱做連鎖反應（chain reaction）。大約在一九三三年的某天早晨，一位叫做齊拉德（Leo Szilard）的物理學家站在倫敦市的紅燈前，突然憑空得出了一個核子連鎖反應的想法。他在一九三四年跑去註冊專利，而且早在一九三六年便嘗試（但沒有成功）用幾個質輕的元素，來製造一串連鎖反應。

但是請注意這些發展出現的時間點。就在科學家剛剛開始對電子、質子及中子有一點了解時，舊世界的政治局勢卻在分崩離析之中。等到老阿爾瓦雷斯在理髮廳裡讀到鈾的核分裂報導時，歐洲已經在劫難逃了。

值此同時，舊日那個彬彬有禮地追獵元素的世界也死去了。有了新式的原子內部結構模型，科學家開始了解到，週期表上那幾個沒被發現的元素之所以沒被發現，是因爲它們在本質上就是不穩定的。即使它們在早期地球土壤中的存量甚豐，如今也早就分解光了。這一點很方便地解釋了週期表上的一些空洞，但是這項研究本身也成爲一個禍根。探索不穩定的元素，很快就引導科學家走向核分裂以及中子連鎖反應。而且一旦他們了解原子能夠分裂——了解這個事實所隱含的科學及政治意涵後——以往那種「收集新元素來展示」，便顯得好像只是業餘人士的嗜好，就像一八〇〇年代那種「獵殺動物製成標本」式的生物學研究，和現代分子生物學之間的對比。而這也是爲什麼，一九三九年當世界大戰熱烈開打，原子彈登場的可能性也愈來愈高之際，卻沒有太多科學家肯費心追蹤鉅，直到十年之後。

然而，不論科學家在面對核分裂炸彈可能成眞時，心裡有多興奮或多緊張，從理論到實踐之間，還是有一段很長的路要走。現在我們恐怕很難記得，其實核子彈在當時被認爲頂多只是孤注一擲，是一項成功機會很渺茫的嘗試，在軍事專家眼中尤其如此。一如往常，這些軍事將領非常渴望徵召科學家加入二次大戰，而科學家也盡職地透過科技來提升戰爭的醜陋程度，例如製造出更好的鋼材。但是，如果美國政府只是要求大家馬上做出更大更快的武器，而沒有貫徹到底的意志力，投下數十億美元到一個當時仍然屬於純科學的非應用領域：次原子科學（subatomic science），戰爭將不會結束在兩朵蕈狀雲中。但是即便如此，要想出怎樣用可控制的手段劈開原子，對於當時的科學來說還是太困難了，因此曼哈頓計畫必須採用全新的研究策略才能成功——那就是蒙地卡羅計算法（Monte Carlo method），而這也讓人們對於什麼是「做研究」有了新的定義。

前面提過，量子力學非常適用於孤立的個別原子，而且到了一九四〇年，科學家都知道吸收中子會令原子不安定，因此引發爆炸，甚至可能釋出更多中子。要追蹤某個特定中子的路徑，非常簡單，不會比追蹤球檯上的撞球更困難。但是要引發一個連鎖反應，需要協調數百萬兆的中子，而且個個都以不同的速度奔向不同的方向。這下子，可難倒了科學家爲單一中子所建造的理論架構。除此之外，鈾和鈽又都是既昂貴又危險的元素，想要詳細地加以實驗、研究，門都沒有。

然而，曼哈頓計畫的科學家卻接獲命令，要他們提出到底需要多少的鈽與鈾才夠製造出一顆炸彈：量太小，炸彈會無效。量太大，炸彈威力沒問題，但代價是戰爭會多拖延好幾個月，因爲這兩種元素的純化過程（或就鈽的案例，是合成而非純化）都複雜得可怕，非常耗時。爲了過關，有些務實的科學家於是決定要將傳統的做法，也就是理論和實驗丟在一邊，走出第三條路。

一開始，他們先替一枚在一堆鈽（或鈾）元素上蹦跳的中子，隨機選了一個速度。同時他們也幫這個中子隨機選了一個方向，以及更多隨機參數，例如可取得的鈽元素量、該中子被吸收前逃離鈽元素的機率、甚至包括那堆鈽元素的幾何形狀，全都是隨機選取。請注意，科學家在這裡選擇特定數值，代表他們勉強承認每一次計算都具有普遍性，因爲結果只適用於其中某次設計裡的幾個中子。而理論科學家最**憎恨**的，就是放棄能夠一律適用的結果，但是此刻他們別無選擇。

事情進展到這個階段，一屋子又一屋子的年輕婦女出現了，她們人手一支鉛筆（許多都是曼哈頓計畫科學家的老婆，因爲洛斯阿拉莫斯的生活讓她們悶得發慌），每人分到一張記滿隨機數據的紙條，然後就開始計算（有時候完全不解其義）：中子如何與鈽原子相撞；是否被吞噬；過程中釋出多少新的中子（如果有的話）；逐個被釋出的中子有多少；諸如此類的資料。這幾百名婦女，每人都只針對整條生產線上的單一項目進行計算，然後再由科學家來彙集所有結果。歷史學家喬治．戴森（George Dyson，知名物理學家弗里曼．戴森〔Freeman Dyson〕的兒子）描述建造原子彈的過程是「**憑藉數字**，一個中子一個中子地，一毫微秒一毫微秒地……一種統計的近似值

（方法），先隨機取樣一些事件……然後在一系列代表性的時間切面中追蹤它們，藉以回答某結構是否會成爲熱核這個原本無法計算的問題。」⑤

有時候，理論上的一堆元素確實會變成核，這會被視爲一大成功。當每一項計算都完成後，這些婦女又會開始重新計算另外的數據。然後再做一次。再一次。然後再一次。鉚釘女工蘿西（Rosie the Riveter）也許算是大戰期間婦女勞動力量提升的象徵標誌，但事實上，若沒有這群婦女幫忙以手工運算冗長表格中的數據，曼哈頓計畫也不會有進展。她們成爲現代人口中所謂的「計算機」。

但是這種做法到底有何獨特之處？基本上，科學家是把每一次運算當成一場實驗，然後只收集鈽原子彈與鈾原子彈的虛擬數據。他們拋棄了讓理論與實驗互相修正的交互作用法，改採某位歷史學家很不屑的做法：「先攪亂……從實驗與理論兩個領域借來的模擬事實，把這些借來的東西混成一堆，然後利用最後的綜合體，在尋常的方法學地圖上，標出這個既『不在任何地方』，同時又『無處不在』的荷蘭。」⑥

當然，這樣的運算有多理想，完全要看科學家最初設定的方程式有多理想。好在他們運氣實在有夠好。量子層次的粒子會遵守統計法則，而量子力學儘管怪異，和我們的直覺不符，卻是人類發明的科學理論當中最爲正確的。再加上科學家於曼哈頓計畫中所做的大量運算，也讓他們深具信心——等到一九四五年中，他們在新墨西哥州的三一試驗（Trinity Test）獲得成功後，證明了這份信心其來有自。幾週之後，廣島上空的鈾原子彈以及長崎上空的鈽原子彈迅速無誤地引爆，同樣證明了這個以計算爲基礎、不尋常的科學研究方法是正確的。

曼哈頓計畫下與世隔絕的同袍情誼告一段落後，科學家各分東西，返回家園，開始省思自己的所作所爲（有人感到自豪，有人則否）。許多人樂於遺忘運算室裡的那段歲月。不過，也有一些人被他們所學到的東西釘住了，例如烏蘭（Stanislaw Ulam）。烏蘭是波蘭難民，待在新墨西哥州的那段期間，他常常玩撲克牌打發日子。一九四六年的某一天，當他在玩接龍時，忽然很想知道隨機拿到的一手牌有多大的機率能夠贏。要說還有什麼事物能比紙牌更吸引烏蘭，莫過於無用的運算了，因此他開始在一堆紙片上寫滿或然率方程式。這個問題很快就膨脹起來，複雜到終於讓烏蘭識相地放棄了。他決定最好還是去打一百手牌，然後再把他贏錢的百分比表列出來。這樣簡單多了。

大部分人（即使是科學家）的神經元，恐怕都不會做出下面這樣的連結，然而烏蘭在玩那場世紀性接龍的當兒，卻突然體認到，他當時的做法基本上正是科學家在洛斯阿拉莫斯進行原子彈製造「實驗」時的取徑。（兩者間的關聯很是抽象，但是紙牌的次序及分布就像是隨機的輸入，而打一手牌就相當於做一次運算。）他馬上跑去和另一位熱愛運算的朋友，同樣是歐洲難民以及曼哈頓計畫成員的馮諾曼（John von Neumann）討論。烏蘭和馮諾曼都察覺到，如果他們能將這個方法普遍化，並套用到具有大量隨機變數的其他情境上，威力不知有多大。在那類情境下，他們將不用再考量每一個複雜事件、每一次蝴蝶鼓翅，他們只需要把問題界定清楚，然後選出一些隨機的輸入值，接下來就等著「敲入變數，得出結果」。和實驗不同，這些結果並不是確定的。但是只要計算數值夠多，他們對於機率就很有把握了。

非常湊巧，烏蘭和馮諾曼得知美國工程師在研發第一代電子計算機，例如費城的電子數值積分計算機（ENIAC）。曼哈頓計畫的計算機最後採用了一套機械打孔系統來進行運算，但是不會疲倦的ENIAC，看起來更適合執行烏蘭與馮諾曼想像中那類冗長的重複計算。就歷史來看，機率科學的根源來自貴族賭場，而我們也不清楚，烏蘭和馮諾曼採用的這種方法爲什麼會有一個那樣的暱稱（蒙地卡羅計算法）。但是烏蘭很喜歡吹牛，說他是爲了紀念一位叔父，這位叔叔常常借錢去賭「位於地中海公國知名的隨機整數（從零到三十六）發生器。」

無論如何，蒙地卡羅科學很快就流行起來。它縮減了昂貴的實驗，但是需要蒙地卡羅模擬器，因此帶動了電腦的早期發展，促使它們愈來愈快速，愈來愈高效。而廉價的運算也意味著，蒙地卡羅式的實驗、模擬以及模型開始接收各個學門的分枝，像是化學、天文、物理，更別提工程以及股市分析。到今天，雖然只過了兩個世代，蒙地卡羅計算法（以各種不同形式）在某些領域的主宰地位，已經強大到許多年輕科學家甚至沒有察覺他們早已徹底脫離傳統的理論或實驗科學。總體說來，當年那一個權宜之計，一個暫時性的方法——把鈽原子及鈾原子當成算盤，來計算核子連鎖反應——竟然演變成科學程序裡頭一個不可替代的特性。它不只征服了科學；它還安頓、消化並連結了其他方法。

不過，那樣的轉變在一九四九年還沒有來到。在早期那段歲月，烏蘭的蒙地卡羅計算法主要是在推動下一代的核子武器。馮諾曼、烏蘭一幫人，會出現在像健身房那樣大的電腦室裡，神祕兮兮地詢問可不可以讓他們跑幾個程式，從半夜十二點開始，跑整個晚上。他們在深更半夜所研發的武器，屬於「超級原子彈」，是多級式裝置，威力比標準原子彈高出一千倍。超級原子彈用的是鈽和鈾，在液態超重氫裡引燃像恆星那樣的核融合，這個複雜的流程要是沒有數位運算協助，將永遠都無法從祕密軍事報告的程度推進到導彈發射井裡。歷史學家戴森就曾經用一句非常簡潔的話，來描述那十年科技史，「電腦造就了原子彈，原子彈造就了電腦。」

在設計超級原子彈期間，科學家經過一番掙扎，終於在一九五二年撞上了好東西。那年他們在太平洋上測試一顆超級原子彈，結果埃尼威托克環礁（Eniwetok atoll）被整個毀掉，再次彰顯蒙地卡羅計算法那無情的才智。不過還是一樣，炸彈科學家們早已在醞釀比超級原子彈更惡劣的武器了。

原子彈可以給你兩個選擇。一個狂人如果想要殺死很多人，摧毀很多建築物，只要用一顆尋常的一級式核分裂原子彈就足夠了。這種原子彈比較容易製造，所產生的大爆炸應該也能滿足狂人想要的壯觀場面，製造出包括天然龍捲風以及被烙印在磚牆上的死難者剪影之類的後果。但是，如果這個狂人有的是耐心，而且想要做得更陰險；如果他一心想毀天滅地，便會引燃一顆鈷六十髒彈（cobalt-60 dirty bomb）。

一般的核彈是以熱能來殺人，但是髒彈卻是以伽馬射線來殺人——也就是惡毒的X射線。伽馬射線產自狂亂的放射活動，除了恐怖地灼燒人體之外，它們還能鑽進骨髓中，攪動白血球的染色體。被攻擊的白血球細胞要嘛直接陣亡，要嘛變成癌細胞，不然就是無限制地生長下去，彷彿人類的巨人症，最後變成畸形白血球，沒有能力抵抗感染。所有核子彈都會釋出一些輻射線，但是對髒彈來說，重點就在輻射線。

就某些核彈的標準而言，即便造成流行性白血病都不夠看。另一位曾經參與曼哈頓計畫的歐洲難民齊拉德——身爲物理學家的他，深深後悔自己在一九三三年左右，創造出「自我持續運轉之連鎖反應」的概念——在人生更智慧也更成熟階段的一九五〇年，做了一項計算：在每平方哩的土壤中，只要撒下〇．一盎司的鈷六十，就能讓土壤被分量「足以殺死所有人類」的伽馬射線所污染，是加速恐龍滅絕的濃雲核子版。他的裝置是由一個周圍包裹著鈷五十九反射層的多級式彈頭所組成。最先是一個鈽元素的核分裂反應，然後由它開啓氫元素內部的核融合反應，而該反應一旦開啓，顯而易見，鈷反射層以及其他構造都會被摧毀。但是在那之前，會先發生另一個原子層級的事件。被安裝在裡面的鈷原子，會從核分裂與核融合吸收中子，這個步驟叫做鹽化（salting）。鹽化可以將穩定的鈷五十九轉變成不穩定的鈷六十，然後便會像灰塵般隨風飄蕩。

許多元素都會放射伽馬射線，但是鈷有一點和別人不同。一般原子彈爆炸，人可以躲在地下掩體裡逃過一劫，因爲其所製造的原子塵會馬上吐出伽馬射線，因此算是比較無害。廣島與長崎在一九四五年原子彈爆炸過後幾天，多多少少還是可以居住的。也就是說，其他元素吸收額外的中子，有點像是酒鬼跑到吧檯前再喝一杯——他們總有一天會醉倒，但不會永遠醉倒。就一般原子彈而言，自爆炸聲響起之後，輻射性永遠都不會攀升得太高。

邪惡的是，鈷彈剛好落在極端之間，成爲難得一見的「中庸之道卻最糟糕」的例子。鈷六十原子會像地雷般安頓在土壤中。有足夠的量會馬上爆炸開來，逼得人們不得不逃命；但是經過五年後，還會有半數鈷六十是武裝狀態。伽馬炸彈碎片的穩定放射意味著，你既無法躲掉鈷彈，也無法承受它。需要一個人活一輩子的時間，才能讓土壤復原。這一點使得鈷彈不太可能成爲戰爭武器，因爲征服者將無法占領用過鈷彈的地區。但是對於不惜動用焦土戰略來對付敵軍的狂人而言，是不會有這層顧慮的。

齊拉德表示，希望他的鈷彈——第一項「末日裝置」（doomsday device）——永遠不會被人建造出來，而且也沒有國家會去嘗試（只要就大眾所知是如此）。事實上，齊拉德想出這個點子來證明核戰有多瘋狂，而世人確實也體會到了。例如在電影《奇愛博士》（*Dr. Strangelove*）中，就有蘇聯敵人掌握了鈷彈的情節。在齊拉德提出這個想法之前，核武是很嚇人，但不見得會造成世界末日。齊拉德希望他那謙虛的建言能讓人們知道得更多，以便放棄核武。結果沒什麼用。就在鈷元素令人難忘的名字正式生效後不久，蘇聯很快也有了核武。美國與蘇聯政府很快都接受了一項根本無法令人安心、但名字卻取得很貼切的主義——MAD（字頭縮寫與英文「瘋狂」相同），它的全名其實是「確保相互毀滅」（mutually assured destruction）——意思是，除了戰爭結果之外，參與核戰的任何一方都會輸。然而，不論MAD在道德觀上有多理想，它並沒有辦法嚇阻世人部署核武做爲戰略性武器。相反地，國際局勢愈來愈緊繃，終於進入冷戰——冷戰深深滲入了我們的社會，即便清新如週期表，也不能幸免於它的染指。

7 擴張週期表，擴張冷戰

鉳	Bk	97	(247)
鉲	Cf	98	(251)
鍆	Md	101	(258)
鍩	No	102	(259)
鐒	Lr	103	(262)
氟	F	9	18.998
鎳	Ni	28	58.693
𨭎	Sg	106	(271)
𨧀	Db	105	(268)
𨨏	Bh	107	(270)
𨭆	Hs	108	(277)
鐽	Ds	110	(281)
鎶	Cn	112	(285)

一九五〇年，《紐約客》雜誌的八卦專欄「城中話題」（Talk of the Town）上，出現一段不尋常的評論：①

> 最近，新原子冒出頭的速度快得驚人，甚至是嚇人。而加州大學柏克萊分校在發現第九十七和九十八號元素後，分別命名為鉳（berkelium）和鉲（californium）……看到這些名字，我們嚇了一大跳，因為他們實在太缺乏公關遠見……加州那群忙碌的科學家，不久之後，無疑還會再發現一個甚至兩個新原子，而該校……將永遠沒有機會讓自己在原子表上以 universitium（97），ofium（98），californium（99），berkelium（100）的方式（編按：即「加州大學柏克萊分校」）留名千古。

以西博格（Glenn Seaborg）和吉奧索（Albert Ghiorso）爲首的柏克萊科學家們，可不甘白白被揶揄，他們回說，這樣的命名法其實是先發制人的天才，專門設計來避開「可能出現的恐怖情況：一旦把九十七和九十八號元素命名爲 universitium 和 ofium 之後，某些紐約客可能接續發現第九十九和一百號元素，而順勢將它們命名爲 newium 及 yorkium。」

《紐約客》的答覆是：「我們已經在雜誌社的實驗室裡，進行有關 newium 和 yorkium 的研究了。但截至目前爲止，我們能掌握的，只有名字而已。」

這些妙問妙答非常有趣，而那個年代，身爲柏克萊的科學家也很有趣。自從幾十億年前超新星爆炸孕育萬物之後，爲我們的太陽系製造出第一批新元素的，正是這群科學家。他們甚至比超新星還厲害，製造出比天然存在的九十二個更多的元素。然而沒有人（尤其是他們）能預見這項創造會釀成什麼樣的苦果，甚至連幫元素命名，很快地都將變成一個新鬪的冷戰舞台。

據說，西博格在《名人錄》（*Who's Who*）上的簡介條目是有史以來最長的。他是傑出的加大柏克萊分校校長，諾貝爾化學獎得主，太平洋十大運動聯盟協同創辦人，甘迺迪、詹森、尼克森、卡特、雷根以及老布希總統的原子能暨核武競賽顧問，曼哈頓計畫的小組領導人等等。但是他生平第一次重大的科學發現，卻純粹出於運氣，與他後來贏得的諸多榮譽相反。

一九四〇年，西博格的同事兼好友麥克米連（Edwin McMillan）逮著了一項已經等在那兒很久的大獎：創造出第一個超鈾元素，他命名爲錼（neptunium），也就是鈾命名依據天王星之後的下一顆行星，海王星（Neptune）。熱切渴望有更大進展的麥克米連發現，這個第九十三號元素非常不穩定，而且很可能因爲吐出一個電子，而衰變成第九十四號元素。他急切地搜尋下一個元素的證據，而且也將進展隨時告訴西博格——一名瘦削的二十八歲青年，道地的密西根人，但從小長在說瑞典話的移民社區——甚至連在健身房裡，都不忘和他討論相關技術問題。

但是在一九四〇年，還有更多比新元素重大的計畫在進行。美國政府一旦下定決心（即便是祕密地），要在二戰中參與對抗軸心國的陣營，便馬上拐走一批科學界明星，去研究像是雷達之類的軍事計畫，而麥克米連也在其中。還沒傑出到雀屏中選的西博格，發覺自己被留在柏克萊，孤零零地守著麥克米連的儀器設備，以及和麥克米連原本的研究計畫相關的所有知識。西博格趕緊採取行動，深恐失去讓他們成名的大好機會。他找來另一名同事，開始累積第九十三號元素的顯微樣品。他們先讓錼慢慢滲透，然後藉由將多餘的錼溶解掉來篩選具有放射性的樣品，直到只剩下非常少的化學物質。他們證明了這些剩下的原子必定就是第九十四號元素，他們用的方法是：以一種強大的化學物質一次又一次地撕去電子，直到該原子擁有前所未聞的最高電荷（正七）。打從一開始，第九十四號元素似乎就非常特別。發現它的科學家們繼續向太陽系邊緣前進，根據冥王星（pluto）將之命名爲鈽（plutonium）——同時也眞心相信，這將是最後一個可以人工合成的元素。

突然之間也變成科學界明星的西博格，在一九四二年接獲徵召前往芝加哥，參與曼哈頓計畫中的一項子研究。他帶了幾名學生上任，外加一個超級跟班技術員吉奧索。吉奧索的個性和氣質與西博格完全相反。在照片裡頭，可以看到西博格一向身著西裝，即便是在實驗室裡。反觀吉奧索，盛裝總是令他渾身不對勁，反倒是羊毛衫加一件襯衣顯得自在得多。吉奧索戴著一副黑框大眼鏡，頭髮抹了厚厚的髮油，鼻子和下巴都尖尖的，長得有點像尼克森總統。吉奧索和西博格還有另一點不同，他很討厭權威人士。（他一定會很氣別人說他像尼克森。）他有點孩子氣，最高學歷只念到大學，就不願意再受制於正規教育了。但還是一樣，他很自豪地跟隨西博格來到芝加哥，希望擺脫他在柏克萊的單調工作：維修並設計放射線檢測器。當他一抵達芝加哥，西博格立刻幫他安排了新工作：維修和設計檢測器。

然而這兩人倒是非常合得來。戰後他們回到柏克萊（兩人都很喜歡柏克萊），開始製造重元素，進展就像《紐約客》的說法，「速度快得驚人，甚至是嚇人。」另外一些作家則把發現新元素的化學家比喻成一八〇〇年代狩獵大型動物的獵人，讓愛好化學的社會大眾對他們每一次逮到的珍禽異獸感到歡欣鼓舞。如果這種奉承是眞的，那麼握有最大支大象獵槍的壯碩獵人，也就是週期表上的海明威與羅斯福，則非西博格與吉奧索莫屬了——他倆發現的元素數目比史上任何人都多，而且這些元素把週期表擴張了近乎六分之一。

這段合作始於一九四六年，當時西博格、吉奧索以及其他人開始用放射性粒子來轟擊精緻的鈽原子。這一次，他們用的彈藥不是中子，而是帶有兩個質子與兩個中子的阿爾法粒子。因爲是帶有電荷的粒子，你只要在它們鼻子前面晃蕩一隻帶有相反電荷的機械「兔子」，就可以引導它們的方向，而且阿爾法粒子也比頑固的中子更容易加速。此外，當阿爾法粒子撞上鈽原子時，柏克萊小組還可以來個一箭雙雕，一次得到兩個新元素，因爲第九十六號元素（也就是鈽原子多加兩枚質子）會彈出一個質子，而衰變成第九十五號元素。

身爲第九十五和第九十六號元素發現者，西博格與吉奧索團隊贏得了它們的命名權（這項不成文的傳統，很快就演變成一團憤怒的混亂局面）。他們選擇了鋂（americium）和鋦（curium），前者的命名依據是美國（America），後者則是依據科學家居禮夫人（Marie Curie）。儘管平常作風一板一眼，但是這次西博格卻沒有在科學期刊上宣布新元素，而是在一個兒童益智廣播節目裡頭宣布的。節目進行中，一名早熟的小孩請教西博格先生，最近有沒有發現新元素。西博格回答說，他確實有新發現，並鼓勵在家聽廣播的孩子告訴他們的老師，舊的週期表該扔了。「根據事後我們收到的學童信件，」西博格在自傳中回憶，「他們的老師多半不太相信。」

柏克萊小組繼續進行阿爾法轟擊實驗，在一九四九年又發現了鉳和鉲。由於對這些名字深感自豪，同時也希望爭取一點兒認同，他們打電話給柏克萊市的市長辦公室以資慶祝。市長辦公室幕僚邊聽電話邊打呵欠——無論市長本人或他的幕僚，都不覺得週期表有什麼大不了。市府當局的駑鈍很令西博格生氣。被市長怠慢之前，西博格在主張把第九十七號元素命名為 berkelium 時，曾經想把它的化學符號定為 Bm（譯註：有好幾個英文名詞的縮寫為 bm，其中之一是「排便」〔bowel movement〕），因為這個「臭」元素費了他們好大力氣才發現。但後來他也可能促狹地想到，將來全美校園裡的青少年都會把柏克萊視為週期表上的 Bm，大肆嘲笑。（很不幸他的建議被否決了，鉳的化學符號變成 Bk。）

市長的冷落並沒有影響他們，柏克萊小組繼續填寫週期表上的空格，也因為週期表不斷更新，令教材製造商樂不可支。一九五二年，該小組又在進行過氫彈試爆的太平洋珊瑚礁（自此具有放射性）上，發現了第九十九與一百號元素。但是他們的實驗巔峰，出現在創造出第一〇一號元素的時刻。

由於元素會隨著質子的增加而變得更加脆弱，讓科學家很難製造出足夠噴射阿爾法粒子的樣品量。想取得足量的鑀（einsteinium，第九十九號元素），以便升級到第一〇一號元素，必須轟擊鍆元素長達三年。而對於這類不折不扣的魯比高堡機器（Rube Goldberg，譯註：設計極其繁複，但只爲了執行極簡單任務的機器）來說，這只不過是第一步。科學家每次嘗試製造一〇一號元素時，都會將量少到近乎看不見的鑀元素輕拍在金箔上，然後再用阿爾法粒子去攻擊它。經過放射線照射過的金架必須先加以溶解，因爲它們的放射性會干擾到新元素的偵測。以往搜尋新元素的實驗進行到這個地步時，科學家會把樣品倒入試管，看看什麼會和它起反應，然後再拿去與週期表上的其他元素做比較。但是在搜尋第一〇一號元素時，沒有足量的樣品供他們這麼做。小組成員必須根據「死後的」樣品來鑑定，也就是說，只能檢測每個原子被解體後的殘餘內容——就像是把一輛被炸毀的汽車殘骸拼湊回原狀。

像這樣的法醫式工作是可以做到的——只不過，阿爾法粒子那個步驟只有一個實驗室能做到，但檢測工作又只有另一個實驗室能做，兩者相距好幾哩路。因此，每一次測試時當金箔被溶解後，吉奧索都會待在門口的福斯汽車上，先發動車子等著，以便把樣品飛車快遞到另一個實驗室。研究小組都選在半夜進行實驗，因爲樣品一旦被卡在交通繁忙的車陣中，可能在吉奧索的腿上就會放射掉，讓他們白忙一場。抵達另一個實驗室後，吉奧索會立即衝上樓，再快速純化一次樣品，然後把它們放進最新一代由吉奧索設計的檢測器裡——現在他對這些檢測器很自豪了，因爲它們是這個全球最精密的重元素實驗室裡最爲關鍵的儀器。

柏克萊小組一步一步地往前走，終於在一九五五年二月的某天晚上得到回報。實驗前，吉奧索先將他的放射線檢測器接上大樓裡的火警鈴，當終於偵測到第一個爆發出來的一〇一號元素時，警鈴立刻大作。那天晚上，警鈴總共響了十七次，而每響一次，整個小組就歡呼一次。直到黎明時分，組員方才各自帶著彷彿醉酒的陶然快意，拖著疲憊的身子回家去。然而吉奧索卻忘了把接線拆下來，結果當最後一個動作遲鈍的一〇一號元素被檢測器逮著時，整棟樓再次警鈴大作，引發一場虛驚。②

之前已經分別向學校所在的城市、州和國家致意過，現在柏克萊小組想把第一〇一號新元素取名為鍆（mendelevium），是依據化學家門得列夫來命名。就科學觀點來說，這樣做毫無爭議。但就外交觀點來說，在冷戰時期公然向一名俄國人致敬卻是大不韙的舉動，因此很不受歡迎（至少在美國國內不受歡迎；據說當時蘇聯國家主席赫魯雪夫倒是歡迎得很）。但是西博格、吉奧索和其他組員卻希望能展現科學是凌駕在政治之上的，至於選在那個時機點，又有何不可？他們有實力，擔得起泱泱大度。再過不久，西博格就要進白宮幫甘迺迪總統做事，而柏克萊實驗室的機器則在吉奧索的指揮下，繼續賣力工作。事實上，他們的進度遙遙領先世界上所有的實驗室，而其他實驗室的水準也落得只能跟在他們背後，檢驗他們的結果。唯一一次有其他小組（來自瑞典）超越柏克萊，搶先宣布找到第一〇二號元素，但結果還是馬上被柏克萊小組推翻，大大丟了臉。最後，依然是由柏克萊小組在一九六〇年代初找到真正的第一〇二號元素，取名鍩（nobelium，以炸藥發明人兼諾貝爾獎創辦者諾貝爾〔Alfred Nobel〕來命名），以及第一〇三號元素鐒（lawrencium，根據柏克萊放射實驗室創辦者兼所長勞倫斯〔Ernest Lawrence〕來命名）。

接著，在一九六四年，第二個**史潑尼克**（Sputnik）登場了。

在俄國民間流傳一則關於他們家鄉的創世神話。話說好久好久以前，上帝在世間行走，臂彎裡抱著滿滿的各色礦物，想要把它們平均分布在世上。起初一切順利。鉅被丟到某處，鈾被丟到另一處，如此這般。然而，當上帝行經西伯利亞時，祂的手指頭卻凍僵了，不慎將所有礦物都撒在地上。但是因爲祂的手指被凍得太厲害，沒有辦法把礦物撿起來，最後只好忿忿不平地離開了。俄國人誇口道，他們就是因此而擁有豐富的礦藏。

儘管地理上的礦藏如此豐盛，在週期表上眾多元素中，於俄國境內被發現的卻只有兩個沒什麼用處的元素，釕（ruthenium）和釤（samarium）。與瑞典、德國和法國境內所發現的元素數目相比，這樣的紀錄未免太寒酸了。除了門得列夫之外，偉大的俄國科學家也同樣寥寥無幾，至少和歐洲比起來是如此。基於好幾個原因——暴虐的沙皇，以農立國的經濟體，水準欠佳的學校，以及嚴寒的氣候等等——俄國始終無法培養出可能出現的科學天才。它甚至連基本科技都沒法正確地掌握，曆法就是一個很好的例子。在一九〇〇年之前，俄國都還在採用一套沒校準過的曆法——由凱撒大帝的占星家所發明的曆法，比歐洲採用的現代格列高里曆（Gregorian calendar）晚了好幾星期。而這項延誤也解釋了，爲何讓列寧及布爾什維克黨崛起的「十月革命」，其實是發生在一九一七年十一月。

十月革命之所以能成功，部分原因也在於列寧掛保證要讓落後的蘇聯改頭換面，同時蘇聯政治局也堅稱，科學家將會是新工人天堂中最首要的成員。頭幾年，蘇聯當局也都能信守承諾，列寧統治下的蘇聯科學家做研究時，確實很少受到政府的干擾，具備世界水準的科學家開始冒出頭來，受到國家大力支持。事後證明，除了能讓科學家開心之外，金錢贊助也具有強力的宣傳效果。蘇聯境外的科學家注意到，即便是才智平庸的俄國同行，也都能享受豐沛的研究經費，他們不禁期望（然後因爲期望而相信），世界上起碼有一個強權政府能夠了解科學家有多重要。在美國，即使麥卡錫主義於一九五〇年代初期沸沸揚揚，科學家卻多半都對蘇聯集團頗有好感，就是因爲看到它出手大方地贊助科學研究。

事實上，連極右派的柏奇社（John Birth Society，創立於一九五八年）都認爲，蘇聯在科技上比他們聰明。這個團體極力反對在自來水中添加氟化物以避免蛀牙。除了碘鹽之外，在水中添加氟是確保「大部分人活到老死都還有牙齒」最便宜又最有效的公衛措施之一。然而，在柏奇社看來，「添加氟」可以連結到「性教育」，以及其他「骯髒的共產主義詭計」，爲的是要控制美國的頭腦，就像一間滿是鏡子的妙妙屋，硬是把地方自來水管理局連上公衛教師，然後再連上克里姆林宮。看到柏奇社這種團體到處散播反科學的恐懼，美國科學家們嚇壞了，相形之下，蘇聯政府提倡科學的那一套花言巧語就更令人羨慕了。

然而，在進步的表象下，一顆毒瘤正在醞釀轉移。一九二九年開始，以暴虐手段統治蘇聯的史達林，對於科學有一套很奇異的看法。他把科學一分爲二（這種區分法不僅荒唐、任意，而且惡毒），一種屬於「小資產階級」，另一種屬於「無產階級」，然後處罰研究小資的科學家。結果長達幾十年，蘇聯的農業研究計畫都掌握在一名無產階級農民手中，他就是號稱「赤腳科學家」的李森科（Trofim Lysenko）。史達林簡直愛死他了，因爲李森科痛斥「所有生物（包括農作物）會遺傳到親代的特性與基因」這種倒退的思想。身爲純正馬克斯信徒的他大力鼓吹，唯有適當的社會環境才能發揮影響力（即便是對植物），而蘇聯的環境最後終會證明，勝過資本主義豬的環境。而且他甚至盡一切力量，讓與基因相關的生物學淪爲「不合法」，並逮捕或處決異議分子。

但是不知怎的，李森科沒能增加農作物的產量，害得數百萬被迫接受這種教條的集體農場農民餓肚子。饑荒期間，一位知名英國遺傳學家曾悲觀地描述李森科：「對於遺傳學基本原理以及植物生理學，一無所知……和李森科談話，就好像在對一個連九九乘法表都不會的人解釋微積分。」

不只這樣，史達林對於逮捕科學家，並將他們下放到勞改營做苦工，一點都不內疚。他把大批科學家送到西伯利亞的諾里爾斯克（Norilsk）城外，一座惡名昭彰的鎳工廠及監獄，氣溫經常低到只有攝氏零下二十六度。諾里爾斯克雖然主要是鎳礦場，卻長年瀰漫著一股硫磺味，這股怪味來自柴油廢氣，而且科學家被送到那裡做苦工，挖掘週期表上諸多有毒金屬，包括砷、鉛及鎘。到處都是污染，連天空都被染上顏色，降下的雪從粉紅到藍都有可能，端看當時哪一種重金屬正搶手。如果每一種金屬都搶手，就會來一場黑雪（現在偶爾還會出現）。然而到目前為止，最令人發毛的是：在劇毒的鎳冶煉廠方圓三十哩之內，據傳連一棵樹都長不出來。③一名當地人以一貫的俄式幽默打趣道，諾里爾斯克的流浪漢不乞討銅板，而是去收集一杯杯的雨水，因為等水分蒸發後，杯底殘留的金屬就可以拿去換錢了。玩笑歸玩笑，蘇聯好幾世代的科學都浪費在為該國工業開採鎳及其他金屬上頭。

除了是徹頭徹尾的實用主義者之外，史達林對於不符合我們直覺的科學領域，像是量子力學和相對論，不信任的程度更是高得嚇人。甚至在一九四九年那麼晚近的時候，他還曾考慮要清算這群小資產階級的物理學家，因為他們沒有服膺共產主義理念，放棄那些理論。直到某位勇敢的顧問指出，這樣做恐怕會稍微傷害到蘇聯的核子武器計畫，他才作罷。再說，史達林的「內心」從來就沒有眞正想要消滅物理學家，而不像他對其他學門科學家的態度。因為物理學和武器研究

（史達林的寵兒）是重疊的，而且物理學對於人性一直維持不可知論（馬克斯主義的寵兒）的立場，因此物理學家在史達林統治下，命運和生物學家、心理學家以及經濟學家大不同，得以免受最嚴酷的迫害。「不用管〔物理學家〕，」史達林大方地表示。「晚一點再槍斃他們也不遲。」

不過，史達林會容忍物理學還有另一個原因。史達林要求忠貞，而蘇聯核武計畫就源自一個忠貞不二的臣民——核子科學家弗萊羅夫（Georgy Flyorov）。在他最有名的一張照片裡，弗萊羅夫看起來好像歌舞劇裡的演員：似笑非笑的表情，前額禿禿的，微胖，兩道毛毛蟲似的濃眉，以及一條醜斃了的條紋領帶。

那副「喬奇大叔」的外貌底下，其實有顆精明的腦袋。一九四二年，弗萊羅夫注意到，雖說近年來德國和美國的科學家在鈾分裂研究方面都頗有斬獲，但是科學期刊上卻不再發表相關的主題。弗萊羅夫的推論是，核分裂研究已經成爲國家機密——而那只代表了一件事。對照愛因斯坦寫信給羅斯福總統，關於曼哈頓計畫的開啓，弗萊羅夫也寫了一封信，警告史達林有關他的疑慮。多疑的史達林震怒之下，召集了幾十名蘇聯物理學家，要他們開始蘇聯的原子彈製造計畫。但是「老爹」放過了弗萊羅夫，而且此後牢牢不忘他的忠心。

如今，曉得史達林是一號多麼恐怖的人物後，我們很容易就會批評弗萊羅夫，把他貼上李森科第二的標籤。如果弗萊羅夫當時保持緘默，史達林可能在一九四五年八月以前都不會曉得核武的事。此外，關於蘇聯爲什麼如此缺乏科學上的敏銳度，弗萊羅夫事件也提供了另一個解釋：逢迎拍馬文化對於科學來說是一項詛咒。（在一八七八年，門得列夫的時代，一名俄國地質學家把含有第六十二號元素的礦物命名爲釤〔samarium〕，命名根據是他的頂頭上司薩瑪斯基上校〔Colonel Samarski」，一個在歷史上完全無足輕重的小官吏，而釤自然也成爲整張週期表上最沒有分量的命名根據。）

但是弗萊羅夫的個案卻不是這麼黑白分明。他看過太多同行的生命被白白浪費——包括一次令人難忘的國家科學會菁英分子清算，六百五十位科學家被捕，其中許多人都因叛國的反革命罪行遭到槍決。一九四二年，二十九歲的弗萊羅夫懷有遠大的科學抱負以及才能，足以了解這些。被困在家鄉的他，深知政治手段是他謀求發展的唯一指望。而弗萊羅夫的那封信也確實管用。當蘇聯也在一九四九年發射了自己的核子彈，史達林和他的繼任者都非常高興，於是在八年後正式將弗萊羅夫同志的實驗室交給他管理。那是一所獨立的機構，位於杜布納市（Dubna），距離莫斯科城外約八十哩，不受政府單位干擾。弗萊羅夫這個年輕人公開表態支持史達林的決定不難理解，雖說在道德上可能有瑕疵。

在杜布納，弗萊羅夫很聰明地把焦點放在「黑板科學」（blackboard science）上——也就是一些「名氣響亮，但是內容深奧，因此難以向外行人解釋，同時又不太可能激怒小心眼理論派人士」的科學主題。到了一九六〇年代，多虧有柏克萊實驗室，「發現新元素」已經從幾個世紀以來的慣常做法——親手挖掘一堆讓人摸不著頭腦的岩石——演變成追尋「含量極微，只存在由電腦（或是火警鈴）控制的放射線偵測器所列印的表單上」的元素。就連發射阿爾法粒子去撞擊重元素，都變得不切實際了，因爲重元素不會靜靜地坐在那裡等你來瞄準。

相反地，科學家更加深入週期表，試著把較輕的元素融合起來。就表面看來，這些計畫都只不過是算術。例如你想得到一〇二號元素，理論上你可以把鎂（十二號）撞擊到釷（九十號）裡頭，再不然，你也可以把釩（二十三號）撞擊到金（七十九號）裡面。然而，能成功黏在一起的撞擊組合並不多，因此科學家必須先花很多時間來計算，再決定哪一種組合可能值得他們投下經費和力氣。弗萊羅夫和同事們研究得非常賣力，把柏克萊實驗室那套絕技都抄了過來。而且，蘇聯能夠在一九五〇年代晚期擺脫物理學邊疆地區的惡名，絕大部分的功勞都要歸給他。西博格、吉奧索和柏克萊小組打敗蘇聯，先找到元素一〇一、一〇二和一〇三。但是在一九六四年，也就是眞正的史潑尼克衛星升空後七年，杜布納小組宣稱它最早做出了元素一〇四。

回頭看加州柏克萊，他們既生氣又震驚。自尊大受打擊的他們，仔細檢查蘇聯小組的實驗結果，而且不令人意外地指出對方的結果不夠成熟又太過粗略。值此同時，柏克萊小組本身也全力出擊，製造元素一〇四——結果，吉奧索小組在西博格顧問的協助下，於一九六九年成功了。然而到了那個時候，杜布納小組也把元素一〇五納爲己有。再一次地，柏克萊小組連忙追上去，指稱蘇聯對自己的數據解讀錯誤——眞可謂火上加油的侮辱。兩個小組都在一九七四年做出元素一〇六，相隔不過幾個月；而且到了那個時候，全世界的鍆元素都已經衰變光了。

爲了保住戰果，兩個小組都開始爲「他們的」元素命名。這些名單很瑣碎，但有意思的是，杜布納小組依循鉳的前例（berkelium 來自柏克萊），把其中一個元素命名爲𨧀（dubnium，來自杜布納）。至於柏克萊這方，打算以哈恩來命名元素一〇五，而且吉奧索堅持，要以當時還活著的西博格來命名元素一〇六。此舉並沒有不合法之處，但被視爲笨拙不已，是惹人厭的美國作風。漸漸地，全球各學術期刊上都開始出現元素名稱的爭執，印製週期表的出版商更是爲難，不知如何是好。

令人想不到的是，這場爭執竟然可以一路延續到一九九〇年代，此時彷彿還嫌不夠亂似地，又跑出一個西德小組，一舉超越吵個不停的美蘇小組，宣稱他們也找到了新元素。最後，負責監督化學界的國際純化學與應用化學聯盟（International Union of Pure and Applied Chemistry, IUPAC）終於出面仲裁。

IUPAC派遣九名科學家到兩個實驗室去，釐清各式各樣的影射與控訴，順便檢查原始數據。九人小組自己也另擇地點開會好幾週。最後他們宣布，兩造冷戰時期的敵手應該要握手言和，共享每一個新發現的元素。對於這個所羅門王式的解決方案，沒有任何一方心懷感激，畢竟週期表上的格子才是眞正的獎品。

最後在一九九五年，這九名智者宣布從一〇四到一〇九號新元素的官方版暫定名稱。杜布納小組和德國達姆施塔特（Darmstadt，西德小組的所在地）小組都對這項折衷方案表示滿意，但是當柏克萊小組看到他們提出的鐠（seaborgium）被刪掉了，不禁勃然大怒。他們召開一場記者會，內容大意是「去你的；我們在美國就是要用這個名字。」有一個很有實力的美國化學團體，其所發行的一流期刊是舉世化學家爭相投稿的對象，而它願意挺柏克萊。這下子情勢又不同了，九名智者只得讓步。最後定案的版本在一九九六年提出，上面的一〇六號還是叫做鐠，其他元素也都是目前週期表上的名稱：鑪（rutherfordium，一〇四號），𨧀（dubnium，一〇五號），𨨏（borhium，一〇七號），𨭆（hassium，一〇八號），以及䥑（meitnerium，一〇九號）。高奏凱歌之後，柏克萊小組做出一項充滿公關遠見（《紐約客》雜誌曾批評他們這方面有所不足）的舉動，安排當時已

和蘇聯及西德小組爭執了幾十年後，心滿意足但也垂垂老矣的西博格，指著他爲名的元素，第 106 號的𨭎。𨭎也是唯一根據還在世的人來命名的元素。（圖片來源：Lawrence Berkeley National Laboratory）

經長滿老人斑的西博格，站在一張巨大的週期表旁邊，用扭曲的手指指向根據他命名的𨭎，然後拍下照片。從他愉悅的笑容中，一點都看不出這場新元素爭端——在三十二年前突然爆發之後，餘恨綿綿，持續得比冷戰還要久。西博格三年後就過世了。

但是像這樣的故事，結尾通

常不會乾淨利落。到了一九九○年代，柏克萊的化學已經走下坡，追不上俄國，尤其是追不上德國的同行了。德國小組以超快的世代交替速度，在一九九四到九六短短兩年間，就找到了元素一一○，並根據他們的家鄉命名爲鐽（darmstadtium）；元素一一一錀（roentgenium），命名依據是偉大的德國科學家倫琴（Wilhelm Röntgen）；以及元素一一二，目前爲止最新的元素，於二○○九年六月加進週期表，名叫鎶（copernicium）。④德國小組的成就，無疑也說明了爲何柏克萊小組之前要拼命維護昔日的榮耀：它不再有希望享受未來的榮耀了。然而，柏克萊小組還是不甘心就此被人比下去，他們使出一個妙招，在一九九六年找到年輕的保加利亞科學家尼諾夫（Victor Ninov）——他是發現元素一一○和一一二的關鍵人物——把他拐離德國，重新啓動著名的柏克萊計畫。原本已經半退休的吉奧索，甚至還被尼諾夫成功地請出來（「尼諾夫完全不輸年輕的吉奧索，」吉奧索常喜歡這樣說），而柏克萊小組也很快就重新燃起希望。

爲了要重整旗鼓，一九九九年，尼諾夫小組準備進行一項爭議性的實驗。這實驗是由一名波蘭理論物理學家所提出的，根據他的計算，把氪（三十六號）撞擊到鉛（八十二號）裡頭，有可能製造出元素一一八。許多科學家都把這項提議斥爲胡說八道，但是尼諾夫卻力主此議；他一心想要征服美國，就像他先前征服德國一般。到了這個年代，創造元素已經膨脹成需要好幾年時間加上好幾百萬美元的大製作，不再是經得起一試的小賭，但是氪實驗卻奇蹟般地做成了。「尼諾夫想必能直接與上帝對話，」科學界這樣開玩笑。最妙的是，元素一一八還會立即衰變，吐出一個阿爾法粒子，然後再變成元素一一六，後者也是從沒出現過的新元素。換句話說，柏克萊小組一舉拿下兩個新元素！柏克萊校園裡開始謠傳，該小組準備讓吉奧索也擁有自己的元素，要把元素一一八命名爲"ghiorsium"。

只不過……當俄國和德國小組爲了驗證結果而重複該實驗時，卻始終沒能發現元素一一八，只找到氪和鉛。像這樣做不出結果，也有可能是蓄意的，因此柏克萊小組決定自己重做一次。誰知他們也找不到任何新元素，即便試了好幾個月。這太奇怪了，柏克萊校方決定插手。在回頭重新檢視最原始記載元素一一八的數據時，他們留意到一件令人作噁的事情：根本沒有數據。一直都沒有元素一一八的證據，直到很晚的一輪數據分析時，「擊中」才突然無中生有地變出來。所有的徵象都指出，尼諾夫——他全權控制最重要的放射線偵測器，以及運算偵測器的電腦軟體——將僞造的正面結果插進數據檔案中，然後假裝成是眞的。凡是運用只有內行人才懂的實驗方法來擴張週期表，就有這種無法預料的危險：當元素只存在電腦中，單單一個人就有辦法隻手遮天；只要綁架電腦，就能瞞過全世界。

困窘的柏克萊，收回發現第一一八號元素的聲明。尼諾夫被解雇，柏克萊實驗室的預算也遭到巨幅刪減，因而元氣大傷。直到今天，尼諾夫仍否認他僞造假數據——然而，當他以前待過的德國實驗室重複檢查舊數據後，也收回部分（雖說不是全部）尼諾夫當年的發現，他幾乎可以說是三審定讞了。更慘的或許是，美國科學家淪落到必須前往杜布納去做重元素實驗。然後在二〇〇六年，一支跨國小組宣布，在他們撞擊了無數的鈣（二十號）原子進入鉲（九十八號）標靶之後，終於製造出元素一一八。當然，照例有人質疑，但是如果實驗結果挺得住——沒有理由懷疑它經不起檢驗——這項發現就會把 ghiorsium（吉奧索元素）登上週期表的機會完全抹掉。這一次的權力在俄國人手中，因爲是在他們的實驗室裡發生的，而據說他們中意的名字是“flyorium”（弗萊羅夫元素）。

第三部　週期騷亂：複雜浮現

8 從物理學走入生物學

43 鎝 Tc 98.906	
93 錼 Np (237)	
15 磷 P 30.974	

西博格與吉奧索將追獵未知元素帶入一個嶄新的知識層次，但是他們絕非唯一在這個週期表新境界留名的科學家。事實上，《時代》雜誌在圈選十五名美國科學家做為一九六〇年的年度風雲人物時，西博格和吉奧索都沒有入選，反而是另一位更早期的元素巨匠雀屏中選。這人在西博格還是研究生的時候，便逮到了週期表上最最滑頭、最難懂的元素，他就是塞格瑞。

該期封面走未來主義風格，中央設計了一顆小小的、正在跳動的紅色原子核。只不過圍繞它的不是電子，而是十五張大頭照，影中人一概表情冷靜生硬，讓人聯想起學校年鑑裡排排放的教師照片。這群人包括遺傳學家、天文學家、雷射先驅以及癌症專家，還包括那位善妒的電晶體專家兼未來的優生學家蕭克利。（即便面對這一期的採訪主題，蕭克利還是忍不住要大談他的種族理論。）然而儘管封面給人畢業紀念冊照片的感覺，但這群人可都不是省油的燈，而《時代》雜誌選擇他們，是為了要吹噓美國科學突然稱霸國際的事實。在諾貝爾獎成立頭四十年間，美國科學家共拿到十五座；但在接下來的二十年間，他們卻奪下了四十二座諾貝爾獎。①

塞格瑞是移民也是猶太人，這件事實也反映出，二次大戰的難民潮對於美國科學突然稱霸世界至關重要。他在這群封面人物中，屬於年紀較長的，當時已經五十五歲。他的照片被安排在畫面靠近左上的區域，而左下方中央偏低的位置，有另一名甚至更年長的入選者——五十九歲的鮑林（Linus Pauling）。這兩人對於週期表化學的轉型都有貢獻，他們雖非密友，但也會相互聊聊或寫信討論兩人都有興趣的話題。塞格瑞有一次寫信徵詢鮑林，請教具有放射性的鈹元素實驗事項。鮑林後來也曾請教塞格瑞，八十七號元素將會叫什麼名字（鍅〔francium〕），因爲塞格瑞是該元素的發現者之一，而鮑林正要幫《大英百科全書》寫一篇關於週期表的文章，他打算在文中帶上一筆。

不只如此，他們原本很可能還會是（事實上，絕對應該是）同一所大學的同事。一九二二年，鮑林是剛從奧瑞岡州大（當時稱爲奧瑞岡農學院）畢業，炙手可熱的化學新兵，他寫了封信給加大柏克萊分校的路以士（也就是前面提過以「諾貝爾獎連連損龜」著名的化學家），想申請進入該系研究所。怪的是，路以士連信都沒回，於是鮑林就去了加州理工學院，成爲該校的明星學生以及後來的明星教授，一直待到一九八一年。後來柏克萊才發現，那封信被弄丟了。要是路以士看到信，他肯定會讓鮑林入學，然後——一想到路以士聘任頂尖畢業生擔任教授的一貫政策——就會把鮑林一輩子綁在柏克萊了。

如果是那樣，稍晚塞格瑞就會和鮑林碰頭。一九三八年，當墨索里尼向希特勒稱臣，把義大利所有的猶太裔教授都開除後，塞格瑞就成了另一個逃離法西斯歐洲的猶太難民。更慘的是，塞格瑞拿到柏克萊教職的過程同樣充滿屈辱。被解雇的時候，塞格瑞剛好輪休到柏克萊放射實驗室，也正是柏克萊化學系的知名姊妹機構訪問。突然間無家可歸的塞格瑞嚇壞了，懇求放射實驗室的主任給他一份全職工作。主任說好，當然沒問題，但是只能付很低的薪水。他很精準地料中，塞格瑞別無選擇，所以強迫他接受四折的薪資，從原本滿充裕的月薪三百美元，減成一百一十六美元。塞格瑞只能折腰接受，然後將留在義大利的家人接來，一邊擔心以後要怎樣養家。

不過塞格瑞還是熬過了屈辱的光陰，在往後幾十年間，他與鮑林（尤其是鮑林）雙雙成爲各自領域中的傳奇人物。直到今天，他倆依然屬於許多外行人完全不認識的偉大科學家之列。但是，他倆之間還有一項共通之處幾乎也被遺忘了（《時代》雜誌當然也不會提），那就是鮑林與塞格瑞都曾犯下科學史上最聲名狼藉的錯誤。

如今，犯下科學錯誤不一定都會導致凶險的結果。硫化橡膠、鐵弗龍以及盤尼西林，統統都是犯錯的結果。另外，高基（Camillo Golgi）也是因爲不慎把鋨元素撒到腦組織上，而意外發現鋨酸染色法——一種能讓我們看清楚神經元細節的染色技術。甚至連純粹的謊言——例如十六世紀的學者兼煉金術士帕拉塞爾蘇斯（Paracelsus）宣稱，水銀、鹽和硫磺是宇宙的基本原子——都有助於讓煉金術士跳脫只顧著找黃金的扭曲心態，轉而開始進行眞正的化學分析。綜觀人類歷史，笨手笨腳但卻因此而意外發現好東西，以及純屬粗心的錯誤，一再推動我們的科學往前走。

但鮑林與塞格瑞的錯誤可不是這一類型。他們犯下的是「把眼睛蒙起來」、「不要報告院長」的那種過錯。幫他們說句公道話，他們當時進行的都是極其複雜的計畫，那些計畫雖然以單一原子爲基礎，但卻跳過簡單的原子化學，進入詮釋原子系統行爲的範疇。但話又說回來，要是他們再細心一點研讀被他們闡釋得更清楚的週期表，還是有可能避開那些錯誤的。

講到犯錯，再沒有一種元素「首次被發現」的次數比得上第四十三號元素了。它堪稱元素世界裡的尼斯湖水怪。

一八二八年，一名德國化學家宣布發現兩個新元素，分別命名爲 polinium 以及 pluranium，其中一個他認爲是第四十三號元素。結果證明，這兩個元素都是不純的銥（iridium，七十七號）。一八四六年，另一個德國人宣布發現了 ilmenium，但事實上是已知的鈮（niobium，四十一號）。翌年，又有人說發現了 pelopium，然而那還是鈮。不過，元素四十三的信徒總算在一八六九年得知一則大好消息：門得列夫在他提出的週期表上，暫時於元素四十二與四十四之間留下一個空位。然而，門得列夫這項研究雖然優秀，卻激發出一堆差勁的科學研究，因爲它讓人們相信自己應該要發現的是什麼。果然，八年後，門得列夫的一個俄國同胞就把 davyium 登記到表上的第四十三格裡，即使它比應有的重量超出了百分之五十，後來也被認定其實是三種元素的混合體。最後，趕在二十世紀來臨之前的一八九六年，lucium 被發現了——接著又被丟棄了，因爲它是已知的釔。

事實證明，新世紀更慘烈。一九〇九年，小川正孝（Masataka Ogawa）發現了 nipponium，他這樣命名是以祖國日本（日文讀音 Nippon）爲依據。先前所有假的四十三號元素，要不是受到污染的樣品，就是已經被發現的微量元素。但是小川正孝不然，他發現了一個眞正的新元素——只不過並非他說的那個元素。因爲急著想抓住四十三號元素，他忽略了週期表上其他的空格，等到無人能驗證他的發現之後，他羞愧地收回了該元素。一直到二〇〇四年，一名日本同胞才重新檢驗當年小川正孝的數據，並認定他其實已經分離出了第七十五號元素錸（rhenium），當時也屬於未知元素之一，只是他不曉得罷了。小川正孝若死後有知，曉得自己當年至少眞的發現一個新元素，你認爲他會含笑九泉呢，還是會更爲懊惱，這就要看你的個性是屬於「杯子裡還有半杯水」，或是「杯子裡只剩半杯水」了。

第七十五號元素在一九二五年被另外三名德國化學家很明確地找到了，他們是貝格（Otto Berg）以及夫妻檔化學家諾達克夫婦（Walter Noddack 與 Ida Noddack）。他們將該元素命名爲 rhenium，依據的是萊茵河（Rhine River）。同時，他們還宣布找到了第四十三號元素，他們稱爲 masurium，命名依據是普魯士一個叫做馬蘇里亞（Masuria）的地方。鑑於國族主義在之前十年才剛剛重創了歐洲，許多科學家都不太高興看到這種帶有條頓民族風，甚至是軍國主義味道的名字——萊茵河與馬蘇里亞都是德國在一次世界大戰期間打了勝仗的地點。一項在全歐洲串連的計謀全面啓動：一定要讓德國佬丟臉。錸的數據看起來很扎實，所以科學家們把目標集中在比較粗糙的 masurium 研究上。根據某位現代學者指出，德國佬可能眞的發現了四十三號元素，但是這個三人小組的論文有一些非常草率的錯誤，例如他們把分離出來的 masurium 的量，高估了幾千倍。於是乎，對於「又有人宣稱發現四十三號元素」早就心存懷疑的科學家，宣布該項發現無效。

直到一九三七年，兩名義大利人才終於將這個元素分離出來。不過，塞格瑞和佩里埃（Carlo Perrier）是占了最新核子物理學研究的便宜才做到的。四十三號元素之前會這麼難找，是因爲該元素在地殼裡的所有原子，早在幾百萬年前就都放射分解成第四十二號元素鉬了。也因此，這兩個義大利人可不像其他傻瓜那樣，篩選成噸的礦石只爲了取得幾十微克的元素（貝格和諾達克夫婦正是如此），他們有一位不知情的美國同行幫他們收集。

這位美國同行就是柏克萊的勞倫斯（他曾經批評貝格與諾達克夫婦宣稱發現四十三號元素是「妄想出來的」），他在前幾年剛剛發明了一種叫做迴旋加速器（cyclotron）的粒子加速器（atom smasher），來大量製造放射性元素。比起創造新元素，勞倫斯對於創造已知元素的同位素興趣更大，但是當塞格瑞在一九三七年訪美期間參觀勞倫斯的放射實驗室時，一聽說那台迴旋加速器中鉬的部分是可替換的，他心裡的蓋革計數器就開始發狂了。他不動聲色地要求，能否讓他看一看不要的碎片。幾週後，應塞格瑞之請，勞倫斯很開心地把幾條破破爛爛的鉬片裝進信封，寄到義大利去。塞格瑞的預感沒有錯：在這些鉬片上，他和佩里埃找到了微量的元素四十三。就這樣，他們把週期表上最難搞的空格給填滿了。

德國化學家自然不甘心就此放棄他們的 masurium。諾達克甚至親自走訪塞格瑞在義大利的辦公室，和他吵了起來——而且還穿著飾有納粹黨徽的準軍制服。看在身材矮小、脾氣多變的塞格瑞眼中，益發討厭，更何況塞格瑞當時還承受著來自另一方面的政治壓力。塞格瑞服務於巴勒摩大學，校方一直敦促他以巴勒摩的拉丁文名字做爲命名依據，把新元素命名爲 panormium。或許是出於擔憂像 masurium 那樣因國族主義色彩而潰敗，塞格瑞與佩里埃選擇採用鎝（technetium），是希臘文「人造的」意思。這個名字雖然有點乏味，但卻滿適合的，因爲它正是第一個人工造出來的元素。但是這個名字讓塞格瑞在義大利的人緣大壞，於是他在一九三八年安排輪休，到柏克萊勞倫斯的單位做研究。

並沒有證據顯示，勞倫斯對於塞格瑞用了他的鉬心懷怨懟，但是那年稍後，大砍塞格瑞薪水的主任正是勞倫斯。勞倫斯甚至不顧塞格瑞的感受，滔滔述說他有多高興能省下每月一百八十四美元，好拿來買儀器設備，例如他的寶貝迴旋加速器。哇！這更加證明了，儘管勞倫斯在爭取經費和領導研究方面技巧高超，但是待人處事卻很蹩腳。勞倫斯召募才華洋溢的科學家速度雖然很快，但他的專橫作風趕跑人才的速度也同樣地快。即便是擁護他的西博格也曾經說，應該是由勞倫斯這個舉世聞名而且備受歆羨的放射實驗室——而非歐洲人——提出當時科學界最爲關鍵的發現：人工放射性以及核分裂。西博格很懊惱地說，這兩項大發現都錯失，是「可恥的失敗。」

不過，塞格瑞還是有可能對最後那句批評心有戚戚焉。塞格瑞在一九三四年曾擔任義大利傳奇物理學家費米（Enrico Fermi）的首席助理，當時費米向全世界宣告（後來發現弄錯了），在用中子轟擊鈾原子樣品後，他「發現了」第九十三號元素以及其他的超鈾元素。費米向來以腦筋飛快聞名科學界，但是就這個案例來說，快速判斷卻誤導了他。事實上，他漏掉了另一項比「發現超鈾元素」還要重大的結果：其實他比任何人早好幾年就誘發出核分裂，卻不自知。等到一九三九年，兩名德國科學家推翻了費米的「發現超鈾元素」的實驗結果，費米實驗室上上下下都震驚不已——他甚至已經因爲這項實驗拿到諾貝爾物理學獎了。塞格瑞尤其懊惱。因爲當年在費米實驗室負責該新元素分析與鑑定的，正是他的小組。更糟的是，他立刻想起他（以及其他人）在一九三四年曾經讀到一篇討論核分裂可能性的論文，但他們都認爲該文考慮欠周，又缺乏根據——最哀的是，這篇論文的作者還是伊達．諾達克。②

日後成爲知名科學史專家（以及偶一爲之的著名野菇獵人）的塞格瑞，曾在兩本書中提過核分裂這項錯誤，兩次都只簡單寫道：「因爲伊達．諾達克的關係，雖然核分裂曾經特別引起我們的注意，但……我們沒留意到。她寄給我們那篇論文，明白表示核分裂的可能性……眞不清楚我們爲何如此盲目。」③（對歷史有好奇心的他，或許也可以點出：最接近發現核分裂的兩個人，伊達．諾達克與伊蓮娜．約里奧居禮〔Irène Joliot-Curie，居禮夫人的長女〕，以及最後眞正的發現者麥特納〔Lise Meitner〕，都是女性。）

很不幸，塞格瑞對於這次錯誤只學到表面上的教訓，而他很快就有了專屬的醜聞過失，等待他去解釋。一九四〇年左右，科學家以爲緊接在鈾前面或後面的元素，都是過渡金屬（transition metal）。按照他們的計算，九十號元素排在第四欄，而第一個非自然發生的元素九十三號則落在第七欄，鎝元素的下方。但是在今日的週期表上，鄰近鈾的元素都不是過渡金屬。它們坐落在週期表底部，稀土元素下方，而且它們的化學反應也近似稀土元素，而不像鎝。當年化學家爲何如此盲目，原因很明顯。儘管他們很尊崇週期表，但對待週期表的態度卻不夠認眞。他們認爲稀土元素是奇怪的特例，它們那古怪多變、黏在一起的化學性質也不會再度出現。但是它眞的再度出現了：鈾和一些別的元素和稀土元素一樣，也將電子埋藏在f殼層。因此，它們必須從同一個點跳出週期表主體，而且也應該有同樣的反應。道理很簡單，至少事後回想是如此。在轟擊發現核分裂實驗（一九三九年）過後一年，塞格瑞同走廊的一名同事決定要再試一次，找尋九十三號元素，所以他就用放射線照射迴旋加速器中的某些鈾。基於上述理由，他相信這種新元素的行爲一定會和鎝很像，於是他請塞格瑞幫忙，因爲鎝是塞格瑞發現的，一定最了解鎝元素的化學性質。熱中追獵元素的塞格瑞測試了樣品。和他那腦筋飛快的恩師費米一樣，他宣稱這些樣品表現得就像稀土元素，而不像鎝的重量級表親。做過更多單調乏味的核分裂之後，塞格瑞宣布實驗失敗，而且還趕緊寫了一篇標題沉悶之至的論文：〈一次不成功的超鈾元素搜尋〉（An Unsuccessful Search for Transuranic Elements）。

雖然塞格瑞繼續去做別的研究了，但他那位同事麥克米連卻覺得不安。所有元素都有獨特的放射性指紋，而塞格瑞幫他鑑定的幾個「稀土元素」，指紋卻與其他已知稀土元素都不同，這個結果說不通。經過一番推敲，麥克米連察覺到，這些樣品之所以會表現出類似稀土元素的樣子，是因爲它們是稀土元素的化學表親，所以也應該從主週期表中拉出去。於是他和一名同事重做放射實驗以及化學檢測，但沒有把塞格瑞納入，而他們也立刻就發現了自然界第一個禁果元素（超鈾元素）錼。箇中的諷刺實在太有意思了，不能不提。想當年，塞格瑞還在費米手下時，曾經誤把核分裂產物當作超鈾元素。「顯然沒有記取教訓，」西博格回憶，「再一次，塞格瑞覺得沒有必要規規矩矩走完所有化學（檢驗流程）。」而這一次，塞格瑞犯下剛好相反的錯誤，他誤把超鈾元素錼當作核分裂產物。

身爲科學家，雖然毫無疑問塞格瑞會非常震怒，可是身爲科學史專家，他或許會感謝接下來的演變。麥克米連因爲這項研究，贏得一九五一年諾貝爾化學獎。但是瑞典科學院已經針對「發現超鈾元素」頒獎給費米了；結果他們沒有承認錯誤，反而公然只以「研究超鈾元素的**化學**」（黑體爲作者所加）爲由，頒獎給麥克米連。不過話說回來，既然仔細、毫無瑕疵的化學流程將麥克米連帶向眞理，這樣的得獎理由或許也不算是侮辱。

如果說，塞格瑞的自大害了自己，那他的自大和美國南加州第五號公路的另一位天才比起來，根本不算什麼。這位天才就是鮑林。

一九二五年拿到博士學位後，鮑林接受爲期十八個月的獎助到德國做研究，那兒是當時科學世界的中心。（正如現在全球科學家都以英語來溝通，當時要說德語才合乎正統。）但是，只有二十多歲的鮑林在歐洲學到的量子力學，很快就推動美國化學超越了德國化學，順便也把他自己推上《時代》雜誌的封面。

簡單地說，鮑林想出了量子力學如何控制原子間的化學鍵：鍵結強度、鍵結長度、鍵結角度，幾乎是一網打盡。他之於化學界，就像達文西之於人體繪畫——兩人都是最早把解剖細節弄對的人。既然化學基本上是在研究原子鍵結的形成與斷裂，鮑林可以說是隻手將這個沉睡的領域現代化。他絕對擔得起一句科學史上最崇高的讚美詞。那句讚美出自一位同僚，他說鮑林證明了「化學也能夠**理解**，而不是只能夠死記」（黑體爲作者所加）。

經過這次大獲全勝，鮑林繼續把玩他的基礎化學。他很快又想出了雪花爲何是六面體：因爲冰具有六角形結構。同時，鮑林顯然很心癢，不甘於只研究簡單的物理化學。譬如說，他有一項計畫找出了鐮型血球貧血症爲何會致命：病患紅血球中的畸形血紅素無法抓住氧。此項血紅素研究格外出類拔萃，因爲這是第一次追溯出某種疾病的根源在於一種失能的分子，[4]而它也改變了醫生對醫藥的看法。當鮑林在一九四八年因重感冒臥病在床時，決定要藉由「證明蛋白質如何形成叫做阿爾法螺旋的長圓柱體」，來革新分子生物學。蛋白質功能大部分由蛋白質形狀來決定，而鮑林是第一個想出，蛋白質裡的組成分子怎麼「知道」自己適當的形狀爲何。

在這些研究裡，除了最顯而易見的醫學益處之外，鮑林眞正感興趣的莫過於：當又小又笨的原子自我組裝成較大的構造後，爲什麼會浮現出各式各樣的新特性，簡直就像奇蹟。其中最迷人的是，單從零件幾乎完全看不出整體會是什麼樣子。正如除非你親眼看見，否則永遠猜不到，個別的碳、氧、氮原子竟能組合成像胺基酸這麼有用的分子，而且你也永遠料不到，幾個胺基酸分子就有辦法把自己摺疊成各色蛋白質，然後讓一條生命運轉。這項關於原子生態系統的研究，水準甚至比創造新元素更進一步。但是，這項知識水準的大躍進也同時留下更多曲解和犯錯的空間。從長遠的觀點來看，鮑林早年輕而易舉就得到的阿爾法螺旋成果反而格外諷刺：因為他要是沒有粗心弄錯另一個螺旋分子，去氧核糖核酸——DNA分子，肯定會被視為人類史上最傑出的五名科學家之一。

雖說瑞士生物學家米歇爾（Friedrich Miescher）早在一八六九年就發現了DNA，鮑林和當時大部分人一樣，在一九五二年之前都對DNA毫無興趣。米歇爾是這樣發現DNA的：他把酒精和豬的胃液倒入沾了膿的繃帶（當地醫院很樂意供應貨源給他），直到最後剩下一種黏答答的灰色物質。米歇爾還在測試的時候，就迫不及待地宣布，去氧核糖核酸將會被證明是重要的生物物質。很不幸，化學分析顯示它裡頭含有大量的磷。在那個年代，蛋白質被認為是唯一重要的生化學物質，既然蛋白質的磷含量是零，因此DNA被判定只是殘餘物，是一種分子附屬品。⑤

直到一九五二年，一場非常戲劇性的實驗才扭轉了這項偏見。病毒會挾持細胞，方式為先鉗住它們，然後把自己的部分遺傳物質注射到細胞內，這個過程和蚊子叮咬恰好相反。但是沒有人知曉，到底是DNA還是蛋白質負責攜帶遺傳資訊。於是，兩名遺傳學家以放射性追蹤劑分別標示病毒DNA裡的磷，以及病毒蛋白質裡的硫。然後，當科學家檢查被病毒挾持過的細胞時，發現放射性磷被注入並傳遞給後代，但是放射性硫沒有出現。因此，富含硫的蛋白質不可能是遺傳物質的攜帶者。DNA才是。⑥

但DNA到底是什麼?科學家所知不多。它是一堆細長的股,每一股是由磷和糖的骨幹構成。另外還含有一些核酸,從骨幹裡頭往外突,好像脊椎上的節。但是這些股的眞正形狀,以及它們用什麼方式相連,始終是個謎——很重要的謎。正如鮑林所證明的血紅素及阿爾法螺旋,分子的形狀攸關它的功能。很快地,DNA分子的形狀便成爲分子生物學界一道棘手的難題。

而鮑林就像其他人一樣,認爲自己是唯一聰明到足以解開這道謎題的人。這樣想並不是出於傲慢,至少不全然是:在那之前,鮑林確實從來沒有失手過。於是,一九五二年,鮑林靠著一支鉛筆、一把滑尺,以及粗略的二手數據,在加州的辦公桌前坐下來,開始解DNA之謎。首先,他(錯誤地)決定,核酸應坐落在每一股的外圍,否則他看不出這個分子怎樣才能兜合起來。然後根據這項前提,把磷與糖組成的骨幹轉到核心裡。此外鮑林也根據手上的爛數據推論出,DNA應該是一個三股的螺旋體。這是因爲他的爛數據源自脫水的死DNA,它們盤繞的方式不同於濕潤鮮活的DNA。這種奇異的盤繞方式,令DNA分子看起來扭曲得比眞實情況更厲害,把自己包纏了三圈。但是就紙上分析,倒也說得通。

一切都進行得順利極了,直到鮑林要求一名研究生把他的計算再核對一遍。學生聽命行事,但很快就緊張得冒汗,拼命想查出自己到底在哪個環節算錯了,因爲他和鮑林計算的結果顯然不同。經過再三演算,他終於告訴鮑林,依據最基本的原因,磷分子好像兜不起來。然而,儘管在化學課堂上一再強調原子的中性,經驗老到的化學家卻不會這樣看待化學元素。在自然界,尤其是生物學中,許多元素只會以離子方式,也就是帶電荷的原子存在。事實上,根據化學法則(制訂這些法則的功勞，鮑林也有份），DNA 裡的磷原子始終帶有負電荷，因此會彼此排斥。他不可能把三股的磷原子都排在核心內，而不將整個分子爆開。

研究生解釋給鮑林聽，但是自視甚高的鮑林禮貌地充耳不聞。我們並不清楚，如果他不想聽研究生的解釋，爲何不找另一個人再檢查一次數據，但是鮑林忽視那名學生的原因倒是很明顯。他想要在科學上拔得頭籌——他希望其他所有關於 DNA 的想法，將來都被看做是在模仿他的想法。於是乎，一反平日的細心作風，鮑林假設這個分子會自行解決細部的結構問題，便趕在一九五三年初，就急巴巴地發表他磷原子排在核心的三股 DNA 模型。

這時，在大西洋對岸的英國劍橋大學有兩名笨手笨腳的研究生，非常仔細地研讀鮑林那篇即將發表的論文草稿。鮑林的兒子彼得（Peter Pauling），當時和華森（James Watson）、克里克（Francis Crick）[7]在同個實驗室做研究，出於禮貌，他拿出父親尚未公開發表的論文，供他們先睹爲快。這兩名沒沒無聞的研究生迫不及待地想要解開 DNA 結構之謎，以便在科學界揚名立萬。當他們看到鮑林的論文時，眞是驚訝極了：他們早在一年前就建立了一個同樣的模型——然後扔棄了，而且顏面盡失，因爲他們的三股螺旋分子被另一名同行指正得體無完膚，證明是一個漏洞百出的爛模型。

不過，那名同事法蘭克林（Rosalind Franklin）在訓斥他們的同時，也洩漏了一個祕密。法蘭克林的專長是 X 射線結晶學，這種技術可以顯示分子的形狀。那年稍早，她才檢查過採自烏賊精子的濕 DNA 分子，並計算出 DNA 應該是雙股的。鮑林在德國的時候也研究過結晶學，如果讓他看到法蘭克林的好數據，他恐怕也能馬上解出 DNA 結構。（他的乾燥 DNA 數據也是來自X射線結晶。）然而，身爲有話直說的自由派人士，鮑林的護照被美國國務院裡的麥卡錫主義者給吊銷了，以致他無法在一九五二年前往英國參加一場重要的學術會議，否則他原本極有可能會得知法蘭克林的研究。華森和克里克可不像法蘭克林，他們從來不與對手分享數據。相反地，他們接受法蘭克林的訓斥，放下他們的自尊，開始研究她的數據。誰知不久之後，華森和克里克竟然看到他們先前犯下的錯誤，重現在鮑林的論文中。

他們簡直不敢相信，恢復鎮定後，馬上衝去找指導教授布拉格（William Bragg）。布拉格在幾十年前得過諾貝爾獎，但是近年來卻屢屢錯失關鍵發現（像是阿爾法螺旋的形狀），因此愈來愈忿忿不平，而且正是敗在這名好大喜功以及（某位史學家曾經這樣形容的）「尖刻又好出鋒頭的」死對頭鮑林手下。在克里克與華森做出丟臉的三股螺旋體模型之後，布拉格曾下令禁止他們再碰DNA。但是，當他們出示鮑林那可笑的錯誤，並坦承他們還在偷偷做DNA研究之後，布拉格發覺又有機會擊敗鮑林了。他命令他們馬上回去做DNA研究。

首先，克里克小心翼翼地寫了一封信給鮑林，請教磷原子核心要怎樣維持穩定——按照鮑林自己的理論，它不可能穩定才對。這樣做，可以分散鮑林的注意力，讓他再做更多無用的計算。即便鮑林警覺到這兩個學生已經很接近了，他還是堅持三股螺旋模型才是正確的，而他幾乎就要證明了。然而華森和克里克深知，頑固歸頑固，鮑林終究不是傻子，一定很快就會看出自己的錯誤，他們因此拼命搜尋點子。他倆從未做過實驗，完全靠聰明地推論他人做出來的數據。到了一九五三年，他們終於從另一名科學家那兒抓到了他們欠缺的一條線索。

這人告訴他們，DNA裡的四個核酸（簡稱分別爲A、C、T和G）總是雙雙對對成比例地出現。也就是說，如果某個DNA樣品中，有百分之三十六是A，那麼一定也有百分之三十六的T。一成不變。同樣情況也出現在C和G身上。根據這條線索，克里克和華森明白了，在DNA裡頭A和T必定是相配對的，而C則和G配對。（諷刺的是，那名科學家也曾經告訴鮑林同樣的線索，而且是好幾年前在一趟海上旅程途中。當時鮑林卻很不耐煩被一個大嘴巴同行打擾假期，把對方給轟走了。）不只如此，這兩對核酸的形狀還能緊貼在一起，密合得就像拼圖似的，簡直是奇蹟中的奇蹟。這完全解釋了爲何DNA分子可以包裹得這樣緊密，緊到足以成爲「推翻鮑林的磷原子向內模型」的主要理由。所以啦，當鮑林還在自己的模型中掙扎時，華森與克里克已經把他們的模型內外翻轉過來，好讓帶負電荷的磷離子不會彼此接觸。這樣做使得他們的模型成爲某種扭曲的梯子——也就是著名的雙螺旋分子。所有檢查都完全吻合，然後在鮑林還沒回過神之前，⑧他們就把這個模型發表在一九五三年四月二十五日的《自然》期刊上了。

那麼，對於公開犯下三股螺旋以及顚倒磷原子這麼丟臉的錯誤，鮑林的反應又是如何呢？況且，還是在二十世紀最重大的生物發現項目上，輸給死對頭（布拉格）的實驗室？他的態度高貴之至。那種高貴，你我如果處在類似情境下也能做得到就好了。鮑林承認錯誤，接受失敗，甚至邀請華森和克里克參加一九五三年底他所籌辦的一場專業學術會議，算是對他們的抬舉。就鮑林的地位而言，他也確實擔得起寬宏大量；他很早就擁護DNA雙螺旋結構，便是明證。（譯註：雙螺旋結構剛提出時，學界還有許多人存疑。）

一九五三年過後，鮑林和塞格瑞的日子都轉好許多。一九五五年，塞格瑞和另一名柏克萊科學家張伯倫（Owen Chamberlain）發現反質子（antiproton）。反質子是一般質子的鏡像：它帶有一個負電荷，可以在時間中逆行，而且可怕的是，它能殲滅任何接觸到的「眞實」物質，諸如你和我。自從一九二八年有人預測反物質的存在後，其中之一的反電子（antielectron），很快而且很容易地就在一九三二年被發現了。然而反質子卻成爲粒子物理世界裡難以捉摸的鍩元素。經過多年一再失誤、一再弄錯，塞格瑞依然堅持追蹤到它們，這也證明了他那過人的毅力。也因此，四年後他終於贏得了諾貝爾物理學獎，⑨而過去的錯誤也總算被人遺忘了。更巧的是，他還向麥克米連借了一件白背心，穿去領獎。

鮑林在輸了DNA模型之後，贏得一座安慰獎：早該頒給他的諾貝爾獎，一九五四年的化學獎。不改作風的鮑林，那時又轉到了新的研究領域。對於慢性感冒深覺不耐的他，開始拿自己做試驗，服用高劑量維他命。不知何故，這樣的劑量似乎能讓他藥到病除，於是他就興奮地到處宣傳。贏得諾貝爾獎之後，更是大大推升了他的營養理論，風靡一時，甚至到現在都還沒退燒，包括科學理由不清不楚的（抱歉！）所謂維他命C能治療感冒。此外，拒絕參與曼哈頓計畫的鮑林，還成爲世界頭號反核武抗議者，參加抗爭遊行，撰寫《不要戰爭！》（*No More War!*）這一類的書籍。他甚至在一九六二年贏得另一座意外的諾貝爾獎——和平獎，成爲史上唯一獨得兩座諾貝爾獎的人。不過，他倒是必須與同年兩名醫學獎得主分享斯德哥爾摩的頒獎台：他們正是華森和克里克。

9 下毒者的走廊：「好痛！好痛！」

鎘	Cd	48	112.412
鉈	Tl	81	204.383
鉍	Bi	83	208.980
釷	Th	90	232.038
鋂	Am	95	(243)

鮑林以最嚴厲的方式學到這一課：生物法則遠比化學法則來得精微。你幾乎可以任意虐待胺基酸，最後還能擁有同一把可能有點激動但依然完整的分子。但是生物體內更複雜、更嬌弱的蛋白質分子，碰到同樣的虐待就會枯萎，不論壓力是來自熱、酸，或是最糟糕的情況：流氓元素。而最具犯罪傾向的流氓元素，有辦法利用活體細胞內無數個弱點，手法通常是喬裝成維生所需的礦物質和微量營養素。關於這些元素如何別出心裁地殺生——也就是如何開發與利用「下毒者走廊」，爲週期表添加了一些比較黑暗的枝節。

下毒者走廊裡頭最輕的元素是鎘（cadmium），它的臭名可以遠溯到古代日本中部的一處礦場。西元七一〇年，礦工開始在神岡礦山裡挖掘各種貴重金屬。接下來幾百年，神岡礦山就在各方權貴的奪地紛爭之中，生產出金、銀和銅。但是，直到礦脈挖下第一鏟後的一千二百年，當地礦工才首次遇見鎘，結果這種金屬不但讓該礦場惡名昭彰，而且還讓日本人猛喊：「好痛！好痛！」

一九〇四至〇五年的日俄戰爭，以及十年之後的一次世界大戰，都大大增加日本對金屬的需求量，其中包括用於裝甲、飛機以及砲彈的鋅元素。鎘在週期表上的位置剛好就在鋅下面，而且這兩種元素在地層裡也是混合得難分難解。爲了要把神岡礦山中的鋅給純化出來，礦工恐怕得像烘焙咖啡豆那樣予以烘焙，再加上酸，以便移除鎘。按照當時的環保規定，接下來，他們只需要把剩餘的鎘爛泥倒入溪流或是棄置於地面即可，結果鎘便滲入地下水之中。

如今不會再有人像那樣亂倒鎘元素了。鎘現在已經很有身價，是電池以及電腦零件的塗層材料，因爲可以防蝕。另外，它在用做色素、鞣革劑以及焊接方面，也有漫長的歷史。到了二十世紀，甚至有人把亮晶晶的鎘電鍍層用做杯子的襯裡。但是，現代人不會隨意傾倒鎘的主要原因，其實在於可怕的醫學後果。製造商不再把它用於時髦的大啤酒杯，因爲每年都有許多人由於酸性果汁（例如檸檬汁）將鎘從杯身洗出而生起病來。此外，二〇〇一年九一一事件後，當紐約世貿中心救難人員產生呼吸方面的疾病時，有些醫生啥都不懷疑，頭一個就想到了鎘，因爲世貿雙塔倒塌，蒸發了數以千計的電器裝置。事後證明這項懷疑並不正確，但仍充分顯露出，衛生當局是多麼容易出於本能地告發第四十八號元素。

令人難過的是，之所以會有這種本能反應，是因爲一個世紀以前神岡礦山附近發生了慘劇。早在一九一二年，醫生就注意到當地的稻農常會罹患一種可怕的新疾病。這些農民來看病的時候，往往連腰都直不起來，因爲關節和骨頭都在痛。患者尤其以婦女居多，五十個病例中，就有四十九個是婦女。他們的腎臟通常也完蛋了，而且只不過做一點日常事務，骨頭就會變軟或折斷。有一位醫生只不過幫一個女孩把把脈，她的手腕就骨折了。這場神祕怪病爆發於一九三〇到一九四〇年代間，也就是軍國主義盛行於日本的年代。由於對鋅的殷切需求，礦沙和爛泥不斷往山下傾倒，雖然礦山所在的富山縣離眞正的戰場非常遠，但是二次大戰期間，神岡礦山附近的幾個地區一樣飽受苦難。這種怪病從一個村莊蔓延到另一個村莊，還得到了「痛痛病」的稱呼，因爲病人會忍不住直喊痛。

直到戰後的一九四六年，一名地方上的醫生萩野昇才開始研究痛痛病。他最先懷疑的病因是營養不良。這個理論後來證明站不住腳，於是他把焦點轉到礦場；礦山的高科技、西式採礦法，和農民原始的稻田形成強烈的對比。在一名公共衛生教授的協助下，萩野昇製作出一張痛痛病分布的流行病學地圖。另外他也做了一張顯示神通川的水文地圖——這條河流經礦場，並灌溉好幾哩之外的農田。結果把兩張圖疊在一起，幾乎完全吻合。檢驗過當地的農作物之後，萩野昇發現原來稻米好像鎘海綿似的，能吸收大量的鎘。

辛苦的研究很快就揭露了鎘的病理學。鋅是人體必需的礦物質，而鎘不但在地層裡會和鋅混在一起，到了人體裡也同樣會干擾、取代鋅。有時候，鎘還會把硫和鈣趕出體外，這也說明了爲何會影響到病患的骨骼。不幸的是，鎘是一個笨拙的元素，沒有辦法執行其他元素所具有的生物角色。更不幸的是，一旦讓鎘溜進身體，就請神容易送神難了。萩野昇最初所懷疑的營養不良，其實也有關係。當地人的飲食中稻米占了非常大的比重，而稻米缺少基本營養素，因此農民體內原本就對某些礦物質分外饑渴。這時，鎘喬裝成其他礦物質，裝得實在有夠像，於是農民體內渴望吸收礦物質的細胞便開始把鎘引進全身各個器官，速率甚至比正常的情形還要快。

萩野昇在一九六一年公開他的研究結果。可以想見，甚至不難理解，法律上應該負責的三井金屬礦業株式會社立刻否認有任何不當情事（它只不過是買了闖下大禍的那家公司罷了）。厚顏的三井會社，甚至有計畫地中傷萩野昇。當地方上的醫療機構組織了一個委員會來調查痛痛病時，三井會社竟然設法將舉世的痛痛病研究權威萩野昇排除在外。萩野昇拐個彎，研究在長崎新出現的痛痛病案例，結果更加鞏固他原先的說法。最後，原本籌組來對付萩野昇的地方委員會，因爲經不起良心的譴責，終於承認鎘有可能是痛痛病的病因。當這項含糊不清的判決提請上訴時，一個全國性的健康委員會被萩野昇的證據嚇壞了，判定鎘絕對是引發痛痛病的原因。一九七二年，三井會社開始賠償一百七十八位倖存者，總共爭取到每年超過二十三億日圓的賠償金。十三年後，日本人對於恐怖的四十八號元素仍然心有餘悸。在當時最新一集的「酷斯拉」系列電影中，製作人需要殺死酷斯拉時，日本自衛隊部署的竟然是鎘石頭飛彈。一想到是原子彈賦予酷斯拉生命，日本人對鎘的評價有多低，可想而知。

然而痛痛病可不是日本在上個世紀絕無僅有的公害個案。在二十世紀期間，另外還有三次（兩次與水銀有關〔編按：水俁病〕，一次與二氧化硫和二氧化氮有關〔編按：四日市哮喘〕），日本鄉村居民發覺自己成爲大規模工業毒害的犧牲者。這些案例在日本被稱爲「四大公害病」。除此之外，當一九四五年美國在日本島投下鈾及鈽原子彈之後，又有成千上萬人受到輻射的毒害。但是原子彈以及四大公害病裡的三種，都是發生在神岡礦山附近那場長期不爲人知的大災難之後。只不過，那兒的居民可無法保持緘默，因爲：「好痛！好啊！」

嚇人的是，鎘甚至不能算是最毒的元素。鎘坐在汞的頭上，而汞是一種神經毒素。在汞的右邊，則是坐了一群週期表上最可怕的罪犯——鉈（thallium）、鉛以及釙（polonium），它們都是下毒者走廊裡的核心主角。

這堆毒元素聚集在一起，部分或許出於巧合，但是有毒元素會集中在週期表的東南角落，也有一些化學和物理上的原因。其中一項看似矛盾的原因是，這些重金屬沒有一個是不穩定的。純粹的鉀和鈉元素如果被人吞服，它們接觸到的細胞都會爆炸，因爲它們會和水起反應。但是，由於鉀和鈉太容易起反應，它們從來不會以最純粹的原始天然狀態存在。反觀下毒者走廊上的元素就微妙多了，而且它們有辦法在發作之前，先移行到身體的深處。不只如此，這些元素（就像許多重金屬）還能視環境需要，放棄不同數目的電子。舉例來說，雖然鉀總是以K^+狀態來反應，鉈卻可以是Tl^+，也可以是Tl^{+3}。這麼一來，鉈就可以藉由模仿許多不同元素，偷偷溜進許多不同的生化區系。

這也是爲什麼，第八十一號的鉈被認爲是週期表上最致命的元素。動物細胞具有特定的離子通道以便收集鉀離子，而鉈就從這些通道長驅直入，通常是經由皮膚滲透。等到進入體內之後，鉈馬上脫掉面具，不再假裝是鉀，開始把蛋白質內部的關鍵胺基酸鍵結拆掉，並將精緻摺疊而成的蛋白質分子拆開，讓它們失去功效。而且鉈和鎘不同，不會定居在骨頭或是腎臟裡，而會像一小隊蒙古鐵騎，到處遊走。每一個鉈原子都能釀成遠比自身大上許多的傷害。

也因此，鉈被稱爲下毒者的毒藥（poisoner's poison），最投合能從「把毒藥攙入食物及飲料」當中而獲得近乎美學快感的人。一九六〇年代，有個惡名昭彰的英國少年楊恩（Graham Frederick Young），在讀過刺激的連環殺手報導之後，開始把自己的家人當做實驗品，將鉈攙入他們的茶杯與湯鍋中。他很快的就被送進精神病院，但是後來又莫名其妙地被釋放出來，此後又多毒害了七十幾個人，包括一連串的頂頭上司。只有三人被毒死，因爲楊恩刻意用低於致死的劑量，以便讓受害人痛苦得久一點。

楊恩的受害者在歷史上可絕不孤單。鉈擁有一串陰森森的毒殺紀錄，[1] 對象包括間諜、孤兒乃至有錢的姑婆。但與其重溫一段段黑暗歷史，還不如回憶一下八十一號元素唯一和喜劇扯上邊（雖然還是有點病態）的案例。在美國與古巴關係緊張的年代，美國中央情報局策劃出一條妙計，要在卡斯楚的襪子裡撒上攙了鉈的爽身粉。中情局的間諜一想到這種毒藥能讓卡斯楚全身毛髮脫落，包括他最著名的一把大鬍子，就樂不可支，他們希望在把他毒死前，先讓他在國人面前喪盡男子氣概。但是最後美方沒有嘗試這條妙計，原因何在就不得而知了。

鉈、鎘以及其他相關元素爲何這般適合當做毒藥，還有另一個原因：它們永遠存在。我不僅是指它們能像鎘那樣在身體內累積。我要說的是，這些元素就像氧一樣，很容易形成穩定且近乎球狀的核，而這樣的核從不會產生放射性。也因此，直到現在，這類元素在地殼中的存量仍然相當多。例如最重的、永遠穩定的元素鉛，坐落在魔術數字的第八十二格。而最重的、也幾近永遠穩定的元素鉍（bismuth）坐在鉛旁邊的第八十三格。

由於鉍在下毒者走廊上扮演了一個很令人驚訝的角色，很值得我們來仔細瞧一瞧這個怪元素。先快速瀏覽鉍的幾項事實：它雖然是白色略帶粉紅的金屬，但是燃燒起來卻會產生藍色火燄，並冒出黃色的煙。和鎘及鉛一樣，鉍被廣泛用在顏料及染料上，而且常常被拿來取代叫做「龍蛋」（dragon's egg）的煙火裡的鉛丹。此外，在週期表元素近乎無限種組合出來的化學物質中，鉍是極少數在冷凍之後體積會變大的。我們通常不太了解這項特點有多怪異，因爲見多了普通的

鉍元素冷卻後，會形成非常豔麗、階梯般的漏斗狀晶體。圖中這塊晶體大約有成人手掌那麼寬。（圖片來源：Ken Keraiff, Krystals Unlimited）

冰漂浮在湖面上，讓魚兒在下方游來游去。理論上，鉍湖也會有這種景象——但這在週期表上是近乎獨一無二的現象，因為元素的固態通常總是把自己包裹得較液態來得緊密。不只如此，鉍冰可能會非常豔麗。鉍已經成為礦物學家和元素愛好者特別鍾愛的桌面小擺飾，因為它可以形成所謂漏斗狀晶體（hopper crystal），把自己扭曲成精緻的彩虹階梯。剛剛凍結的鉍，看起來可能像是塗上色彩的愛薛爾（M. C. Escher）畫作有了生命。

而且鉍還幫助科學家探討放射性物質更深層的結構。幾十年來，對於是否有元素能持續到時間的盡頭，科學家一直無法解決互相衝突的計算結果。於是在二〇〇三年，法國的物理學家將純鉍緊緊包裹在一個精細的外殼中，杜絕任何來自外界的干擾，並在周圍接上偵測器，以測定鉍的半衰期，也就是樣本崩解百分之五十所需的時間。半衰期是一種很常見的放射性元素計量法。如果有一桶一百磅重的放射性元素X，經過三·一四一五九年會減少五十磅，那麼它的半衰期就是三·一四一五九年。如果再經過三·一四一五九年，它將只剩下二十五磅。原子核理論曾經預測，鉍的半衰期應該有兩千萬兆年（二乘上十的十九次方），比宇宙的歲數長得多。（你如果把宇宙的年齡自乘，就會得到接近的數字——但即使等了那麼久，你還是只有百分之五十的機會能見到特定的一塊鉍元素消失。）法國這場實驗，多多少少等於是眞實生活裡的《等待果陀》。但驚人的是，他們做到了。這群法國科學家收集到足夠的鉍，並使出足夠的耐性，親眼目睹幾次衰變。實驗結果證明了，與其說鉍是最重的穩定元素，不如說它壽命長到足以成爲最後滅絕的元素。

（日本目前也在進行一項類似的實驗，想要確定是否**所有**物質最終都將崩解。有些科學家計算過，建構元素的主要材料質子不穩定性非常低，半衰期起碼有十的三十五次方年那麼長。然而還是有好幾百位科學家，不畏艱辛地在地底的一座礦坑深處，安置了一大池超純、超靜止的水，然後在四周圍上一圈圈超敏銳的感應器，以防眞有一個質子在他們觀測時脫逃而出。雖然大家都知道機會非常小，但是這樣利用神岡礦山，總比以前良善得多。）

不過，現在應該要來談談鉍的全部眞相了。嚴格地說，它應該具有放射性，事實也是如此。而且它在週期表上的坐標也暗示了，這個八十三號元素應該是很可怕的。鉍和砷、銻在同一欄上，而且就窩在最惡劣的重金屬毒藥堆裡。然而，鉍的本性卻很良善。它甚至被當作醫藥：醫生把它當成舒緩潰瘍的處方，豔粉色的藥片Pepto-Bismol（中文名稱是「胃達寶」）中的bis，就是指鉍。（病人如果因爲飲用被鎘污染的檸檬汁而腹瀉，解毒劑通常就是鉍。）總的看來，鉍大概是週期表上位置錯放得最離譜的元素了。這樣的陳述，可能會讓想在週期表上尋找數學一致性的化學家和物理學家大爲苦惱。沒有錯，這更加證明了週期表上多的是豐富又出乎預料的故事，只要你找對地方。

事實上，與其把鉍標示爲怪異得反常，不如把它想成是某種「高貴金屬」。正如平靜的惰性氣體，把週期表上兩組很暴力（但方式不同）的元素劈開，平和的鉍等於是一個標示，宣告下毒者走廊即將從上述尋常的嘔吐疼痛，轉變成待會兒要討論的激進放射性毒藥。

躲在鉍後面的是釙，是核子時代的「下毒者的毒藥」。和鉈一樣，釙也會令人毛髮脫落，就像二〇〇六年十一月世人發現，前蘇聯國安會特工李維寧科（Alexander Litvinenko）於倫敦的餐廳被人在壽司中放釙下毒。在釙之後（姑且跳過極爲罕見的元素砈〔astatine〕）坐著氡。身爲惰性氣體，氡無色、無臭，而且也不起反應。但是由於它是很重的元素，可以替代空氣，沉入肺中，並放出致命的放射性粒子，終於無可避免地引發癌症——這不過是下毒者走廊讓你斃命的另一招。

事實上，放射性主宰了週期表的底部。放射性在這裡扮演的角色，就好像八隅體守則在週期表頂端的角色：重元素所有的用處都源自它們放射的方式與速度。要說明這一點，最好的辦法或許是透過一名美國少年的故事，他和楊恩一樣執迷於危險元素。不同的是，漢恩（David Hahn）可沒有反社會人格。他的青春期災難始於助人的欲望。由於萬分渴望解決世界能源危機，以及破除人們對石油的依賴——這般熱切的渴望，只有青少年才會有——這名住在底特律的十六歲男孩，在一九九〇年代中期，由於某個祕密的鷹級童子軍計畫漸漸失控，在母親家後院的盆栽小屋裡建了一個核子反應器。②

漢恩剛開始沒有這麼大陣仗，他是受到一本《化學實驗寶典》（*The Golden Book of Chemistry Experiments*）的影響。這本書的口吻就像一九五〇年代的教育影片，熱切得令人起雞皮疙瘩。他對化學感興趣得過了頭，害得女友的母親嚴禁他在宴會上跟客人講話，因爲他有一項相當於知識上的「邊吃東西邊說話」的惡習：他會對賓客講述與他們嘴裡食物有關的一些小知識，卻都很倒胃口。但是他的興趣不只限於理論。和許多青春期之前的小小化學家一樣，漢恩很快就不再滿足於化學實驗的小裝置，開始玩一些猛烈得足以把臥室牆壁和地毯轟爛的化學物質。他媽媽很快就禁止他去地下室，然後是讓他感覺如魚得水的後院盆栽小屋。但是和許多逐漸嶄露頭角的化學家不同，漢恩的化學程度好像並沒有與日俱增。有一次，在某場童軍大會之前，他把自己給染成了橘色，因爲他正在研究的一種仿冒製革劑，噗地一聲當他的面爆開了。而且他曾經做過只有化學白癡才會做的動作：用螺絲起子去塞緊一罐純鉀（**非常非常要不得**的想法），結果意外引爆。好幾個月後，眼科醫生都還在試著幫他清除眼中的塑膠碎片。

然而，在那之後，他還是不斷闖禍，雖然憑良心說，漢恩的確也做了一些愈來愈複雜的計畫，反應器就是一個例子。剛起步時，他只能應用四處搜尋得來的零星核子物理學知識。這些知識不是來自學校（他成績並不好，甚至可說是有點差），而是來自他不停地和政府官員通信，索討來積極擁抱核能的小冊子。那些官員相信了這個十六歲的「漢恩教授」的鬼話，以爲他眞的需要幫一群根本不存在的學生設計實驗。

除了其他知識外，漢恩還學到三項主要的核反應過程——核融合、核分裂以及放射性衰變。

氫融合賦予恆星能量，是最強大、也最有效的核子反應過程，但是在地球的原子能上頭，角色並不重要，因爲我們無法輕易製造出足以引發核融合的溫度與壓力。因此漢恩主要是靠鈾分裂與中子放射，後者是核分裂的副產品。像鈾這種比較重的元素，不太有能力讓帶正電的質子乖乖待在小核裡，因爲相同電荷會互相排斥，所以這類元素會準備一堆中子做爲緩衝。當某個重元素分裂成兩個體積約略相等、但質量較輕的原子時，較輕的原子需要的中子緩衝也會變少，於是就會把多餘的中子給吐出去。有時候，這些中子會被鄰近的其他重元素給吸收，後者因而變得不穩定，然後以連鎖反應吐出更多的中子。在原子彈裡，你大可放手讓這個流程發生。但是核子反應器需要更多的技巧，因爲你想做的是把核分裂串成一段比較長的時期。在此，漢恩碰上的最大工程問題是，在鈾原子分裂並放出中子後，形成的較輕原子非常穩定，沒有辦法延續連鎖反應。結果，這種一般的反應器就會慢慢地因爲缺乏燃料而死去。

明白了這一點——而且距離他原本眞正想尋找的核能獎章，遙遠得難以想像——漢恩決定要建一個「滋生反應器」（breeder reactor），這種反應器能藉由比較巧妙地組合放射性核素（radioactive species）來自製所需燃料。這種反應器最初的動力來源將是馬上就會分裂的鈾二三三小球。（二三三的意思是，這種鈾原子有一百四十一個中子，外加九十二個質子；請注意多出的中子數。）但是這種鈾原子的四周會圍上防護罩，防護罩的成分是比較輕的元素，釷二三二。核分裂發生後，釷會吸收一個中子，變成釷二三三。很不穩定的釷二三三會進行貝塔衰變，吐出一個電子，然後由於基本上電荷必須守衡，因此當釷失去一枚帶負電的電子後，也必須將一個中子轉變成質子。像這樣增加一個質子，會讓它變成週期表上的下一個元素，鏷二三三。這也是一個不穩定的元素，於是鏷又甩出另一個電子，然後再變成我們剛開始用的那個元素，鈾二三三。幾乎像變魔術似地，你只要把元素組合的方向弄對，就可以得到更多燃料。

漢恩趁著週末進行這項計畫，因爲自從父母離婚後，他只有週末與母親同住。基於安全考量，他買了一件牙醫穿的鉛製圍裙來保護自己，而且每次在後院盆栽小屋一待好幾小時之後，他就會把衣服和鞋子扔棄。（他媽媽和繼父事後承認，他們曾注意到他把好端端的衣物扔棄，覺得很奇怪。但是他們認爲漢恩比他們聰明得多，應該自有他的道理。）

在這項計畫裡，最容易的部分大概要算是找尋釷二三二了。釷化合物的熔點極高，因此被加熱時發出的光超級明亮。釷化合物太過危險，不適合做家用電燈泡，但是常用於工業照明，尤其在礦場中釷燈很常見。釷燈並非以燈絲做爲燈芯，而是用叫做燈罩（mantle）的細網，漢恩向某家批發商一口氣買了幾百個備用燈罩，對方連問都不問。接下來，他用可以持續生熱的焊槍，把這些燈罩熔成釷灰，顯示他的化學程度確實有了一點長進。他用價値一千美元的鋰來處理灰燼，至於鋰的來源，則是用鋼絲鉗把電池撬開得到的。於是，漢恩把容易起反應的鋰和灰燼，放在本生燈上加熱，爲他的反應器爐心做出一個良好的防護罩。

很不幸，又或許該說幸運的是，不論漢恩對放射性化學有多少了解，他對物理學卻不在行。漢恩首先需要鈾二三五來讓釷產生放射性，並將釷改變成鈾二三三。所以他就在他的龐蒂亞克轎車儀表板上，裝了一個蓋革計數器（這種裝置一偵測到輻射，就會發出卡答、卡答聲），然後在密西根鄉間到處閒逛，彷彿以爲他會碰巧在樹林裡發現一堆放射性鈾。但是尋常的鈾大都是二三八，是很微弱的放射源。（事實上，曼哈頓計畫的主要成就之一，正是在於想出如何將化學性相同的鈾二三五與鈾二三八分離，以濃縮鈾礦。）漢恩最後終於從捷克弄來一些鈾礦，但一樣屬於常見的未濃縮鈾，而不是那種容易變化的。漢恩最後還是放棄了這種做法，改建造了一具中子槍來照射他的釷，並讓鈾二三三點燃，但是他的中子槍幾乎沒有作用。

有幾篇加油添醋的新聞報導事後暗示，漢恩幾乎成功在後院小屋裡造出一具核子反應器。但事實上，還差得遠呢。傳奇核子科學家吉奧索曾經評估，漢恩要開啓這個實驗，起碼還需要增加一百萬兆倍的可分裂材料。漢恩收集的自然是危險材料，而且將來也可能會縮短他的壽命，視他接觸的量而定。但這是很容易的。讓自己被放射線毒害的方式，實在多不勝數。駕馭這類元素的方法非常非常少，時間和技巧都必須掌握得剛剛好，才有可能利用它們。

不過，當警方發現了漢恩的計畫後，還是一點都不敢大意。有天夜裡，他們發現漢恩在一輛汽車旁東摸西摸，以爲他是想偷車的小混混。把他留置審訊了一陣子之後，他們搜查他的龐蒂亞克轎車，結果他很好心也很愚蠢地警告他們說，車裡裝滿了放射性物質。警方發現車裡有許多裝著不明粉末的小瓶子，於是把他押去訊問。好在漢恩還有點頭腦，沒有提到盆栽小屋裡有許多「危險」設備，不過大部分設備也已被他支解了，因爲他擔心自己弄得太大，把家裡炸出一個大坑。聯邦探員光是爭吵誰該負責漢恩的案子——在這之前，從未有人試圖以核能來非法拯救世界——就拖了好幾個月。這段期間，漢恩的媽媽因爲擔心她的房子會被查封，有天晚上悄悄溜進小屋實驗室，把所有東西都當成垃圾出清了。幾個月後，官方終於派人穿戴全副防護裝備，大舉穿越鄰居家後院，搜索他們家後院的花房。即使過了這麼久，剩下的瓶瓶罐罐和工具依然顯示出高於背景輻射一千倍的輻射劑量。

由於沒有不良企圖（再說那時也還沒有發生九一一攻擊事件），漢恩大致是脫了身。不過，他倒是和父母爭辯起來他的前途問題。高中畢業後，他就加入海軍，一心想到核子潛艇上服役。鑑於漢恩過往的歷史，海軍大概也別無選擇，但是他們可沒有讓他研究反應器，而是派他擔任幫廚士兵，負責清潔甲板。對他來說很不幸，他從來沒有機會在一個管控得宜、而且有人指導的環境裡研究科學。如果有，他的熱忱與生澀的才華或許眞有機會做出一番貢獻也說不定。

這則放射性童子軍故事的結局有點悲哀。從軍中退役後，漢恩在老家市區到處閒晃，漫無目標。度過幾年平靜歲月後，二〇〇七年，警方又逮到他試圖移除（事實上是竊取）自家公寓的煙霧警報器。就漢恩的前科而言，這可是大罪，因爲煙霧警報器的運作有賴一種放射性元素鋂。鋂是一種很可靠的阿爾法粒子來源，而阿爾法粒子可以被傳送到偵測器內部的電流中。由於煙霧會吸收阿爾法粒子，而阿爾法粒子會干擾電流，觸動尖叫的警鈴。但是漢恩必須用鋂來製造簡略的中子槍，因爲阿爾法粒子會打擊某些元素，讓它們的中子變鬆。事實上，他已經被抓到過一次了。早在他還是童子軍的時候，就曾因爲在某個夏令營地竊取煙霧偵測器，而被踢出夏令營。

二〇〇七年，當他的大頭照登上報章雜誌時，漢恩那原本可愛的面孔上布滿了像紅色瘡疤般的麻點，好像剛擠完滿臉的粉刺，弄到它們都流血爲止。但是已經三十一歲的男子通常不會滿臉粉刺。這難免讓人認定，他又在重溫少年時代的夢想，做了更多的核子實驗。再一次地，化學愚弄了漢恩，他從來就不明白，週期表裡其實充滿了欺騙。這是一記可怕的棒喝：位於週期表底部的重元素，即使不具備尋常的毒性，也就是下毒者走廊元素的毒害方式，它們還是具有其他拐彎抹角的殺人手段。

10 給我兩個元素，明天喚醒我吧！

29 銅 Cu 63.546	23 釩 V 50.941	64 釓 Gd 157.253	47 銀 Ag 107.868	16 硫 S 32.066	45 銠 Rh 102.905

週期表是很多變的，而且大部分元素都比直接耍流氓的下毒者走廊元素來得複雜。一些曖昧的元素會在人體內做一些曖昧的事——通常是壞事，但也偶有善舉。一個元素在某種情況下有毒，遇到另一種情況卻可能是救命仙丹，此外，能以出乎意料的方式來代謝的元素，也能提供臨床醫療新的診斷工具。元素與藥物的相互作用，甚至能解釋生命本身如何從週期表上的化學殘渣裡誕生。

少數幾種元素藥物的名聲，可以追溯的歷史之遠，令人驚訝。羅馬時代的官員想必比一般人更健康，因爲他們的餐點是放在銀製大餐盤裡。而且不管錢幣在荒郊野外多不管用，早期美國拓荒者家庭幾乎都不吝於至少購買一枚上好的銀幣，當篷車駛過荒野時，銀幣就躲在牛奶罐裡——不是怕銀幣掉了，而是要保住牛奶不腐壞。鼎鼎大名的天文學家布拉許（Tycho Brahe），在一五六四年某場燈光昏暗的筵席上喝得醉醺醺，與人決鬥比劍，結果鼻梁骨沒了，據說他因此訂購了一個銀鼻子。這種金屬當時挺流行的，更重要的是，它能抑制感染。唯一的缺點是，那藏不住的金屬色澤迫使布拉許每每都得隨身攜帶粉底，塗抹一番。

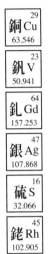

好奇的考古學家後來把布拉許的屍體挖出來，發覺他的顱骨正面有一道綠色的硬殼——意味著他安裝的大概不是銀鼻子，而是比較便宜又輕巧的銅鼻子。①（又或者，他可能會依同伴的身分不同來更換假鼻子，就像更換耳環。）不論是銅還是銀，故事都說得通。雖然這兩種金屬長久以來都被輕看成偏方，現代科學家卻證實，它們都具有抗菌能力。做爲日用品，銀是太貴重了，但是基於公共安全考量，銅製的管線如今已是建築物內部的標準配備了。銅踏入公共衛生領域，是在美國建國二百週年之後，也就是一九七六年，當時一場疫病突然在費城的一家旅館爆發。一種前所未見的細菌，在那年七月悄悄爬進旅館的空調系統，在潮濕的管路中滋生，然後在涼爽的空氣中優哉通過送風口。幾天之內，旅館內有好幾百人都因爲「感冒」而病倒，其中三十四人死亡。這家旅館的會議中心當週剛好出借給退伍軍人團體美國退伍軍人協會（American Legion），雖說並非所有病人都屬於該團體，但是這種病還是被冠上退伍軍人症（Legionnaires' disease）的名稱。

爲因應這場突發的疫病，立法單位通過改善空調與供水系統清潔度的條文，而銅已經證明，論到改進基礎設施的管線，它們是最簡單也最便宜的材料。如果有細菌、眞菌或是藻類溜進銅製的物體內，它們將會吸收銅原子，而銅原子會擾亂它們的代謝作用（但人類細胞不受影響），於是這些小東西就會在幾小時後窒息死亡。這種效果稱做「微動力效應」（oligodynamic）或是「自我消毒」（self-sterilizing），使得金屬的無菌程度超過木材或塑膠，而這也說明了，爲何公共場所總是採用銅製門把以及金屬欄杆。同時這也解釋了爲何美國使用最久的硬幣，要不是含銅量接近百分之九十，就是鍍了一層銅。②此外，空調裡的銅管也能將內部滋長的惡菌給清除乾淨。

對於這些蠕動的小細胞來說，另一種同樣致命的元素是釩（vanadium），而且它對男性還有一種奇妙的副作用：釩是有史以來設計最巧妙的殺精劑。大部分殺精劑都會將包裹精子的脂質細胞膜給溶解掉，把精子的內臟給翻出來。不幸的是，所有細胞都具有脂質的細胞膜，因此殺精劑通常也會刺激陰道表皮細胞，讓婦女容易被酵母菌感染。這就不好玩了。但是釩不喜歡把東西溶解得一團糟，它只會敲開精子尾巴的曲軸。尾巴一旦折斷，精子就只能像單槳划船般地打轉。③

釩之所以沒有以殺精劑的面貌在市場上亮相，原因是——又一則醫藥界的老生常談——「知道某個元素或藥物在試管裡具備某種效用」和「知道如何駕馭那些效用，並製成能讓人類安全服用的藥物」，是完全不同的兩碼子事。縱使釩擁有這麼大的能耐，它對身體的代謝來說，依然是一種曖昧不明的元素。譬如說，它能夠神祕地提高或是降低血糖含量。而這也是為什麼，即便釩具有輕微的毒性，含釩量豐富的富士山所產的泉水，在網路上卻被當做治療糖尿病的藥方。

還有一些元素也搖身變為有用的醫療藥品，就像原本毫無用處的釓，現在已是深具潛力的癌症刺客。釓的身價源自它具有大量未配對電子。雖然電子都很願意與其他原子形成鍵結，但是在自己的原子內部，卻喜歡彼此離得愈遠愈好。還記得嗎，電子住在殼層裡，然後殼層再細分為叫做軌域的臥鋪，每一個臥鋪裡頭可以住兩粒電子。有趣的是，電子填軌域的方式就好像公車乘客在找座位：每個電子都會優先選擇獨坐，直到終於有其他電子不得不和自己同坐為止。④等到兩個電子真的坐在一起時，會變得很挑剔。它們永遠坐在「自旋」方向與自己相反的電子旁邊，而自旋是一項與電子磁場有關的特性。把電子、自旋以及磁場連在一起，或許令人覺得很奇怪，但是所有會自旋的帶電粒子都具有永久的磁場，就像一個個的小地球般。當某個電子與另一個自旋方向相反的電子交上朋友後，它們的磁場就會相互抵消。

釓坐落在稀土元素那一排的中間，擁有最多的單身電子。既然有這麼多未配對的電子，使得釓擁有比其他元素都強大的磁場——對於磁共振造影來說，是一項非常好的特色。磁共振造影機器的原理是：先用強大的磁場把體組織稍微磁化，然後再關掉磁場。等到磁場釋出後，組織就會放鬆，重新隨機排列，結果在磁場中就變得無法辨識了。磁性很強的東西，像是釓，需要較長的時間才能放鬆，因此磁共振造影機器就會挑出箇中的差異。於是，只要把釓固定在腫瘤標靶藥物上——也就是會搜尋腫瘤，並且只會與腫瘤結合的化學物質——醫生在用磁振造影掃瞄來找腫瘤時，就比較容易了。釓基本上會放大腫瘤與正常組織之間的反差，至於腫瘤看起來會是什麼樣子，就要視機器而定：要不是像一片灰色組織海中的白色島嶼，就是像亮白色天空中的一朵烏雲。

更妙的是，釓的功用可能不只限於偵測腫瘤。它甚至可能讓醫生有辦法用密集輻射殺死腫瘤。釓內部未配對電子的排列方式，讓它得以吸收大量中子，而正常人體組織無法吸收太多中子。被吸收的中子會讓釓變得有放射性，當釓來到細胞核時，會把周邊組織都撕碎。一般而言，在體內引發一枚奈米核彈不是件好事，但是醫生如果能引誘腫瘤來吸收釓，就有點像是為敵人製造一個敵人。此外還有一個附帶的好處，釓能夠抑制蛋白質修補DNA，因此腫瘤細胞沒有辦法重建被撕毀的染色體。凡是罹患過癌症的人都能證明，焦點集中的釓攻擊，效果遠超過化學療法和一般癌症放射療法，後面這兩種療法都是藉由燒灼癌細胞周邊所有組織來殺死癌細胞。儘管這些技術都比較類似燃燒彈，但是釓將來可能可以讓腫瘤科醫生在不需動刀的情況下，實行外科手術。⑤

但這並不是說，第六十四號元素是一種仙丹妙藥。原子在身體內自有辦法四處遊走，而釓就像許多身體平常不用的元素，也有其副作用。在某些無法將它清出體外的病人身上，釓會引發腎臟方面的毛病，另外也有報告指出，它還會造成肌肉僵硬，類似初始階段的屍僵，而且他們的皮膚也會像皮革似地變硬，有些病例甚至會造成呼吸困難。就表面看來，網路上有很多人宣稱釓毀了他們的健康（多半是做了磁共振造影）。

事實上，網路是個很有趣的地方，可以查到許多有關那些曖昧不明的醫藥元素的說法。幾乎每一種非毒性金屬（偶爾甚至包括毒性金屬）都會在某些另類療法網站上，被當做補藥來販賣。⑥但是大概也不算巧合，你同樣可以在網路上看到一些專攻人身傷害的律師事務所，準備以「暴露在某種元素下」為由來提告，而幾乎每種元素都可能是那個「某種元素」。到目前為止，健康大師們所散布的訊息，似乎比律師來得寬廣深遠，而元素藥（例如鋅口含片）也變得愈來愈流行，尤其是有偏方淵源的元素藥。差不多一個世紀以來，人們漸漸摒除偏方，改服處方藥，但是對於西方醫學信心的減低，也導致某些人開始幫自己開一些像是銀之類的「藥物」。⑦

從外表看起來，銀確實有它的科學基礎，因為銀的自我消毒能力和銅一樣好。然而銀和銅之間有一項差別，如果是用口服，銀會讓你的皮膚變藍。永久變藍。而且實際狀況比聽起來還糟。把銀皮膚稱為「藍色」，其實是簡略的說法。在人們想像中，有一種鐵藍色確實很美妙，但是還有另一種可怕的死灰般的僵屍藍，而那才是銀皮膚的顏色。

好在這種叫做銀中毒（argyria）的疾病不會致命，也不會造成內臟損傷。在一九〇〇年代初，有一個男人為了治療梅毒，服用過量硝酸銀（可惜沒有效），結果還以「藍人」姿態在怪物秀裡軋上一角。至於我們這個年代，也有一名來自美國蒙大拿州、求生意志堅強的激烈自由派，就是強悍但長得像麵糰的瓊斯（Stan Jones）；儘管全身藍得嚇人，他還是參選了二〇〇二以及二〇〇六年的美國參議員。値得稱讚的是，他自我解嘲的程度不輸媒體對他的取笑。當被問到，在街上如果有男女老幼對他指指點點，他如何應對？他一臉正經地說，「我就告訴他們，我在練習萬聖節的裝扮。」

瓊斯也很喜歡解釋他是怎麼染上銀中毒的。對陰謀計畫一向很有興趣的他，在一九九五年迷上了千禧年電腦當機議題，尤其擔心在大動亂當兒引發的抗生素缺貨。他決定最好先把自己的免疫系統武裝起來。於是，他就在自家後院釀起一大缸重金屬私酒，把銀線接上九伏特電池，浸泡在一大缸水裡——這種法子，即便是最死忠擁護銀福音的人都不會推薦，因爲那麼強的電流會把太多銀離子溶進水裡。瓊斯充滿信心地飲用他的存貨，長達四年半，直到千禧蟲在二〇〇〇年一月虎頭蛇尾地就沒了。

即使以落選收場，即使在連續競選參議員時到處被人盯著看，瓊斯依舊死性不改。他競選公職，當然不是爲了喚醒食品暨藥物管理局（Food and Drug Administration）的注意；食品暨藥物管理局遵循自由主義風潮，只有在元素藥引起急性傷害或是誇大其辭時，才會出面干涉。二〇〇二年競選失利後，隔年他告訴某家全國性的雜誌，「服用〔銀〕過量是我的疏失，但我仍然相信它是世界上最理想的抗生素……如果美國遭到生物武器攻擊，或是如果我病倒，不管得的是什麼病，我都會立刻再次服用。活著遠比全身發紫更爲重要。」

儘管瓊斯這樣勸告，最理想的現代藥物並不是單獨的元素，而是複合物（complex compound）。但是，在現代醫藥史上，還是有一些讓人意外的元素扮演了重要角色。這類歷史大都與一些比較不像大英雄的科學家有關，例如多馬克（Gerhard Domagk），但是眞正的開端是巴斯德（Louis Pasteur）以及他的一項奇特發現，關於一種稱做旋向性（handedness）的生物分子特性，讓我們了解到生命的本質。

你很有可能是右撇子，但你其實是左撇子。你的體內每一個蛋白質分子裡的每一個胺基酸，都有一個左旋扭轉（left-handed twist）。事實上，所有曾經存在的生物體內的每一個蛋白質，全部都是左旋性的。天文生物學家每當在流星或木星衛星上發現一個微生物，他們做的第一件事幾乎都是去檢驗它的蛋白質旋向性。如果蛋白質是左旋，該微生物就很可能是來自地球的污染。如果是右旋，那麼絕對是外星生物。

巴斯德會注意到旋向性，是因爲他的化學家生涯剛好始於研究一些不是非常重大的生命物質。一八四九年，二十六歲的他應一家釀酒廠要求去研究酒石酸（tartaric acid），也就是製酒剩下的一種無害殘渣。葡萄種子與酵母菌屍體會分解成酒石酸，然後結晶在酒桶的酒糟中。由酵母菌所生出的酒石酸，有一項奇怪的特性。把它溶解在水裡，然後以一道垂直的狹縫光照射溶液，光線會以順時針方向轉離垂直軸，就好像撥轉盤似地。但是，工業上的人造酒石酸卻不會這樣。垂直光線通過後還是直挺挺的。巴斯德很想弄清楚爲什麼會這樣。

他斷定這個現象與兩種酒石酸的化學性質無關。它們的化學反應一模一樣，而且元素組成也相同。直到他用放大鏡檢查這些結晶，才注意到箇中差別。來自酵母菌的酒石酸結晶全都向同一個方向扭轉，有如被切斷的、小巧的左拳頭。工業製酒石酸則會向兩邊扭轉，左拳頭與右拳頭攙雜在一起。好奇的巴斯德開始進行單調到難以想像的工作：用鑷子把鹽粒般大小的工業酒石酸結晶，一粒一粒地分成兩堆，一堆左拳，一堆右拳。然後他把兩堆分別溶進水裡，進行更多的狹縫光測試。果然給他料中了，和酵母菌酒石酸晶體很相像的工業酒石酸晶體，也會讓光線順時針旋轉，而它們的鏡像晶體則會讓光線逆時針旋轉，兩者旋轉的角度數值完全相同。

巴斯德把這些結果告訴他的老師畢歐（Jean Baptiste Biot），也就是最早發現有些化合物能讓光線旋轉的科學家。垂垂老矣的畢歐，要巴斯德親自示範給他看——看過之後，他幾乎無法自已，因爲這個實驗太優美了，令他深深動容。基本上，巴斯德證明了有兩種一模一樣但有如照鏡子的酒石酸。更重要的是，巴斯德事後還把這個想法加以擴展，證明生命具有很強烈的分子偏見，只偏愛其中一個旋向性，或稱「對掌性」（chirality）。[8]

巴斯德事後承認，能做出這項了不起的研究，有一點幸運。酒石酸和大部分分子不同，很容易看出它的對掌性。此外，雖說沒有人可能預料到對掌性與旋轉光線之間有關，但是巴斯德畢竟曾經有畢歐指導他進行旋光實驗（optical rotation experiment）。而最好運的是，天氣也配合得剛剛好。巴斯德在準備人造酒石酸的時候，曾經把它們放在窗台上冷卻。這種酸只有在攝氏二十六度以下，才會分成左旋與右旋兩種晶體，那段期間天氣如果稍微暖和些，他將永遠不可能發現旋向性。不過，巴斯德也知道，他的成功只有部分能用運氣來解釋。就像他自己說的，「機會偏愛有心人。」

巴斯德的技術高超到足以讓這樣的「好運」持續一輩子。他還做了一個非常精妙的肉湯實驗

（儘管並非第一人），把肉湯裝在滅菌後的玻璃瓶中，證明了空氣中並未含有「活化元素」（vitalizing element），沒有什麼神靈能從死物中召喚出生命。生命純粹是由週期表上的元素所建構的，儘管方式可能很神祕。而且巴斯德也發明了巴斯德滅菌法（pasteurization），是一種加熱牛奶的流程，可以將牛奶裡頭具感染力的病菌殺死；還有，當時最出名的是他用自製的狂犬病疫苗，救了一個小男孩的命。最後這項行為，令他成為法國的大英雄，而他也成功地順勢利用這份聲名，獲取他所需要的影響力，在巴黎市郊創辦一所以他為名的研究所，好繼續推動他的疾病病源說（germ theory of disease）革命。

其實不算巧合的是，在一九三〇年代，正是由巴斯德研究所裡幾名心懷怨懟、報復心重的科學家，想出第一種實驗室製造藥物的作用方式——而且此舉又讓巴斯德的智慧傳人、當代鼎鼎大名的微生物學家多馬克，脖子上再多掛了一座里程碑。

一九三五年十二月初，多馬克的女兒希德格（Hildegard）在德國烏帕塔的家中摔下樓梯，當時不巧手裡握著縫衣針。針刺進她的手，穿線孔先扎入，然後就斷在裡面。醫生幫她取出斷針，但是幾天後，希德格變得愈來愈虛弱，還發起高燒，而且整隻手臂都有嚴重的鏈球菌感染。隨著女兒病情加重，多馬克也愈來愈衰弱和痛苦，因為這麼嚴重的感染最後往往是死路一條。一旦細菌開始增殖，在那個年代，是沒有藥物可以壓得住的。

只除了一種藥物——或者該說，一種可能的藥物。那其實是一種紅色工業用染料，是多馬克已經默默試驗一陣子的可能藥物。早在一九三二年十二月二十日，他就幫一窩小老鼠注射了十倍能致命的鏈球菌。同時他也幫另一窩小老鼠注射同等劑量的鏈球菌。但是，他在九十分鐘後，單單為第二窩老鼠注射這種工業染料，普浪多息（prontosil）。到了耶誕夜，當時仍為無名小卒的化學家多馬克偷偷溜回實驗室查看結果。第二窩老鼠全都活跳跳。但是第一窩全數陣亡。

然而，三年後當多馬克守在希德格病床邊時，心裡想的不只是上述那件事實。普浪多息是一種含有硫原子的環狀有機分子，這有點不尋常，而且它具有一些無法預測的特性。當時德國人有一個頗怪的想法，相信這種染料可以殺死病菌，因為它可以把病菌的重要器官染成錯誤的顏色。但是，雖然普浪多息能殺死小老鼠體內的微生物，但卻對試管中的細菌沒有影響。細菌可以在試管裝的紅色普浪多息液體裡快活地游泳。沒有人曉得怎麼會這樣，也因為這方面的無知，引來許多歐洲醫生大力抨擊德國佬的「化學療法」，說這療法在治療感染症狀上頭不如外科手術。就連多馬克本人，也不太信任他的藥。從一九三二年老鼠實驗到希德格發生意外這段期間，幾項非常謹慎的人體臨床試驗都進行得還不錯，但是偶爾會產生嚴重的副作用（更別提會讓人全身紅得像龍蝦似的）。雖說他很願意為了大眾的利益，甘冒臨床試驗病人可能死掉的風險，但是讓自己的女兒去冒險，又是另一回事了。

兩難之下，多馬克發覺自己面對的困境和五十年前巴斯德的處境一樣，當時一名年輕的母親帶著被狂犬病狗咬傷的兒子，去法國向巴斯德求助。那孩子傷得極為嚴重，幾乎連路都走不動了。巴斯德用只做過動物試驗的狂犬病疫苗來治療男童，結果男童活了下來。⑨巴斯德沒有醫師執照，但是即便可能被當成罪犯起訴（要是失敗的話），他還是注射了疫苗。如果多馬克失敗，他還得多背負一項害死家人的重擔。然而隨著希德格病況加重，他很可能無法抹去對那年耶誕夜兩籠小老鼠的記憶：一籠充滿著活潑的小東西，另一籠了無生機。當醫生宣告必須為希德格截去手臂時，多馬克再也無法那樣謹慎思慮了。他幾乎違反了所有的研究規範，從實驗室裡偷出一些藥劑，然後自行幫女兒注射血紅色的漿液。

起先希德格病況更加惡化。接下來幾週，她的體溫暴起暴跌。然而，突然之間，就在小老鼠實驗剛剛好滿三年之際，希德格的病情穩定了。她可以活下來，而且是帶著完整的兩隻手臂。

雖然欣喜若狂，多馬克並沒有把他的祕密實驗告訴同事，以免讓臨床試驗受到先入為主的影響。但是他的同事也不需要聽說希德格的事，才能知道多馬克挖到寶了——有史以來第一種真正的抗菌劑。這種藥令人耳目一新的程度，言語難以形容。那個年代的世界，在許多方面都稱得上現代化。人們可以搭乘火車快速地橫越大陸，快捷的國際通訊也可以藉由電報來達成；但即使面對很普通的感染，人們卻沒有太多的活命指望。如今有了普浪多息，長久蹂躪人類的疫病開始露出可以被控制的跡象，甚至有可能被消滅。唯一剩下的問題是，普浪多息到底是怎麼作用的。

雖說作者應該保持距離，不該跳進來插嘴，但在此我還是得向各位道歉，解釋一番。在前面詳細解釋過八隅體規則的用法後，我真不願意告訴各位，其實還是有例外，而且普浪多息之所以能成為藥物，主要就是因為它不遵守這條規則。特別是，在被意志堅強的元素環繞時，硫會把它外殼層裡所有的六個電子都讓渡出去，把八隅體擴充成十二隅體。就普浪多息的例子，硫原子會和一個碳原子的苯環共用一個電子，和一個短短的氮鍵共用另一個電子，然後再和兩個貪心的氧原子各共用一對電子。這樣一來，總共是六根鍵結和十二枚電子，它可有得忙了。除了硫原子之外，再也沒有其他元素有辦法做到這樣。硫位於週期表第三列，因此它的體積夠大，足以承載超過八枚的電子，並將所有重要部分齊聚在一起；然而，也因為它只位於第三列，所以體積也夠小，足以讓所有東西在三度空間中排列穩當。

多馬克主要是細菌生物學家，對於那些化學知識一無所知，所以最後決定要公開發表研究結果，好讓其他科學家幫他想出普浪多息究竟是怎樣發揮功效。但是還有一項棘手的商業顧慮。多馬克所服務的集團，德國法本工業公司（I. G. Farbenindustrie，簡稱IGF，也就是日後製造哈柏的氰化氫B的同一家公司），已經把普浪多息當成染料來販賣了，但是法本工業在一九三二年耶誕夜過後，立刻申請把普浪多息當做藥物來延長專利期限。等到臨床試驗證明這種藥物在人體很管用之後，IGF非常熱中於維護其智慧財產權。當多馬克敦促要發表他的實驗結果時，公司強迫他暫時按下，要他等到普浪多息的醫藥專利權通過爲止。這一拖延使得多馬克和IGF備受批評，因爲在律師爭執不休之際，有些病人就這樣死去了。之後，IGF又強迫多馬克把論文投到只在德國發行、一點名氣都沒有的期刊上，以防其他公司知道太多普浪多息的事。

但是縱使萬般算計，縱使普浪多息具有革命性的前景，剛上市的成績卻很慘。外國醫生繼續慷慨激昂地數落它，很多人就是不相信它會有用。直到有一天，它救了美國總統小羅斯福一命（他在一九三六年罹患了一場嚴重的咽喉炎），贏得《紐約時報》一個斗大的標題，普浪多息以及它那獨一無二的硫原子，方才贏得世人的敬意。突然之間，多馬克簡直就像煉金術士，即將替法本工業賺進無數鈔票，至於他完全不了解普浪多息如何運作，似乎也只是小事一樁了。當銷售數據在一九三六年跳升五倍，然後次年再翻五倍，又有誰會在乎什麼原理呢。

但在這個時候，法國巴斯德研究所的科學家，已經把多馬克發表在無名期刊上的文章給挖出來了。基於反智慧財產權（因爲他們深深憎惡專利權妨礙基礎研究）以及反條頓民族（因爲他們憎恨德國人）的想法，這群法國佬立刻打定主意，要埋葬IGF的專利權。（千萬別低估怨恨所能產生的力量。）

普浪多息果然如同廣告所言，對細菌很管用，但是巴斯德研究所的科學家追蹤它在身體裡的路徑時，留意到一些古怪現象。首先，擊退細菌的並非普浪多息，而是它的衍生物磺胺類藥（sulfonamide），這是哺乳動物細胞將普浪多息劈成兩半所形成的。而這也立即解釋了，爲何試管中的細菌不受影響：試管裡沒有哺乳動物細胞來劈開普浪多息，以「活化」它的能耐。第二，中心坐著硫原子和六個支鏈的磺胺類藥，會讓細胞無法製造葉酸（folic acid），而葉酸這種營養素是所有細胞都需要的，因爲複製DNA和生殖都少不了它。哺乳動物可以從飲食攝取葉酸，意思是說，磺胺類藥並不會妨礙哺乳動物的細胞，但細菌必須自己製造所需的葉酸，否則就無法進行有絲分裂和增生。事實上，法國科學家等於是證明了，多馬克並沒有發現細菌殺手，而是發現了細菌的節育法！

破解普浪多息是一項令人震驚的消息，而且震驚的不只是醫學領域。普浪多息裡的重要部分磺胺類藥，很早以前就被發現了，而且法本工業同樣在一九〇九年已經申請專利，[10]但是長期下來都沒有太大的進展，因爲該公司只把它當成染料來試驗。等到一九三〇年代中，專利權已經過期了。巴斯德研究所的科學家喜孜孜地發表了研究結果，毫不掩飾心中的幸災樂禍，他們爲所有世人指出一條可以繞過普浪多息專利權的路。當然，多馬克和法本工業連忙抗議說，關鍵成分是普浪多息而非磺胺類藥。但是隨著不利他們的證據愈來愈多，他們終於撤回對專利權的主張。法本工業損失了好幾百萬產品研發經費，而且大概少賺了幾億元的利潤，因爲競爭者蜂擁而上，合成其他的「磺胺劑」。

儘管多馬克在職場上遭受這些挫敗，但同行還是了解他的貢獻，他們在耶誕夜老鼠實驗過後七年，以一九三九年諾貝爾生醫獎來回饋這位巴斯德的傳人。但是要說諾貝爾獎對他有何影響，只是讓他更慘而已。希特勒痛恨諾貝爾獎委員會把一九三五年的和平獎頒給一名反納粹的反戰記者，而此舉基本上等於是裁定了德國人不准獲頒諾貝爾獎。於是，蓋世太保以這項「罪行」為由，逮捕了多馬克（譯註：他被拘禁了一週，並被迫拒絕領取諾貝爾獎）。二次大戰爆發時，多馬克趕緊贖罪，說服納粹他的藥可以拯救士兵免於壞疽折磨（他們剛開始還不相信）。但是聯軍也很快就開始採用磺胺類藥，而且這種藥還在一九四二年救了邱吉爾一命，邱吉爾不巧又是堅決要摧毀德國的人，這件事當然只會讓多馬克在德國更不受歡迎。

或許更糟的是，多馬克相信能救女兒一命的這種藥物，成為一股危險的流行風潮。人們不管什麼病，從喉嚨痛到打噴嚏都想用磺胺類藥來醫治，很快地它就成了某種類似仙丹的玩意兒。結果大眾的期望變成了一則可怕的笑話，因為美國有一些見錢眼開的小販，利用這股狂潮，挨家挨戶推銷加了抗凍劑以增加甜味的磺胺類藥。不出幾週，就有數百人喪命——這更加證明了人類只要一聽到萬靈丹，好騙的程度簡直匪夷所思。

在巴斯德所有與細菌相關的發現中，抗生素堪稱是最高潮。但並非所有疾病都是病菌造成的；許多病其實是源自化學或荷爾蒙問題。而現代醫學也是在擁抱巴斯德另一個偉大的生物學洞見「對掌性」之後，才開始對付後面這一類的疾病。巴斯德在提出他對機會與有心人的看法後不久，又說了另一句言簡意賅的話，激起更深一層的好奇心，因爲觸動了一樁眞正的祕密：是什麼讓生物有生命。在證明生命具有深層的旋向性偏見後，巴斯德指出，對掌性是「到目前爲止，唯一明確畫分死物化學與活物化學的界線。」[11]如果你曾經好奇是什麼界定了生命，化學上的答案就是這個。

巴斯德的說法引導生化學界長達一世紀，這段期間，醫生在了解疾病方面進展極大。值此同時，該洞見也暗示了：疾病的治療（這是眞正的獎賞）需要對掌性荷爾蒙以及對掌性生化物質——而科學家也明白，不論巴斯德的名言多有道理，多有助益，還是很微妙地點出了他們的無知。也就是說，在指出「科學家能在實驗室裡做出的死化學」與「能夠維持生命的活細胞裡的化學」之間的鴻溝時，巴斯德也指出了，沒有輕鬆的法子能跨越這道鴻溝。

但這並不能阻止人們去嘗試。有些科學家藉由蒸餾取自動物的精油及荷爾蒙，來取得對掌性化學物質，但最後證明這樣做太累了。（在一九二〇年代，芝加哥有兩名化學家必須熬煮好幾千磅取自屠宰場的公牛睪丸，方首次獲得區區幾盎司的純睪丸酮。）另一個可能的做法則是，不要理會巴斯德所區分和製造的左旋及右旋生化物質。這一點倒是很容易做到，因爲根據統計，能製造旋向性分子的反應，形成左旋和右旋分子的機會相等。這種做法的問題在於，鏡像分子在活體內具有不同的特性。譬如說，清新的檸檬香與柳橙香，其實源自同一個基本分子，只除了一個是右旋、一個是左旋而已。弄錯旋向性的分子，甚至會把左旋的生物性給毀掉。在一九五〇年代，某家德國藥廠推出了一種可以治療孕婦噁心嘔吐症狀的非處方藥物，但是其中良善的、具有療效的成分，與錯誤旋向性的分子混雜在一起，因爲科學家沒有辦法把兩者分開。結果，隨後產生的各種怪異畸形兒——特別是有些孩子一出生就沒有手臂或腿，他們的手掌和腳掌就像烏龜的蹼一樣，直接連在軀幹上——令沙利竇邁（thalidomide）成爲二十世紀最惡名昭彰的藥物。⑫

隨著沙利竇邁災情的浮現，對掌性藥物的前景似乎也來到了最低點。然而，就在人們悲悼沙利竇邁嬰兒的不幸之際，美國聖路易有一名叫做諾爾斯（William Knowles）的化學家，開始把玩一個很沒有英雄相的元素銠（rhodium）。諾爾斯是在孟山都（Monsanto）這家農業公司的私人研究室裡工作，他悄悄繞過巴斯德，證明了：只要處理得夠巧妙，「死」物質還是有辦法讓活物質容光煥發。

諾爾斯有一個平坦的兩度空間分子，他想要把它膨脹成三度空間分子，因爲該立體分子的左旋版本看起來可能對巴金森之類的大腦疾病有療效。關鍵在於要弄對旋向性。請注意，二度空間的物質是不可能具有對掌性的：畢竟你如果在紙板上描出右手，剪下來後，只要翻個面，它就變成左手的形狀了。旋向性只會伴隨Z軸出場。但是沒有生命的化學物質在起反應時，並不知道要形成左手還是右手。⑬結果兩者都會形成，除非它們被耍了。

諾爾斯的詭計是一種銠催化劑。催化劑加快化學反應的程度，是活在慢吞吞人類世界裡的我們難以想像的。有些催化劑能讓反應速率增加幾百萬、幾十億甚至幾兆倍。銠的動作頗快，而且諾爾斯發現，一個銠原子能夠讓無數個他所研究的平面分子膨脹成三度空間分子。於是他就把銠固定在一個已經具有對掌性的化合物中央，製造出一種對掌性催化劑。

箇中巧妙之處在於，具有銠的對掌性催化劑和它所要催化的目標平面分子，都是具有一大堆枝枝節節的笨重分子。因此當兩者碰在一起要進行反應時，就好像兩隻肥大的巨獸想要交配。也就是說，對掌性化合物只能以一個姿勢，將它的銠原子插入平面分子。然後以那個姿勢，加上礙手礙腳的胖手臂與大肚腩，平面分子也只能以一個維度去堆疊成立體分子。

像這樣限制交配時的動作與角度，加上銠催化反應速度的能力，意味著諾爾斯只需要做一點點苦工——製造一種對掌性的銠催化劑——就能收穫大量旋向性正確的分子。

這時是一九六八年，而現代藥物合成就是從那一刻開始的——這一刻後來在二〇〇一年也獲得表揚：諾貝爾化學獎頒發給諾爾斯。

這裡順便提一下，銠幫諾爾斯大量生產出來的藥物叫做左旋二烴苯丙胺酸（levo-dihydroxyphenylalanine），或簡稱左旋多巴（L-dopa），這種化合物因薩克斯（Oliver Sack）的著作《睡人》（*Awakenings*）而大大出名。這本書記錄了左旋多巴如何喚醒八十名病人，這些病人都是因爲在一九二〇年代感染昏睡病，而發展出嚴重的巴金森氏症。這八十人都缺乏自理生活的能力，許多人甚至已經昏昏沉沉地度過四十個年頭，少數幾人則是持續出現緊張症。薩克斯形容他們是「完全缺乏精力、動力、自發性、動機、胃口、感情或是欲望……飄渺得猶如鬼魂，木然得猶如殭屍……一群死火山。」

一九六七年，一名醫生用左旋多巴來治療巴金森氏症，非常成功。左旋多巴是大腦化學物質多巴胺（dopamine）的一種先驅物質。（就像多馬克的普浪多息，左旋多巴必須在身體內進行生物性的活化。）但是要將多巴胺分子的右旋與左旋版本分開，很是棘手，所以左旋多巴的價格竄升到每磅五千美元。然而，薩克斯寫道，奇蹟似地——雖說他不曉得爲什麼——「在接近一九六八年底的時候，左旋多巴的價格開始陡降。」由於諾爾斯的實驗突破，使得薩克斯在那之後不久，得以開始用左旋多巴在紐約治療緊張症患者，然後「在一九六九年春天，這群『死火山』以一種……沒有人可以想像或預料到的方式，噴發出生命。」

這個火山的譬喻眞是太正確了，因爲該藥物的效用不全然都是好的。有些病人變得過動，思緒停不下來，另外一些人則開始產生幻覺或是像動物般啃咬物品。但是這群被遺忘的人幾乎一致寧願要左旋多巴帶來的狂躁，也不願像從前那樣死氣沉沉。薩克斯還記得，他們的家屬及院方早已將他們視爲「實質死亡，」有些病人甚至連自己都這樣認爲。好在，諾爾斯那種藥物的左旋版本讓他們甦醒過來。巴斯德的格言，關於旋向性適當的化學物具有給予生命的特性，再一次證明是對的。

11 且看元素如何瞞天過海

7 氮 N 14.007	22 鈦 Ti 47.861	4 鈹 Be 9.012	19 鉀 K 39.098	11 鈉 Na 22.990	53 碘 I 126.904

沒有人料到像銠那樣沒沒無聞的灰色金屬，可以製造出如左旋多巴這般美妙的東西。但是即便化學史已經有幾百年了，化學元素還是不時便要讓我們驚訝一番；可能是好的驚訝，也可能不是。元素有可能擾亂我們體內無意識的、自動的呼吸作用；有可能打敗我們的意識感官；甚至有可能出賣我們最高階的人類官能（例如碘）。沒錯，化學家很了解眾元素的諸多特性，像是它們的熔點，或是在地殼中的含量，而且那本重達八磅、有二千八百零四頁的《化學物理手冊》（*Handbook of Chemistry and Physics*，號稱化學家的《古蘭經》），更是開列了所有元素的每一種物理特性，詳細到列出遠超過需要的小數位數。就原子層面而言，元素的行爲很容易預測。然而，當它們一遇上生物體的混亂，就令我們猜不透了。即使是最普通的日常元素，如果遇到非自然的情境，都有可能狠狠地嚇我們一大跳。

一九八一年三月十九日，在美國太空總署卡納維爾角總部，五名技術人員打開太空船模擬駕駛艙的一塊板子，然後進入引擎上方的狹小後艙。這「一天」共三十三小時的測試，以完美的模擬發射畫下句點，而實體的哥倫比亞太空梭——當時最先進的太空梭，已經準備好要升空，將在四月出第一次任務，可以想見工作人員都覺得信心滿滿。這天最辛苦的部分已經結束，既滿足又疲憊的技術人員爬進模擬飛行器隔間做例行檢查。幾秒鐘之後，他們一個一個倒下了，但是安詳得令人毛骨悚然。

直到那一刻之前，不論是在地面或是太空，美國太空總署已經連續十四年都沒有人員喪生，上一次意外發生在一九六七年，阿波羅一號太空船的三名太空人在地面受訓時遭一場大火燒死。當時太空總署老是想要減輕載重量，因而只讓純氧（而非空氣）在太空船裡循環，因爲空氣含量百分之八十是氮（也就是總重量的百分之八十爲氮）。很不幸，正如太空總署在一九六六年的一份技術報告中所承認的，「在純氧裡（火燄）會燃燒得更快也更熱，因爲沒有大氣中的氮來吸收一些熱，或是加以干擾。」一旦氧分子中的原子吸收了熱，很快就會分開，然後大吵大鬧，偷取鄰近原子的電子，這場狂歡只會使得大火燃燒得更爲炙熱。而且氧也不需要太多撩撥。有些工程師早就在擔心，太空人服裝的魔鬼氈所產生的靜電，恐怕會引燃精力勃勃的純氧。但是，該份報告最後的結論是，雖然「惰性氣體曾被認爲是壓制易燃性的一種方法……添加惰性氣體不僅沒有必要，而且會讓事情愈來愈複雜。」

好吧，這個結論在太空中或許成立，那兒沒有大氣壓力，太空船內部只需要一點點氣體，就足以防止船體向內場陷。但是在地面受訓時，地表氣壓很大，爲了不要讓模擬駕駛艙場陷，太空總署的技術人員灌入的氧氣必須比上太空時多出許多——意思是，危險也變大許多，因爲在純氧環境內，星星之火，足以燎原。一九六七年的某一天，訓練過程中意外產生的一個火花，果然引發一場大火，瞬間呑噬駕駛艙，也燒死了艙內的三名太空人。

災難往往可以釐清事情，而太空總署終於決定，以後在所有太空船和模擬器裡都必須添加惰性氣體，不管會不會增加複雜度。等到一九八一年哥倫比亞太空梭準備出任務時，他們在所有隔間都添加了懶洋洋的氮氣，以防不小心擦出任何火花。電器和馬達在氮氣中運轉毫無問題，而且要是眞有火花，氮——它們比氧更堅守分子形式——自會把火花撲滅。工作人員在進入灌有惰性氮的隔間時，只要戴上氧氣罩，或是等待氮氣被抽出，而人可呼吸的空氣慢慢回充即可——但最後這項謹愼的措施，三月十九日並未落實。那天，有人太快就宣布可以入內，於是五名技師毫不知情地爬進隔間，然後一個一個倒下，彷彿預先編排練好的動作。氮氣不僅能制止他們的神經元和心臟細胞吸收新鮮的氧氣；而且還能順手拿走細胞內儲存來應急的氧氣，因此更加快了技師們的死亡速度。救援小組趕緊將五人拉出艙外，但只能救回三人。畢卓斯特（John Bjornstad）當場死亡，柯爾（Forrest Cole）陷入昏迷，在四月一日愚人節那天過世。

我要幫太空總署說句公道話。過去這幾十年來，氮氣也曾悶死許多在礦坑工作的礦工，以及建於地底的粒子加速器的工作人員，①而且總是出現同樣的恐怖片場景。帶頭的人走進去不到幾秒鐘，就無緣無故地倒下。然後是第二個人，有時還有第三個人，跟著相繼倒下。這裡頭最可怕的是，死亡之前，沒有一個人會先掙扎。即使缺乏氧氣，他們卻根本不會感到驚慌。如果你曾經被困在水裡過，這個場面恐怕會更讓你難以置信。不願意窒息的本能，會馬上催促你浮出水面。然而，我們的心臟、肺臟和腦袋，其實都沒配備測量氧氣的裝置。這些器官只能從兩件事來下判斷：第一，我們是否正在吸入某種氣體，任何氣體都行；第二，我們是否正在呼出二氧化碳。二氧化碳溶在血液中會形成碳酸，因此只要我們呼出的每一口氣都有清除二氧化碳，降低酸性，我們的腦袋就放心了。這眞是一個蹩腳的演化產物。既然氧才是我們需要的，比較合理的做法應該是監測氧的含量。但是對細胞來說，檢查二氧化碳含量是否接近零比較容易做到——通常也足以應付各種狀況——所以它們就「多一事，不如少一事」。

可是氮有辦法破壞這個系統。它無臭無色，而且也不會推升我們血液中的酸性。我們可以輕而易舉的吸它、呼它，所以我們的肺也很安心，而它更完全不會觸動頭腦裡的警鈴。它會「以慈悲的手法殺人」，輕輕地點個頭，就可以優哉通過人體安全系統。（諷刺的是，氮那一欄的元素傳統的名稱是"pnictogens"，源自希臘文，意思爲「窒息」或「勒死」。）太空總署這五名員工——他們是悲慘的哥倫比亞號太空梭的第一批傷亡者，二十二年後，哥倫比亞號在德州上空爆炸解體——當時很可能會覺得一陣頭暈，然後行動就在瀰漫的氮氣中變得遲緩。但是，任何人經過三十三小時的苦工後，恐怕都會有這種反應，再加上他們能正常地呼出二氧化碳，因此在他們昏倒然後腦袋被氮氣關閉之前，神智方面沒有特別反應。

由於必須與微生物以及其他生物作戰，人體的免疫系統在生物學上就顯得比呼吸系統聰明得多了。但這並不表示它精明到不會上當受騙。不過，至少在某些對付免疫系統的化學詭計方面，週期表會欺騙身體，也是爲了身體好。

一九五二年，瑞典醫生布拉尼馬克（Per-Ingvar Brånemark）正在研究骨髓如何製造新血球。神經夠大條的布拉尼馬克，想要直接觀察這個現象，於是便在實驗兔的股骨上鑿了小洞，然後用像蛋殼般薄的鈦「窗」來遮住小洞。鈦窗在強光下是透明的，接下來的觀察很令他滿意。接著他決定要回收昂貴的鈦紗窗，準備做更多實驗。但是很氣人，怎樣都扯不下來。他只好放棄這些鈦窗（以及這批倒楣的兔子），然而當後來的實驗又上演同樣戲碼時——鈦總是像老虎鉗般，緊緊地鎖住股骨——他開始更仔細地檢查。結果，他看到的現象，不但頓然令「觀察少年血球」相形失色，而且也對沉睡多時的「修復學領域」（prosthetics）造成革命性的影響。

從古代開始，醫生就會幫缺手缺腳的病人接上笨拙的木頭義肢。工業革命之後，金屬義肢變得很普遍；一次大戰後，有些毀容的士兵甚至會戴上活動式的錫面——其實就是面具，讓他們能自在地走在人群裡，不至於引人側目。但是沒有人有辦法將金屬或木頭嵌入人體，雖然那才是最理想的做法。人體免疫系統會排斥所有這類的企圖，不論嵌入的材料是金、鋅、鎂或是鍍了鉻的豬膀胱。專攻血液的布拉尼馬克，知道箇中原因。正常情況下，一群血球細胞會將外來物團團圍住，用滑溜溜的纖維狀膠原蛋白把它們裹起來，好像一件緊身衣。這套「把大片異物封住，以防外漏」的機制，拿來對付像打獵時意外被霰彈槍擊中的狀況，確實很管用。但是我們的細胞沒有那麼聰明，分不出什麼是入侵的外來物，什麼是有用的外來物，因此所有植入體內的物品經過幾個月後，都會被膠原蛋白包住，開始脫落或斷裂。

既然連原本人體就會代謝的金屬（例如鐵）都不能幸免，而人體完全不需要鈦（連微量都不用），鈦看起來就更不像是會被免疫系統接受的選項了。然而布拉尼馬克發現，不知何故，鈦就是有辦法催眠血球細胞：它不僅完全不會引發免疫反應，甚至還能哄騙負責製造血球的成骨細胞（osteoblast），教它們貼上來，彷彿第二十二號元素（鈦）和真正的骨頭完全沒有差別似的。鈦有辦法完全與人體合而爲一，爲了人體好而欺騙身體。於是從一九五二年開始，像植入牙齒、能旋接的手指，以及可替換的臼窩等等人工物（例如我媽媽在一九九〇年代初所接受的髖臼窩植入手術），鈦都是標準材料。

由於天生歹命，我媽媽在很年輕的時候，髖關節裡的軟骨就被關節炎給清光了，留下骨頭互相摩擦，好像有缺口的杵與臼在相磨。她在三十五歲就進行了髖關節置換手術，意思是說，她體內有一根尖端頂著圓球的鈦棒，像鐵軌似地釘在她被鋸短的股骨上，然後關節窩旋緊在骨盆上。手術後幾個月，她就能毫無疼痛地步行了，這可是好多年來的頭一遭，我也開心地到處宣傳，我老媽動了一場和棒足雙棲明星傑克森（Bo Jackson）一樣的手術。

很不幸，由於她不願意放鬆步調，繼續忙她的幼稚園工作，多少也導致她第一次的手術只撐了九年。疼痛與發炎又再度找上她，於是另一組醫生又得把她的腳切開。原來是人工關節裡的塑膠部分開始脫落，所以她的身體就很盡職地去攻擊塑膠碎片以及周遭的組織，把它們用膠原蛋白裹起來。但是鈦關節窩依然牢牢釘在骨盆上，文風不動；事實上，醫生還得把它折斷才能更換新的鈦零件。基於我母親是梅約醫學中心史上最年輕的二度髖關節置換病人，醫生們特地把原來的人工關節窩當成紀念品，送給我媽。她到現在仍將它留在家中，裝在一個牛皮紙袋裡。舊人工關節窩的體積大概和一粒對半切開的網球一般大，儘管已經過了十年，上頭的白色骨珊瑚還是屹立不搖，緊緊地黏在深灰色的鈦金屬上。

和我們那沒有意識的免疫系統比起來，我們的感官配備——觸覺、味覺和嗅覺——又更進步了，是我們的生理與混合的心智之間的橋梁。但是講到這裡，應該很明顯了，每達到一個新的複雜層次，總是會帶出我們體內新的、未知的弱點。結果我們發現，像鈦那樣英勇善意的欺瞞，其實是個特例。我們相信自己的感官能夠取得眞實的外界資訊，能夠保護我們避開危險，結果發現它們這麼容易上當受騙，眞是既丟臉又令人害怕。

你嘴巴裡的警報受體應該會在你的舌頭被熱湯燙傷之前，教你趕緊丟下湯匙，但奇怪的是，墨西哥辣番茄醬裡的紅辣椒成分，也含有能激惹同一群受體的化學物質辣椒素（capsaicin）。薄荷（peppermint）能讓你的口齒清涼，因爲裡頭的成分薄荷醇（minty methanol）令你的冷覺受體運轉失靈，使你不由得打冷顫，彷彿一陣北極冰風剛剛吹過。元素對嗅覺和味覺也會耍同樣的把戲。如果某人撒了一點點碲（tellurium, Te）在身上，就會發出刺鼻的大蒜臭味長達好幾週，他所待過的房間，即使過了幾個小時，其他人還是聞得出來。更讓人想不通的是，第四號元素鈹（beryllium, Be）嘗起來像是糖。人體需要糖分迅速提供能量以維生的程度，遠超過需要其他營養素，而人類經過數百萬年野外狩獵求生，你大概會想，我們偵測糖分的配備應該很成熟才對。其實不然，鈹這種金屬外表蒼白、不易熔化、不會溶解，而且原子很小，長得一點都不像環狀糖分子，但是它點燃味蕾的方式居然和糖分子如出一轍。

這種僞裝或許純粹是好玩，只除了一點：少量的鈹雖然很甜，但是很快就會升級具有毒性。②有人估算，大約有十分之一的人口容易產生所謂的急性鈹中毒（acute beryllium disease），相當於週期表上的對花生過敏。就算我們不屬於那十分之一的人口，如果暴露在鈹粉之中，也會在肺部造成傷痕，而且和吸入微細矽粉所造成的化學性肺炎的傷痕一模一樣，就像有史以來最偉大的科學家之一費米的親身遭遇。年輕時，過分自信的費米在進行鈾放射實驗時經常用到鈹粉。鈹用在這類實驗裡非常適合，因爲它和放射性物質混在一起後，可以讓放射出的粒子減速。於是原本一下子就逃到空中、讓科學家無法利用的粒子，會被鈹阻擋下來，送回鈾格架上，繼續把更多粒子打鬆。晚年時，費米已經從義大利移民美國，他因爲對這類反應愈來愈覺得無聊，竟然在芝加哥大學的壁球場裡嘗試第一次核子連鎖反應。（謝天謝地，還好他夠能幹，也知道如何終止這實驗。）但是，有辦法馴服核能的費米，卻被簡單的鈹粉狠狠地修理。由於年輕時不經意吸入太多這種化學家的糖粉，費米在五十三歲就因肺炎而病倒，必須戴上氧氣面罩，因爲他的肺被鈹撕裂了。

鈹之所以能讓有識之士放鬆戒備而上當，部分問題出在人類的味覺實在有夠荒謬。我們的五種味蕾當中，有些確實相當可靠。負責苦味的味蕾，會搜尋食物（尤其是植物）是否含有毒性氮化合物，例如蘋果種子裡就含有微量氰化物。負責美味（也稱爲鮮味）的味蕾，則鎖定麩胺酸（glutamate），也就是味精英文縮寫MSG（monosodium glutamate）當中的G。生爲一種胺基酸，麩胺酸能幫忙打造蛋白質，因此這些味蕾會提醒你注意富含蛋白質的食物。但是講到負責甜味以及負責酸味的味蕾，可就太好騙了。不只鈹能把它們耍得團團轉，某種植物莓果裡的一種特殊蛋白質也有這等功力。這種蛋白質的名字眞是太貼切了，叫做神祕果素（miraculin），能神不知鬼不覺地將食物中令人不快的酸味剔除，於是乎，蘋果醋（cider vinegar）嘗起來就像蘋果淡酒（apple cider），或是塔巴斯科辣椒醬（Tabasco）嘗起來像是大蒜番茄醬（marinara）。神祕果素能做到這一點，是因爲它一方面會把酸味味蕾消音，另一方面又能和甜味味蕾結合，讓後者對酸所製造的游離氫離子處在一觸即發的警戒狀態。同樣地，不小心吸入鹽酸或硫酸的人，事後往往會記得當時牙齒一陣發酸，好像被強迫餵食極酸的檸檬片。但是，就像路以士所證明的，酸性其實和電子及其他電荷結合得很緊密。於是，就分子層次來說，「酸」只不過是「當我們的味蕾張開，而氫離子衝進來」時，我們所感受的味道。我們的舌頭會把電流（也就是帶電的粒子流）和酸合併在一起。伏特（Alessandro Volta，義大利伯爵，同時也是電學名詞「伏特」的命名來源）早在一八〇〇年左右，就用一項很聰明的實驗來證實這一點了。伏特找來一群志願者，站成一排，每個人都用手指捏住身邊另一個人的舌頭。然後，他叫排在頭尾兩端的人把手指放到鉛蓄電池上。整排的人，上上下下，馬上都覺得旁邊那人的手指嘗起來酸酸的。

負責鹹味的味蕾也同樣會受電流影響，但是只限於某些特定元素的電荷。鈉在我們舌頭上引發的鹹反射最強，但是鈉的表親鉀，也能搭著便車引發鹹味感。這兩種元素在自然界都是以離子狀態存在，而且舌頭所偵測的主要也是它們的電荷，而非鈉或鉀本身。我們之所以演化出這種味覺，是因爲鉀離子和鈉離子能夠幫助神經細胞傳遞訊號，以及幫助肌肉收縮，所以要是沒有它倆提供的離子，我們不但眞的會腦死，心臟也會停止跳動。我們的舌頭在品嘗到其他具有生理重要性的離子，像是鎂和鈣時，③也會感覺有一點鹹。

當然，味覺是非常複雜的，鹹味並不像前面那段文字所暗示的工整。對於某些完全不具生理重要性，但是會模仿鈉和鉀的離子，我們同樣會覺得它們嘗起來有鹹味（例如鋰和銨）。此外，如果鈉和鉀搭配上適當的對象，嘗起來甚至還會有甜味或酸味呢。有時候，同一種分子（譬如氯化鉀）在濃度低時嘗起來有苦味，但是在濃度高時會像旺卡（Wonka）巧克力般變味，舔起來鹹鹹的。另外，鉀還能把舌頭的感覺關掉。嚼食武靴藤（Gymnema sylvestre）葉片裡的一種化合物武靴葉酸，能將前面提過的神祕果素給中和掉。事實上，據說在嚼過武靴葉酸之後，平常吃下葡萄糖、果糖或蔗糖後舌頭與心裡感覺到的那股像吃了古柯鹼般的興奮，會漸漸走調，變成一堆粗糖堆積在舌頭上，好像吃了滿嘴沙子。④

以上種種都在暗示，我們的味覺在調查元素方面太不可靠了。爲什麼普通的鉀要欺騙我們，確實很奇怪，但是或許像這樣過度熱心、過度回饋我們腦袋裡的享樂中心，是攝取養分的高明策略。至於鈹，它能騙過我們，大概是因爲從來沒有人類曾經碰過純粹的鈹元素，直到法國大革命以後，才有一名巴黎的化學家把它給分離出來，因此我們還沒有足夠的時間演化出一套厭惡它的健康策略。重點是，人類至少有一部分算是環境的產物，不論我們的腦袋在實驗室裡多麼會分析化學資料，或是多麼擅長設計化學實驗，我們的感官都會自己下結論，在碲元素身上發現大蒜，在鈹元素身上找到糖霜。

味覺依舊是我們重要的樂趣之一，而我們也應當讚嘆它的複雜。味覺的主要成分嗅覺，是唯一能繞過邏輯神經流程，直接與大腦感情中心相連的感官。而且，由觸覺、嗅覺和味覺整合而成的複合感官，能更深入挖掘我們的情感庫，超過其他單一感官所能做到的。我們接吻時用到舌頭，不是沒道理的。只不過，在碰到週期表的時候，我們頂好還是閉緊嘴巴。

活體是這麼地複雜，這麼地「牽一髮而動全身」，因此你如果隨意注射一種元素到你的血管中，或是肝臟、胰臟中，會發生什麼事，眞的只有天曉得。甚至連心思或頭腦也不能幸免。人類最高階的官能——我們的邏輯、智慧和判斷力——同樣容易被某些元素欺騙，例如碘（iodine）。

或許這也不應該讓人意外，因爲碘的化學結構就有欺瞞的影子。同一列上元素的重量，通常是由左往右遞增，門得列夫也在一八六〇年代斷定，愈來愈大的原子量是促使週期表具有週期性的原因，使得原子量漸增成爲物質世界的普遍法則。問題出在，大自然的普遍法則是不容許例外的，而門得列夫打從心底知道，在週期表右下角就有這麼一個特別難搞的例外。碲和碘如果要排在性質相似的元素下方，五十二號元素碲必須排在五十三號元素碘的左邊。但是碲卻比碘重，而且它始終堅持要比碘重，不論門得列夫對其他化學家發多少頓脾氣，說他們被測重儀器給騙了，事實就是事實。

如今，像這樣位置反轉的案例，似乎只是無傷大雅的化學小詭計，是對門得列夫開的一個小玩笑。就目前九十二種天然元素中，科學家已經知道有四組位置反轉的例子：氬和鉀，鈷和鎳，碘和碲，釷和鏷；另外在超重的人造元素中，也有幾組。但是，在門得列夫之後一個世紀，碘又被抓包了，這回它涉及另一樁更大、更陰險的騙局，就像一個在街頭詐賭的小騙子被捲入黑手黨的街頭喋血事件。你瞧，有一則謠言直到今天都還在印度十億人口中流傳：他們的聖雄，著名的和平主義者甘地，對碘深惡痛絕。甘地或許也不會喜歡鈾和鈽，因爲它們能製造原子彈，但是根據現代甘地信徒（一群想要霸占甘地偉大傳奇的人）的說法，在甘地心中，特別保留了一個位置來憎恨第五十三號元素。

一九三〇年，甘地領導印度民眾進行著名的食鹽長征（Salt March to Dandi），抗議高壓的英國食鹽稅。在一個如印度這般極度邊遠貧窮的國家，食鹽是少數可以在地自製的貨物之一。民眾只要收集海水蒸發之後，就可以用麻袋裝盛乾燥的食鹽，上街販賣。英國政府課徵百分之八・二的食鹽貨物稅，此舉之貪婪與荒謬，就好比規定沙漠民族貝都因人挖沙子要付費，或是住在雪地裡的愛斯基摩人製冰塊要付費一樣。爲了抗議這項政策，甘地帶領了七十八名跟隨者，於三月十二日出發，進行長達二百四十哩的遊行抗議。沿途每一個鄉鎮都有人加入，陣容愈來愈浩大，等到四月六日抵達目的地濱海小鎮丹地（Dandi）時，抗議隊伍已經擴增到有二哩之長。甘地集結群眾進行示威抗議，在活動達到最高潮時，他挖起一把富含食鹽的爛泥，大叫道：「我要用這把鹽巴，撼動〔大英〕帝國的根基！」這是印度次大陸版的波士頓茶黨（Boston Tea Party）。甘地鼓吹每個人都來製造非法、不繳稅的食鹽，等到十七年後印度眞正獨立，所謂的普通食鹽在印度確實變得很普及了。

唯一的問題在於，普通食鹽含有的碘極少，但這項成分對人體健康卻至爲重要。在一九〇〇年代初，西方國家就想到把碘加入老百姓的飲食中，是一國政府在預防嬰孩天生畸形和智能不足方面，所能採行最便宜也最有效的措施。從一九二二年的瑞士開始，許多國家相繼強制規定在食鹽中添加碘，因爲食鹽是最便宜又最容易用來傳送碘元素的方法，而印度的醫生也發現，由於印度的土壤缺乏碘，加上嚇死人的高生育率，他們也可以藉由在食鹽中加碘，來挽救數以百萬計的先天畸形兒。

但是即便甘地的食鹽長征已經過了幾十年，食鹽生產在印度依舊是「由人民來製造，爲人民而製造」的庶民產業，至於加了碘的食鹽，由於是西方國家逼印度推行的，總是殘留著殖民主義的味道。隨著碘對於健康的益處愈來愈明顯，加上印度也力求現代化，從一九五〇到九〇年代間，印度各省政府開始禁絕未添加碘的食鹽，但是卻招致反對聲浪。一九九八年，印度聯邦政府強迫三個堅持不從的省份，必須查禁未添加碘的食鹽，結果引發一場激烈抗爭。家庭手工鹽的製造者抗議，此舉將增加處理成本。印度民族主義者和甘地主義者也跟著怒罵入侵的西方科學。某些成天疑心自己生病的人，甚至毫無根據地擔憂碘鹽會散播癌症、糖尿病、結核病，以及更怪的「令人脾氣暴躁」。這些反對者激烈抗爭，結果兩年後——在聯合國以及印度所有醫生瞠目結舌之下——印度總理廢除了禁止普通鹽的聯邦法律。就技術層面而言，這只是讓普通鹽在三個省份合法，但是此舉被解讀成實際贊成普通鹽。碘鹽消費量在印度全國陡降了百分之十三。天生畸形兒的數量則隨之攀升。

好在法律被廢止只持續到二〇〇五年，新總理再度禁絕普通鹽。但這對解決印度的缺碘問題，幾乎沒什麼幫助。以甘地爲名的怒火，依舊在平民心中悶燒。聯合國希望能儘量灌輸與甘地淵源較淺的下一代印度人，培養他們對碘的喜愛，因而鼓勵學童把家裡的鹽偷偷帶到學校。老師與學童在學校玩實驗室遊戲，測試其中是否缺乏碘。但這是一場注定贏不了的戰爭。雖然，每一個印度人每年只要多花美金一毛錢，就足以製造出全國民眾所需的碘鹽，但是運輸碘鹽的費用卻很高，因此全國有一半人——五億人——目前無法經常食用碘鹽。後果確實令人沮喪，甚至不只是畸形兒的問題。人體缺乏微量的碘，會引起脖子上的甲狀腺腫大。如果持續缺乏下去，甲狀腺會萎縮。甲狀腺負責調控多種荷爾蒙的製造與分泌，包括腦部荷爾蒙，人體少了甲狀腺便無法運作順暢，很快就會喪失心智能力，甚至退化成智能障礙。

二十世紀另一位知名的和平主義者英國哲學家羅素，曾經借用碘的醫學知識，來舉證反駁靈魂不死說。「思考所用的能量似乎都有化學根源……」他寫道。「譬如說，缺乏碘會讓一個聰明人變成白癡。心靈現象似乎與物質的結構緊緊相連。」換句話說，碘讓羅素明白，理智、感情與記憶都要依賴腦袋裡的物質狀態。他看不出要怎樣把「靈魂」抽離肉體，於是下結論道：人類豐富的精神生活，所有光榮與麻煩的源頭，都只是化學問題。講到底，我們就是週期表。

第四部　人性元素

12 捲入政治的元素

鋦	Cm	96 (247)
釙	Po	84 209
鎦	Lu	71 174.967
鉿	Hf	72 178.492
鏷	Pa	91 231.036
鑭	La	57 138.905
鿏	Mt	109 (276)

人類的心智和腦袋是世間已知最複雜的結構。因爲它們，人類背負了強烈、複雜而且往往相互矛盾的欲望，甚至連週期表這樣樸實的純科學產物，也反映出那些欲望。畢竟，週期表就是由會犯錯的人類所建構的。不只如此，週期表還是形而上的概念與形而下的污穢相遇之處，在此我們探索宇宙的熱切渴望（這是人類最高貴的官能），必須和組成人類與環境的物質世界（我們的罪惡和局限盡在其中）進行互動。週期表具體呈現了我們在每個領域的挫敗：經濟學、心理學、人文藝術，以及（就像甘地傳奇和碘試驗所證明的）政治領域。正如元素有一部科學史，元素也有一部同樣精彩的社會史。

這部歷史最好從歐洲談起，起源的國家也是殖民強權玩弄的對象，和甘地的印度差不多。彷彿是一個廉價的舞台布景，波蘭曾被稱爲「車輪上的國家」（country on wheels），因爲它在世界舞台上有這麼多的出口與入口。波蘭四周強鄰環伺，長久以來，俄國、奧地利、匈牙利、普魯士、德國就在這片平坦又無力防衛的草地上你爭我奪，輪流瓜分這座「上帝的遊樂場」。你如果隨便找一張過去五個世紀以來的地圖，找不到波蘭的機率相當大。

因此，當可能堪稱史上最有名的波蘭人瑪麗．史卡洛多斯卡（Marie Skłodowska）一八六七年出生在華沙時，波蘭正好不存在，也沒什麼好奇怪的。那一年門得列夫正忙著建構他那偉大的週期表。而俄國剛剛在四年前，波蘭爭取獨立的起義失敗後（這是常有的事），併吞了波蘭。對於讓女性受教育，俄國沙皇的觀念完全是反潮流的，於是那女孩的父親自行在家幫她上課。青少年時期，她就顯露出科學方面的天賦，但同時也加入了一些政治團體，鼓吹獨立。由於參加示威遊行太過頻繁，瑪麗惹毛了一些有力人士。為了小心起見，她覺得還是換個地方比較妥當，於是搬到波蘭另一個文化重鎮克拉科（Krakow，不過這個地方，唉！當時屬於奧地利）。然而即便搬到這裡，她還是得不到夢寐以求的科學訓練。最後她移居遙遠的巴黎索邦大學。她原本計畫拿到博士學位後要返回家鄉，但是後來和皮耶．居禮相戀，所以就留在法國了。

一八九〇年代，瑪麗和皮耶展開一段可能算是科學史上最有成效的研究合作。當時放射性研究才剛剛萌芽，而瑪麗對鈾（最重的天然元素）的研究，提供了一項非常關鍵的早期洞見：鈾的化學與鈾的物理學是分開的。原子只管原子，純鈾發出的放射線，和礦物中的鈾所發出的放射線一樣多，因為一個鈾原子與周遭原子之間的電子鍵結（它的化學部分），不會影響它的核子所進行的放射（它的物理學部分）。科學家再也不用檢查幾百萬種化合物，然後一一測試它們的放射性（就像他們必須一一檢測所有化合物的熔點般）。他們只需要研究週期表上九字頭的元素就可以了。如此一來，大大簡化了這個領域，清除了擾人視線的蜘蛛網，現出支撐整棟大廈的主梁。居禮夫婦因為這項發現，一同獲得一九〇三年的諾貝爾物理學獎。

對於旅居巴黎的生活，瑪麗甚是滿意，在一八九七年生下大女兒伊蓮娜。但是她始終認定自己是波蘭人。事實上，居禮夫人是某個族群的早期代表人物，這個族群的人數將會在二十世紀暴增，也就是流亡科學家。和許多其他的人類活動一樣，科學裡頭也是充滿了政治——充滿了中傷、嫉妒和小動作。要探討科學裡的政治，不舉一些例子，是難以完整深入的。但是，說到帝國擴張如何扭曲科學，二十世紀提供了最佳（也就是最可怕）的歷史例證。政治斲傷了兩名或許可以稱爲史上最傑出的女性科學家的生涯，甚至連修改週期表這般純科學的努力，也挑起了化學家與物理學家之間的嫌隙。最重要的是政治證明了，科學家那種「把頭埋在實驗室裡，一心期盼外界在釐清自己的問題時，能像他們釐清方程式那般整齊清爽」，是多麼地愚蠢。

獲得諾貝爾獎後不久，居禮夫人又得出另一項基礎性的重大發現。在進行過純化鈾的實驗後，她很好奇地注意到，通常會被她扔掉的殘餘「廢物」所具有的放射性，竟然比鈾高出三百倍。夫婦倆心想，也許能從這些廢棄物中發現新元素，於是租了一座曾用於解剖屍體的棚子，開始拿一個大鍋來煮沸數千磅的瀝青鈾礦，而且還得用「一根幾乎和我一樣大的棒子來翻攪」，只爲了取得最後研究所需的幾克重樣品。這樣煩死人的苦工，耗去了好幾年，但是苦工的收穫是**兩種**新元素，而且由於它們的放射性遠遠超過當時已知的元素，所以還加上一個完美的句點：一九一一年的另一座諾貝爾獎，這次是化學獎。

同樣的基礎研究會得到不同項目的獎，現在看起來可能很奇怪，但在當時，原子科學裡的領域區分不像今天這樣明確。許多早期諾貝爾化學獎和物理學獎得主，都是因爲週期表相關研究而獲獎，因爲當時的科學家還在整理元素表。（直到西博格小組創造出第九十六號元素，並根據居禮夫人命名爲鋦，這類研究才被明確視爲屬於化學範疇。）但儘管如此，在那麼早的年代，除了居禮夫人之外，再沒有第二人拿過一座以上的諾貝爾獎。

身爲新元素的發現者，居禮夫婦擁有它們的命名權。爲了要盡可能利用這些奇特的放射性金屬所引發的轟動（更別提發明者還是女性呢），瑪麗把他們分離出來的第一個元素，根據她那實質上已不存在的故國，命名爲釙（polonium），源自拉丁文Polonia，意思就是「波蘭」。在這之前，從未有一個元素是基於政治原因來命名的，瑪麗以爲她的大膽抉擇能抓住全球的目光，讓波蘭的獨立運動更加興旺。結果事與願違。大眾愣了一下，打個呵欠，然後開始就有關居禮夫人私生活的下流傳聞說長道短。

首先，很悲慘地，皮耶於一九〇六年在街上被馬車輾死了①（這也是爲什麼他沒能與妻子同享第二座諾貝爾獎，因爲諾貝爾獎不頒給已過世的人）。幾年後，這個還在爲德雷夫斯事件（Dreyfus Affair，法國軍方僞造間諜證據來誣陷猶太裔的軍官德雷夫斯，並定了他的叛國罪）而激動的國家，地位崇隆的法國國家科學院拒絕讓居禮夫人入會。理由一，她是女性（這是眞的）；理由二，她可能是猶太人（不是眞的）。不久之後，她和工作上的同事朗吉文（Paul Langevin）——後來被發現也是她的愛人——連袂參加在布魯塞爾舉行的一場學術會議。對於兩人出遊大爲光火的朗吉文太太，把兩人的一堆情書交給一家報導內容粗鄙的報紙，結果所有精彩內容都見了報。顏面盡失的朗吉文，氣得想要找人以手槍決鬥，以維護居禮夫人的名譽，但卻苦無對象可以決鬥。整起事件中唯一的傷亡，就只有朗吉文被太座用椅子給撂倒。

朗吉文醜聞發生在一九一一年，瑞典科學院內也展開一場辯論，是不是要取消對居禮夫人二度獲獎的提名，擔心她會引發政治後果。最後該學院決定，基於科學良心不能這樣做，但是院方還是要求她，爲了自己好，請不要出席頒獎典禮。不過她還是大搖大擺地出席了。（居禮夫人一向不甩習俗常規。有一次她去拜訪一位非常有名望的男科學家，結果她把主人以及另一名男科學家拉進大壁櫥裡，對他們炫耀一瓶會在黑暗中發光的放射性金屬。就在他們的眼睛剛剛調適到能夠看見東西時，一個粗魯的敲門聲打斷了他們，原來是其中一人的老婆擔心居禮夫人的禍水名聲，認爲他們在櫃子裡待太久了。）

當一次大戰爆發，歐洲幾個帝國崩解，使得波蘭脫離桎梏，歡慶幾個世紀以來第一次嘗到的獨立滋味，這時居禮夫人覺得總算可以稍微喘口氣，從她那波瀾起伏的私生活②中脫身。但是，把她發現的第一個元素以波蘭來命名，對波蘭的獨立並沒有貢獻。事實上，日後證明這是一項思考不夠周詳的舉動。就金屬而言，釙毫無用處。它衰變之快，甚至有點像在諷刺波蘭這個國家。加上拉丁文已經沒落，**Polonium** 並不會令人聯想起 **Polonia**，反而更容易讓人聯想到 **Polonius**——《哈姆雷特》（*Hamlet*）劇中的老傻瓜（女主角奧菲莉亞的父親）。更糟糕的是，她找到的第二個元素鐳（radium, Ra），會散放出半透明的綠色光輝，很快就出現在全球的消費市場上。人們甚至飲用裝在鐳襯裡陶罐中的所謂激活水（Revigator），做爲保健補品。（另一家競爭公司則推出一種叫做 **Radithor** 的鐳釷製劑，把鐳與釷溶在水中。）③總之，鐳的光芒大大蓋過它的兄弟，而它所引起的轟動，正是居禮夫人原先希望釙元素能夠引發的。更糟的是，釙還與香菸造成的肺癌扯上了關係，因爲菸草植物吸收釙的效能超高，而且吸入後會濃縮在葉片中。葉片一經焚燒吸入人體，煙就會用放射線大肆破壞肺臟。在全世界所有國家中，只剩下一個國家還願意製造釙，那就是侵略過波蘭不知多少次的俄國。而這也是爲什麼，當前蘇聯國安會間諜李維寧科吃下攙有釙的壽司

風靡一時的激活水，其實就是一個內部有一層放射性鐳元素的陶罐。使用者將罐子裝滿水，經過一整夜的吸收後，裡面的水就會具有放射性了。使用手冊建議每天飲用六（或更多）杯激活水。（圖片來源：National Museum of Nuclear Science and History）

後（錄影帶裡的他，活像罹患白血病的青少年，毛髮盡失，甚至連眉毛都掉光光），他在克里姆林宮裡的前老闆立刻成了頭號嫌疑犯。

在歷史上，像李維寧科事件這麼戲劇性的急性釙中毒，就只有另外一樁——伊蓮娜的中毒事件，也就是居禮夫人那個身材苗條、眼神哀傷的長女。本身也是傑出科學家的伊蓮娜，和夫婿約里奧居禮（Frédéric Joliot-Curie）繼承母業，而且很快就表現得更勝一籌。不像母親只是發現放射性元素，伊蓮娜還想出了一個方法，讓平凡溫馴的元素轉變成人工放射性元素，辦法是用次原子粒子連續撞擊它們。這項研究讓她在一九三五年獲得屬於自己的諾貝爾獎。不幸的是，伊蓮娜採用釙做爲她的撞擊砲彈手。在一九四六年，也就是波蘭剛剛從納粹德國手中被解放（但也只是換成由蘇聯來操控）後不久，有一天伊蓮娜實驗室裡的一小瓶釙發生爆炸，讓她吸入了母親最鍾愛的元素。雖然沒有像李維寧科那樣受到公開屈辱，但她還是在一九五六年死於白血病，和二十二年前的居禮夫人一樣。

伊蓮娜無助的早逝，日後看來更是帶有雙倍的諷刺意味，因爲她的研究所導致的廉價人工放射性物質，後來變成重要的醫療工具。只要吞下微量放射性示蹤劑（radioactive tracer），就能點亮內臟器官以及體內的軟組織，效果就像X射線對骨骼的效用。實際上，全世界所有醫院目前都在使用示蹤劑，而且有一個完整的醫學分支專門處理這類事務，那就是放射線科。也因此，當各位在得知示蹤劑的起源，只不過是一名研究生所賣弄的花招——是伊蓮娜的一個朋友爲了報復女房東，所耍的一個小把戲——恐怕會更驚訝了。

一九一〇年，就在居禮夫人即將因爲放射性研究獲頒第二座諾貝爾獎前，赫維西（György Hevesy）來到英格蘭，準備研究放射線。他在曼徹斯特大學實驗室的指導教授拉塞福，很快就派給他一項艱巨任務，叫他把一大塊鉛中的放射性原子與非放射性原子區分開來。事實上，日後發現這根本不是一項艱巨任務，而是一項不可能的任務。當時拉塞福以爲，這塊鉛當中的放射性元素「鐳D」（radium-D）是一種獨特的物質。但事實上，鐳D就是放射性鉛，因此兩者沒有辦法用化學方式來分離。但是當時不知道這一點，赫維西做了一堆苦工，嘗試把鉛和鐳D給分開，試了兩年才宣告放棄。

頭光光、臉頰鬆垮的赫維西，是來自匈牙利的貴族，旅英期間，他還有其他屬於居家方面的煩惱。遠離家鄉的赫維西，吃慣了匈牙利美食，對宿舍提供的英式餐點很不習慣。在注意到菜單有固定的模式後，赫維西起了疑心，懷疑這裡就像高中自助餐廳的「長年菜」，將前一天吃剩的漢堡牛肉回收，做成次日的辣牛肉再重新端上桌，而女房東所宣稱的每日新鮮肉食，其實一點都不新鮮。他質問女房東，但她矢口否認，於是赫維西決定自己來蒐證。

神奇的是，他剛好在實驗室裡獲得一項小突破。雖說他還是無法把鐳D分出來，但是他領悟到可以把這項失敗轉換成他的優勢。當時他已經開始動念，考慮是否可以把微量溶解性的鉛注射到活生生的動物體內，然後觀察該元素的路徑，因爲實驗動物代謝放射性元素與一般鉛的方式是一樣的，所以鐳D在活體內移動時，將會發射出放射線。如果這樣行得通，他就能夠以前所未有的清晰程度，追蹤血管以及臟器裡的分子移動。

在還沒有進行活體實驗前，赫維西決定要先把這個想法用在非活體組織上，但是測驗的目的卻是祕而不宣的。這天晚餐時，他故意多拿了一些肉，然後趁女房東轉身的時候，撒了些「熱鉛」（也就是具放射性的鉛）在上面。飯後她像往常一樣，把吃剩的餐點收乾淨。第二天，赫維西帶著向實驗室好友蓋革（Hans Geiger）借來的放射線偵測器回家。果不其然，當他把偵測器對準當晚的燉牛肉時，偵測器開始狂叫，喀答、喀答、喀答地響個不停。赫維西拿著證據質問女房東。但無疑地，天生是科學浪漫派的赫維西一定加油添醋，誇大了放射線的神祕之處。事實上，女房東不但不生氣，還覺得很陶醉呢，竟然能被人用最先進的醫學檢測儀器給逮到。不過，她後來有沒有更改菜單，就不得而知了，歷史上沒有紀錄。

發明元素示蹤劑後，赫維西的學術生涯立刻起飛，而他也繼續研究跨越化學與物理領域的題材。不過這兩個領域顯然正在分道揚鑣，大多數科學家都開始選邊。物理學家著迷的是原子裡的個別組成，而且他們剛剛有了一個叫做量子理論的新領域，用一種怪異但美妙的方式來討論物質。赫維西在一九二〇年離開英國，轉往哥本哈根，投入量子力學大師波耳門下。也就是在哥本哈根，波耳與赫維西不經意地扯開了化學與物理之間的裂縫，變成一場真正的政治角力。

在一九二二年的時候，週期表第七十二號元素的格子還是空著的。化學家已經想出來，從五十七號（鑭〔lanthanum〕）到七十一號（鎦〔lutetium〕）之間的所有元素，都具有稀土元素的DNA。但是第七十二號元素就不清楚了。沒人知道應該把它加在一向難分難解的稀土元素後面——如果是這樣，元素獵人應該能從最近發現的鎦元素樣品中分離出來——或是暫時把它歸入過渡金屬，讓它擁有自己的欄目。

按照傳說，波耳一個人在辦公室裡做出一個近乎歐幾里得式的證明，確認元素七十二號**並非**類似鎦的稀土元素。別忘了，當時電子在化學裡的角色並不清楚，因此波耳的證據應該是根據特異的量子力學數學，說明元素在內殼層也只能私藏有限的電子數量。鎦和它的f殼層已經把所有可塞的縫隙都塞滿了電子，因此波耳推論，下一個元素別無選擇，只能開始讓電子外露，就像一般的過渡金屬。也因此，波耳派遣赫維西和物理學家柯斯特（Dirk Coster），去仔細檢查鋯（zirconium）元素的樣品——鋯在週期上就位於第七十二號元素正上方，可能具有類似的化學性質。結果赫維西與柯斯特第一次出手，就找到了七十二號元素，這恐怕是週期表史上最輕鬆的一次發現了。他們將它取名爲鉿，命名依據是Hafnia，拉丁文的哥本哈根。

當時，量子力學早已擄獲眾多物理學家的心，但是在化學家看來，它卻是又醜又違反直覺。這裡指的醜，說的不是笨拙，而是實用主義：計算電子的方式那麼滑稽，和正統化學似乎沒有什麼關係。然而，波耳的腳連實驗室都沒有踏進去一步，就可以正確地預測中鉿，逼得化學家不得不硬生生嚥下這口氣。更巧的是，赫維西與柯斯特剛好就在波耳於瑞典領取一九二二年諾貝爾物理學獎之前，做成這項發現。他們打電報到斯德哥爾摩通知他，而波耳也在一場演講中，宣布他倆的發現。這使得量子力學看起來簡直像是演化的科學，因爲它能更深入地挖掘原子，超過化學所能辦到的。小道耳語開始流傳，就像之前發生在門得列夫身上的情形，同行們開始把波耳——已經開始傾向科學神祕主義了——形容得活像有天命在身。

至少傳說是這麼一回事，不過眞實情況有點出入。起碼有三個科學家，包括一位直接影響過波耳的化學家，比波耳先寫出論文（最早可回溯到一八九五年），將七十二號元素與鋯連在一起。這幾個人都不是走在時代尖端的天才，而是一群缺乏想像力的化學家，對量子力學幾乎完全不了解或沒興趣。看起來好像是波耳在週期表上爲鉿定位時，偷用了他們的論點，而且可能還運用他的量子計算，來合理化該元素比較不浪漫、但依然可靠的**化學**論點。④

然而，一如大部分傳奇，重要的不是眞相，而是結果，也就是世人對這則故事的反應。隨著神話的傳誦，人們顯然想要相信波耳單單靠著量子力學就發現了鉿。物理學的運作方式，一向是把天然機制簡化成更小的部分，對於許多科學家來說，波耳等於是將滿覆灰塵、發出霉味的化學，簡化成一個專業的、突然變得很新奇的物理學分支。科學哲學家也跳進來湊熱鬧，宣稱門得列夫式的化學已死，現在由波耳式的物理學當家。剛開始只不過是一則科學論點，誰知竟演變成學門領域與疆界的政治紛爭。這就是科學，這就是人生。

這則傳奇也順便吹捧了事件的中心人物赫維西。同行早就推舉他爲一九二四年的諾貝爾獎候選人，理由是發現鉿，但是遭到一名法國化學家兼半吊子畫家的反對，質疑先後順序有問題。這位化學家厄本——也就是曾經拿一團稀土元素樣品給莫斯利，想要讓他出洋相，結果沒能得逞的那位仁兄——在一九〇七年發現鎦。許久之後，他才宣稱當時已經發現鉿——帶有稀土味道的鉿——混雜在他的樣品中。大多數科學家都不覺得厄本的研究令人信服，不幸的是，當時的歐洲還沒有走出一次大戰的紛紛擾擾，於是原本只是誰先發現的爭議，竟然變調攙入了民族主義。（法國人把波耳和赫維西視做德國佬，雖說他們其實是丹麥人和匈牙利人。有一個法國人甚至在學術期刊上抱怨，說整起事件瀰漫著「匈奴的臭味」，彷彿是古代匈奴王阿提拉發現了這個元素。）化學家也不信任赫維西，因爲他具有化學家與物理學家的「雙重國籍」身分，這些因素再加上政治上的紛爭，諾貝爾獎委員會沒有把獎頒給他。相反地，一九二四年的獎項還從缺。

赫維西覺得很難過，但是沒有屈服，他離開哥本哈根，到德國繼續做他那重要的示蹤劑研究。閒暇時間，他甚至幫忙測定人體循環代謝一般水分子有多快（九天），他的方法是志願喝下特殊處理過的「重水」⑤（裡面有些氫原子具有一個額外的中子），然後檢測每天的尿液重量。（有點像當年檢驗女房東菜餚的方式，他一向不太喜歡正統的研究手法。）這段期間，一些化學家同行，包括伊蓮娜，仍然不斷地向諾貝爾獎委員會提名他，但都沒有結果。年年落空的赫維西，變得有些沮喪。但是他和路以士不同，這麼明顯的不公平待遇引起許多人的同情，結果拿不到獎這件事反而提升他在國際學術圈的地位。

不過，擁有猶太裔身分的赫維西，很快就面臨遠比諾貝爾獎落空更為險惡的問題。他在一九三〇年代離開納粹德國，重回哥本哈根，一直待到一九四〇年八月，納粹鐵騎踢開波耳研究室的大門為止。而且在大難臨頭的關鍵時刻，赫維西證明了他的膽識。早在一九三〇年代，兩名德國籍科學家（一位猶太人和一位同情猶太人士）把他們的諾貝爾獎牌拿給波耳，請求他幫忙保管，因為德國的納粹黨很可能會把獎牌搶走。然而，希特勒把私運黃金出境定為重罪，因此一旦獎牌在丹麥被發現，將會牽連好幾條人命。赫維西建議把獎牌埋起來，但波耳覺得太容易被發現。於是，根據赫維西的回憶，「當入侵部隊在哥本哈根大街上橫行時，我正忙著溶解馮勞厄（Max von Laue）和夫蘭克（James Franck）的獎牌。」他用的是王水（aqua regia）——由硝酸與鹽酸混合製成的強力腐蝕劑，是古代煉金術士很著迷的玩意兒，因為它有辦法溶解像金子之類的「皇家金屬」（雖說據赫維西回憶，其實也沒有那麼容易）。等到納粹闖進波耳的研究室，翻遍了整棟建築，大肆搜括戰利品並尋找犯罪證據時，卻完全沒有理會那只裝了橘紅色王水的燒杯。赫維西被迫在一九四三年逃往斯德哥爾摩，然而等他在歐戰勝利日過後重返殘破的實驗室時，發覺那個燒杯依然好端端地坐在架子上。他把裡面的黃金沉澱出來，而瑞典科學院後來也幫馮勞厄及夫蘭克重新各打造一面獎牌。對於那場磨難，赫維西只抱怨損失了逃離哥本哈根那天的實驗結果。

在這段不平靜的歲月裡，赫維西仍繼續和其他同仁合作，包括伊蓮娜。事實上，赫維西還曾經毫不知情地見證了伊蓮娜所犯的一個大錯誤，讓她與一項二十世紀的重大發明擦肩而過。結果這份榮耀落到另一位女科學家頭上，一位奧地利籍猶太人，她和赫維西一樣逃離納粹的迫害。不幸的是，麥特納撞上了政治衝突，既有一般政治衝突也有科學政治衝突，落得比赫維西更糟的下場。

麥特納和稍微比她年輕的哈恩是在九十一號元素快要被發現前，在德國開始他們的合作關係。該元素的發現者是波蘭化學家法揚斯（Kazimierz Fajans），一九一三年時，在該元素樣品裡只測到壽命很短的原子，因此他把九十一號元素命名爲 brevium。但是麥特納和哈恩在一九一七年發現，它大部分的原子其實壽命高達幾十萬年，因此 brevium 這個名字就有點可笑了。他們將它重新命名爲鏷（protactinium），意思是「錒的父母」（parent of actinium），因爲它最後會衰變成錒（Ac）。

無疑地，法揚斯自然會抗議他的 brevium 被改名。雖然他在上流社會裡一向以風度優雅著稱，但是根據科學界同僚的說法，他在處理科學專業事務時非常好鬥，一點也不圓融。事實上，有一個謎團就是關於諾貝爾獎委員會原本投票要頒發一九二四年的化學獎給他（就是咸認赫維西失之交臂的那個獎），肯定他在放射線上的研究，但後來卻又取消，據說是爲了懲罰他的狂妄，因爲在得獎名單還沒有正式宣布前，瑞典一家報紙就已刊出法揚斯的照片，外加一篇標題爲「法揚斯將獲得諾貝爾獎」的報導。法揚斯始終堅稱，諾貝爾獎委員會裡頭有一個來頭不小的敵人，基於私人原因從中作梗，阻撓他獲獎。⑥（瑞典科學院的官方說法是，這年獎項從缺是爲了保留獎金以支持他們的對外贊助，而且還抱怨說，都是政府的高稅負害得他們財務吃緊。但是他們是在聽到外界怒吼之後，才搬出這個理由的。起先他們只是宣布，這一年有多個獎項從缺，因爲「缺乏合格的候選人」。）

總之，brevium 敗下陣來，protactinium 留在週期表上，⑦而麥特納與哈恩現在有時還會被誤認爲是第九十一號元素的發現者。不過，講起催生這個新名字的研究，不能不提另一段更引人入勝的故事。那篇宣布長命百歲的九十一號元素有了新名字的科學論文，洩漏了麥特納對哈恩的特殊情愫。這份情愫與性欲無關——麥特納終生未婚，也沒有人記得她談過戀愛——但是至少在專業上，她被哈恩迷得神魂顚倒。部分原因也可能是哈恩看得出她的價值，因此在德國官方不肯給麥特納（一個女人）一間眞正的實驗室時，他選擇隨她一起搬進一間翻修後的木工廠來做研究。隔絕在木工廠裡的他們，相處得十分愉快，由他負責化學，辨識放射性樣品中含有哪些元素；她則負責物理學，釐清哈恩得到的結果是怎麼來的。不過很不尋常的是，最後發表的鏷元素實驗**全部**都由麥特納一手包辦，因爲在一次大戰期間，哈恩必須分神去照顧政府的毒氣戰事務。但她還是讓他分享功勞。（感恩在心。）

一次大戰結束後，兩人繼續合作，但是在兩次大戰中間這段時期，在德國做科學研究固然很刺激，政治上卻很可怕。下巴方正、蓄著小鬍子的哈恩，是血統優良的純德國貨，對於納粹在一九三二年掌權沒什麼好擔心的。但是要幫他說句公道話，當希特勒在一九三三年下令，將德國境內所有猶太裔科學家驅逐出境時——引發第一波科學家難民潮——哈恩辭去教授職位以示抗議（雖說他還是繼續參加學術研討會）。麥特納雖然出身高尙的奧地利新教徒家庭，但她的祖父母是猶太人。很典型地，又或許是因爲她最後終於贏得了自己的實驗室，她刻意淡化周遭的危險，把自己埋在妙趣橫生的核子物理學新發現之中。

其中最大的一項發現在一九三四年登場，費米宣布他用原子粒子連續撞擊鈾原子，製造出史上第一個超鈾元素。這其實不是眞的，但世人一想到週期表將不只限於九十二個元素，都嚇呆了。這場有關核子物理新觀念的煙火秀，讓全世界的科學家忙得人仰馬翻。

就在同一年，這個領域裡的另一位領袖級人物伊蓮娜也做了撞擊實驗。經過仔細的化學分析後，她宣稱那些超鈾元素顯露出和鑭極爲相似的性質，而鑭是排序第一位的稀土元素。這項發現也很令人意外——太令人意外了，以至於哈恩一點都不相信。比鈾還大的元素，表現出來的行爲絕對不可能和週期表上相距老遠的小金屬一樣。他很禮貌地告訴伊蓮娜的丈夫約里奧居禮，所謂和鑭元素相似的說法全是一派胡言，而且他誓言要重做伊蓮娜的實驗，來證明超鈾元素一點都不像鑭。

麥特納的世界也在一九三八年崩解了。希特勒大膽地併吞了奧地利，而且張開雙臂擁抱所有奧地利人，稱他們是自己的亞利安兄弟——除了和猶太人沾得上邊的人。經過多年刻意的隱形，麥特納這下子突然上了納粹的黑名單。當一名化學家同事向當局告發她，她不得不緊急逃亡，走的時候除了一身衣服，就只有口袋裡的十馬克。她避居瑞典，而且找到一份工作，諷刺的是，工作地點就是一所諾貝爾的科學機構。

即便困難重重，哈恩對麥特納依舊深具信心，兩人也繼續合作，魚雁往返，有如祕密戀人，偶爾還會相約在哥本哈根見個面。一九三八年底一次會面時，哈恩顯得心神不寧。在重複過伊蓮娜的實驗後，哈恩也發現了她所說的元素。而這些元素不只是表現得**很像**鑭（以及另一個她發現很像的元素，距離鑭很近的鋇元素），而是根據所有已知的化學檢驗法，它們根本**就是**鑭和鋇（barium）。哈恩被視爲當代全球最傑出的化學家，但是他事後承認，這項發現與「所有先前的經驗相抵觸。」他把心中的困惑一股腦向麥特納傾吐。

麥特納可一點都不困惑。在這麼多研究超鈾元素的金頭腦之中，唯有眼光銳利的麥特納一下子就領悟到：它們根本不是超鈾元素。她一個人（在和她的外甥，也是新研究夥伴物理學家弗利胥〔Otto Frisch〕討論過之後）就弄明白了，費米壓根沒有發現到新元素；他發現的是核分裂。他把鈾敲破，成爲兩個較小的元素，但卻錯誤詮釋了實驗結果。伊蓮娜所發現的所謂鑭下元素，其實就是不折不扣的鑭元素，是人類首次小核爆所產生的輻射塵！曾經看過伊蓮娜那篇論文初稿的赫維西事後回憶，她眞的是只差一點點就能做出一項難以想像的大發現。但是，赫維西說，伊蓮娜「不夠信任自己」，以致不敢相信正確的解釋。麥特納卻很信任自己，而且她也說服哈恩相信，是所有人都弄錯了。

可想而知，哈恩當然很想發表這些驚人的結果，可是他和麥特納的合作關係，以及該歸給她的功勞，都可能引發不良的政治後果。他們討論過種種可行的做法之後，一向順服的麥特納同意，在關鍵論文上只掛哈恩和他助手的名字。至於麥特納和弗利胥的理論貢獻（讓一切都說得通的關鍵），則晚點再掛上另一份期刊的論文上。在這些論文發表後，核分裂正式誕生，剛好趕上德國入侵波蘭，以及二次世界大戰開打。

於是乎，由一連串事件造就出來的一個意外結果，最後的高潮卻是諾貝爾獎史上最糟糕的疏忽。即使完全不曉得曼哈頓計畫，諾貝爾獎委員會還是決定在一九四三年頒一座獎項給核分裂領域。問題是，該頒給誰？哈恩，那是一定的。但是戰爭隔絕了瑞典，使得他們沒有辦法訪問科學家，詢問麥特納的貢獻度，而這原本是委員會做決定時的必經過程，於是委員會只能依賴科學期刊——但期刊往往遲到好幾個月，或是根本寄不到，特別是著名的德國期刊還會把麥特納的名字拿掉。此外，新出現的化學與物理學分界問題，也增加了獎勵跨學門研究的難度。

自從一九四〇年暫停頒獎後，瑞典科學院在一九四四年決定要回溯頒獎。首先，經過漫長的等待，赫維西終於贏得懸缺的一九四三年度化學獎——雖然這個舉動可能帶有政治意味，藉以向所有流亡科學家致意。一九四五年，諾貝爾獎委員會要處理的是棘手的核分裂獎項。麥特納和哈恩在委員會中，各自擁有實力堅強的幕後支持者，但是哈恩的支持者竟敢大言不慚地指出，麥特納在頭幾年——也就是她在躲希特勒的時候——沒有「重大的」研究。（既然麥特納就在附近的諾貝爾機構裡工作，委員會為何沒有直接去問她本人，原因並不清楚。不過，一般說來，詢問當事人是否值得獲獎，確實也不妥當。）麥特納支持者主張共同獲獎，而且很可能會通過。但這名支持者意外地突然過世，於是傾向軸心國的委員們立刻動員起來，結果由哈恩獨得一九四四年度的化學獎。

可恥的是，當哈恩得知自己獲獎時（當時他因涉嫌參與德國原子彈研究，被聯軍拘禁；但稍後洗清嫌疑），並沒有幫麥特納說話。結果，這位原本受他敬重到「不惜違反上司命令，也要與她一道搬進木工廠做研究」的女科學家，落得兩手空空——就像幾位歷史學者的形容，她淪為「學門偏見、政治魯鈍、無知以及倉促行事」下的犧牲者。⑧

然而，在日後歷史文獻一一證明麥特納的貢獻後，諾貝爾獎委員會原本還是可以在一九四六年或更晚來匡正他們的疏失。甚至連曼哈頓計畫的設計者都承認，他們應該感謝她。但是，就像《時代》雜誌曾經形容的，諾貝爾獎委員會一向以「乖張的老處女行徑」著稱，死不認錯。儘管餘生不斷地被人提名——提名人當中包括法揚斯，他應該是比任何人都了解失去諾貝爾獎的痛苦——麥特納在一九六八年過世時，還是沒有獲獎。

然而，好在「歷史自有其資產負債表。」一〇五號超鈾元素最初被命名爲 hahnium，是由西博格、吉奧索等人在一九七〇年提出的，根據哈恩來命名。但是由於命名權發生紛爭，一個國際仲裁小組——好像把 hahnium 當成波蘭似地——在一九九七年拿掉了這個名字，改名爲𨧀。也因此，基於元素命名的特殊規則⑨（基本上，每個名字只有一次競選機會），hahnium（哈恩元素）未來將再也沒有機會代表某個新元素登上週期表了。哈恩拿到的，就只是一座諾貝爾獎。而且很快地，這個國際仲裁小組又將一面遠比一年一度的獎牌更難能可貴的榮耀，冠到麥特納的頭上。元素一〇九如今（而且永遠都會）被稱做䥑（meitnerium，麥特納元素）。

13 滿身錢味的元素

鋅	Zn	30	65.384
金	Au	79	196.967
碲	Te	52	127.603
銪	Eu	63	151.964
鋁	Al	13	26.982

如果說週期表有一部政治史，那麼它和金錢的關係就更漫長，也更親密了。許多金屬元素的故事都擺脫不了人類的貨幣史，換句話說，這些元素也和偽造錢幣的歷史糾纏不清。在人類史上不同的年代，牛隻、香料、海豚牙齒、鹽巴、可可豆、香菸、甲蟲腿乃至鬱金香，都曾經被當做貨幣使用，而它們都很難造假。金屬就比較容易造假了。尤其是過渡金屬，由於彼此的電子結構非常類似，所以化學性質和密度也都很相似，而且它們在合金裡頭更是你儂我儂，不分彼此，很容易互相取代。將貴重金屬與不太貴重的金屬以不同的比率來組合，已經愚弄世人好幾千年了。

差不多在西元前七〇〇年，一位名叫米達斯（Midas）的王子繼承了位於現今土耳其的腓尼基（Phrygia）王國。根據幾則不同的神話所述（有可能是把兩個都叫米達斯的國王給搞混了），他的一生可謂高潮迭起。善妒的音樂之神阿波羅，有一次與一位名滿天下的七弦琴高手對決琴藝，要求米達斯來當裁判，但是當米達斯裁定對方技高一籌時，阿波羅卻惱羞成怒地把米達斯的耳朵變成驢耳朵。（連音樂好壞都聽不出來，哪配擁有人耳朵。）另外，據說米達斯還栽種了一座古代最美的玫瑰園。在科學上，世人有時認定是米達斯發現了鋅（不是眞的，雖說鋅確實是在他的王國內被挖出來）以及黑鉛（black lead，就是石墨）和鉛白（white lead，一種美麗的亮白色有毒顏料）這兩種礦物。當然嘍，世人之所以到現在還記得米達斯，其實是因爲他有另一項新奇的冶金術：點石成金。他擁有這個能力，是因爲照顧過醉酒的森林之神賽倫諾斯（Silenus）。賽倫諾斯有一天晚上喝醉酒，倒臥在他的玫瑰園裡，爲了答謝國王的殷勤照料，允諾要讓米達斯許一個願望。米達斯希望凡是他碰觸的東西都能變成金子——但是沒多久，這件樂事就賠上了他的女兒，因爲他一擁抱女兒，女兒就變成金子，而且所有食物一碰到他的嘴唇，也變成了金子，更幾乎要了他的老命。

顯然，這些傳說可能都沒有發生在眞正的米達斯國王身上。但是有證據顯示，米達斯會被後世這樣傳誦是有理由的。這一切都要回溯到大約西元前三千年從米達斯王國附近開始的青銅時代。利用錫和銅做成合金的青銅（bronze）冶鑄技術，是那個年代的高科技。青銅的價格雖然一直居高不下，但等到米達斯即位時，這種技術幾乎已經傳遍了大部分的王國。一具通常被當成米達斯的遺骸（後來發現其實是他父親戈地亞〔Gordias〕）在腓尼基出土時，身邊圍滿了刻有銘文的青銅鍋碗，而一絲不掛的骨骸上也戴了一條青銅腰帶。許多金屬混合比率不同的合金都被稱做青銅器，而古代的青銅金屬色澤更是變化多端，一方面要看錫與銅的比率而定，另外也要看這些金屬是從哪兒開採出來的。

腓尼基附近的金屬礦床有一個獨特之處，就是鋅礦砂的含量極爲豐富。鋅礦砂和錫礦砂在自然界裡常常混在一起，因此這兩種金屬的礦床也常常會被誤認爲對方。有趣的是，鋅和銅並不會形成青銅；它們會形成黃銅（brass）。而已知全世界最早的黃銅鑄造廠，不在別的地方，就在小亞細亞的米達斯王國。

這不是再明顯不過了嗎？各位只要各找一件青銅器和黃銅器來檢驗一下，就會明白了。青銅器閃閃發亮，但也暗示了它有銅的成分，你絕對不會誤以爲是別的金屬。黃銅器的光澤就比較誘人了，比較細緻，比較接近……金色。所以啦，米達斯的點石成金，很可能只是在他那位於小亞細亞的王國裡點到了泥土中的鋅。

爲了檢驗這個理論，土耳其安卡拉大學有一位冶金學教授與幾名歷史學家，在二〇〇七年建造了一座米達斯時代的原始熔爐，然後把當地產的礦砂送進去。他們將熔解之後的礦砂倒入鑄模，然後冷卻。說也奇怪，這些液體竟然硬化成散發奇異金光的金塊。當然，我們無法得知米達斯時代的人是否眞的相信，他那些含有大量鋅的寶貝碗、雕像和腰帶是眞正的金子。但是他們不見得就是編造米達斯傳奇的人。更可能的情況是，後來在小亞細亞殖民的希臘人，迷上了光澤比希臘青銅明亮許多的腓尼基「青銅」。他們回家轉述的故事，經過無數個世紀，一再膨脹，終於把泛著金光的黃銅變成眞正的黃金，而當地人物的普通能力，也跟著幻化成隨手就能創造珍寶的超能力。在這之後，只等著像奧維德（Ovid）那樣的天才，來把這則故事點進他的大作《變形記》（*Metamorphoses*）。所以說，你瞧：這是一個起源再合理不過的神話。

在人類文化裡，還有一個比米達斯更深入人心的原型，就是失落的黃金城——旅人在很遠很遠的異國，發現了無法想像的財富，傳說中的黃金國（El Dorado）。在比較務實的現代，這樣的美夢往往會以淘金熱的形式出現。任何人只要在歷史課堂上稍微用心聽講，都會明白眞正的淘金生活其實是一件可怕、骯髒又危險的差事，生活中充滿了熊、蝨子、礦場災變以及數不盡的賣淫和賭博。而淘金的個人最後終於發大財的機會，更是趨近於零。然而，凡是稍稍有點想像力的人，莫不夢想著哪天把心一橫，拋下乏味的日子，衝去尋找眞正的天然塊金。這份渴望冒險的欲望，加上對財富的熱愛，其實是深深根植在人性裡的。也因此，歷史上才會有數不清的淘金熱。

當然，大自然可不願意這麼輕鬆地交出她的寶物，因此發明了黃鐵礦（iron pyrite，也就是二硫化鐵）來阻撓業餘的採礦者。有夠變態的是，黃鐵礦會發出比眞金更金的色澤。於是，許多被貪婪蒙蔽的採礦生手和世人，紛紛投入所謂的愚人淘金熱。但是在歷史上，最讓人困惑的淘金熱，應該要算是一八九六年發生在澳洲內陸的那一場了。如果說，黃鐵礦是假黃金，那麼澳洲這場淘金熱——最後出現一群財迷心竅的淘金者拿著尖嘴鋤把自家的煙囪敲得稀爛，然後在瓦礫堆中篩選黃金——或許就是史上第一批由「愚人的愚人金」所引發的狂潮。

話說一八九三年，有三名愛爾蘭人，其中一人叫做漢南（Patrick Hannan）。他們在橫越澳洲內陸時，其中一人的馬匹在差不多離家二十哩時，就弄丟了一塊馬蹄鐵。這恐怕可以算是有史以來最幸運的物件損壞了。幾天之內，他們只是隨便走走，連一吋土都沒有挖，就收集到八磅重的天然塊金。這三位誠實但有點愚笨的仁兄，跑去向官方申請這塊地的所有權，如此一來，這個地點就等於是昭告天下了。不到一週，幾百個淘金者便攻占了「漢南發現地」（Hannan's Find），因爲地點已經曝光，大家都要來試試手氣。

就某方面來說，遼闊的區域都很容易開採。在沙漠裡開採的頭一個月，黃金總是比水還豐富。聽起來似乎很美妙，其實不然。因爲黃金沒有辦法讓你解渴，隨著愈來愈多礦工湧入，各種物品的價格都會快速攀升，而且採礦地點的爭奪也變得愈來愈激烈。人們開始必須靠挖掘，才能找到金子。有些人則發現，不如打造一座眞正的城鎭，還更容易發財。啤酒廠和妓院開始在漢南發現地冒出來，還有一堆房屋，甚至包括鋪平的馬路。爲了要製造磚塊、水泥和洋灰，建築商把採礦挖出來的多餘石塊收集起來。礦工把石塊扔在一邊，只要他們還得繼續挖下去，這些石塊就沒有什麼別的用途。

或說至少他們這樣以爲。黃金是一種很冷漠的金屬。你不會看到它混雜在其他金屬和礦砂之中，因爲它不會和其他元素產生鍵結。片狀金和塊狀金通常都是純金，只除了少數幾種奇怪的合金。說到例外，唯一能和黃金產生鍵結的元素是碲，一種吸血鬼元素，因爲碲最早是一七八二年在吸血鬼故鄉外西凡尼亞（Transylvania）被分離出來的。碲能和金結合形成好幾種讀音很花俏的礦物——像是白碲金銀礦（krennerite）、碲金銀礦（petzite）、針碲金銀礦（sylvanite）以及碲金礦（calaverite）——而且，它們的化學式也比讀音好不到哪裡去。它們不像 H_2O 和 CO_2，原子比率整整齊齊，例如白碲金銀礦的化學式爲（$Au_{0.8}$, $Ag_{0.2}$）Te_2。此外，這些碲化合物的顏色也各不相同，像碲金礦看起來就有一點亮黃色的感覺。

事實上，碲金礦閃現的顏色更接近黃銅或是黃鐵礦（愚人金），而比較不像是較深的金色，但是你如果在大太陽下面耗了一整天，有可能看不出其中的差別。我們不難想像，一個毫無經驗、髒兮兮的十八歲大男孩，在漢南發現地費力地拖著一大袋碲金礦來找當地的估價師，結果估價師不屑地揮揮手，說那只是礦物學家口中的一大袋屎。別忘了，有些碲化合物（不是碲金礦，是別的）聞起來非常刺鼻，有如大蒜臭味加強一千倍，是出了名難以去除的怪臭。所以最好還是賣掉，用來塡馬路，讓它們不會再薰人，也讓礦工可以回去挖掘眞正的黃金本尊。

但是，隨著人潮持續湧進漢南發現地，食物與飲水的價格只會一路往上漲。到了某一個時間點，爭奪物資的緊張情勢終於緊繃到一個程度，引發了全面的暴動。愈來愈多的人變得孤注一擲，關於他們丟掉的那些黃黃的碲石塊的謠言也開始蔓延。就算辛苦的礦工不認得什麼是碲金礦，但是地質學家好幾年前就已經知道它的特性了。譬如說，其中一個特性是熔點很低，因此要把碲和金分開來相當容易。碲金礦最早被發現是在美國科羅拉多州，時間約爲一八六〇年代。[1]歷史學家懷疑，可能是某個露營者在晚上突然發現，他拿來圍營火的石塊竟然流出黃金來。沒多久，這樣的故事就傳遍了漢南發現地。

一八九六年五月二十九日，大動亂終於爆發了。某些被拿來建設漢南發現地的碲金礦，每噸石塊中含有五百盎司的純金，於是礦工馬上開始極盡敲打收集之能事。他們先攻擊廢棄物垃圾堆，搜尋其中的廢石塊。清乾淨之後，他們把目標轉向城鎮本身。原本被塡平的坑洞，如今又變回坑洞了；人行道被敲開；而且你可以打賭，那些剛剛用金碲化合物混製磚塊砌好自家煙囱和壁爐的礦工，一定立刻就打掉，毫不心疼。

幾十年後，早已改名爲卡谷力（Kalgoorlie）的漢南發現地一帶，已經成爲世界最大的黃金產地。人們叫這裡是「黃金哩」（The Golden Mile），而卡谷力人也很自豪地誇口說，講到從地底提取黃金的速度，全世界再沒有人比這兒的工程師更快。看來，後代子孫顯然已經從祖先的「愚人的愚人金」淘金熱學到了教訓——無論如何，都不要隨手亂丟石塊。

米達斯的鋅以及卡谷力的碲，都屬於罕見的非蓄意欺瞞：在充滿蓄意僞造錢幣的人類貨幣史上，只能算是兩個天眞的片刻。在米達斯身後一世紀，最早的錢，由天然的銀金合金（就叫做銀金礦（electrum））做成的錢幣，在小亞細亞的里底亞（Lydia）登場。不久之後，另一位極爲富有的古代君主，里底亞國王克里索斯（Croesus），想出要如何將銀金礦變成銀幣與金幣，而在這個過程中，建立了眞正的貨幣系統。然後就在克里索斯這件事蹟過後幾年，在西元前五四〇年，希臘薩摩斯島（Samos）上的國王波利克拉底（Polycrates）開始用鍍金的鉛製假錢幣，收買在斯巴達的敵人。從那以後，僞幣製造者就開始利用諸如鉛、銅、錫、鐵之類的元素，用類似廉價酒吧以水攙酒的手法，讓眞正的錢發揮更大的價值。

僞造錢幣在現代被視爲欺詐罪，但是在歷史上大多數時期，王國內的貴金屬貨幣與該國的經濟健康程度息息相關，因此國王通常會把製造僞幣視爲一項重罪：叛國罪。而犯下叛國罪的人可能會被判處絞刑，甚至更慘。而製造僞幣，也總是吸引了一堆不明白機會成本的人——最基本的經濟法則是，老老實實做買賣所賺到的錢，遠多於你花幾百個小時構思怎樣賺「輕鬆」錢。不過儘管如此，史上還是有一些極富聰明才智的人挺身而出，設計出幾近萬無一失的貨幣，來阻撓僞幣罪犯。

舉個例子，牛頓在提出不朽的萬有引力定律後，於一六〇〇年代末當上了英格蘭皇家鑄幣局的局長。當時牛頓年約五十出頭，本來只想謀一份薪水豐厚的公職，但在這裡要替他說句公道話，他沒有把這份工作當做閒差混飯吃。當時在倫敦的底層社會裡，很流行造僞幣，尤其是刮削錢幣邊緣，拿削下的碎屑鑄成新錢幣。偉大的牛頓赫然發現，自己和一堆奸細、酒鬼、盜賊以及下流社會的人牽扯不清——但是他非常享受這樣的牽扯。身爲虔誠的基督徒，牛頓在審理這些觸犯舊約聖經戒律的人時，絕不寬貸。他甚至把一名惡名昭彰且十分狡猾的造幣者查洛納（William Chaloner）——此人讓牛頓恨得牙癢癢好多年了，因爲他一直控訴鑄幣局欺詐——處以絞刑，而且行刑過程中（人還沒死）要被開腸剖肚。

在牛頓任鑄幣局長期間，製造僞幣的風氣猖獗，始終不墜，但是在他卸任後不久就趨緩了，因爲全球的財政系統開始碰到新的問題：僞造紙貨幣。在一二〇〇年代，元世祖忽必烈推行紙做的貨幣。這項新玩意兒很快就在亞洲率先流行起來——部分原因在於，忽必烈下令將拒絕使用的人處死——但紙鈔在歐洲的流行卻是斷斷續續的。儘管如此，等到英格蘭銀行開始在一六九四年發行紙鈔後，紙鈔的優點馬上彰顯出來。製造錢幣的礦砂價格昂貴，錢幣本身也很笨重，而且以硬幣做爲財富的標準，也太過依賴分布不均的礦物資源了。再說，既然金屬工藝已經流傳了好幾個世紀，對僞造者來說，僞造錢幣自然容易得多。（現在情況剛好相反，任何人只要有一台雷射印表機，就可以做出幾可亂眞的二十元美鈔。但是請問，有誰認識能僞造出還足以魚目混珠的硬幣的人？）

如果說，金屬錢幣容易形成合金的化學性質曾經便宜了騙子，進入紙鈔時代，像銪（europium）這類金屬的獨特化學性質，則是有助於政府對抗騙子。這一切都要從銪的化學性質開始講起，尤其是在銪原子內部的電子運動。到目前爲止，我們只討論過電子鍵結，也就是不同原子之間的電子運動。但是電子也會繞著自己的原子核打轉，常常被比喻爲行星繞日的運動。雖說這個比喻滿不錯的，但是如果完全比照，會有一項缺失。理論上，地球可以在環繞太陽的任何一個軌道上運行，但是電子沒有辦法循舊路徑環繞原子核。電子在不同能階的殼層內部運動，由於一與二（或二與三，以此類推）之間沒有其他能階（沒有一．一或是一．二之類的小數能階），因此電子的路徑被局限得很厲害：它們只能以特定距離（相距它們的「太陽」）以及怪異角度的橢圓形來運轉。此外，它們也不像行星，一枚電子要是因為熱量或光而興奮起來，會從自己所處的低能階殼層跳躍到另一個能階比較高的空殼層。但是電子沒有辦法在高能階狀態停留太久，所以很快又會摔下來。但這不僅是一項簡單的來回運動，因為當電子摔下來時，會因為放射出光而丟掉一些能量。

電子放射出來的光是什麼顏色，要看它們運動的起點與終點能階間的相對高度而定。摔落的起點與終點能階如果距離很近（譬如從第二層摔到第一層），會釋放出低能階的紅色光脈衝；如果是比較寬的能階距（譬如從第五層到第二層），就會釋出高能階的紫色光。由於電子只能在整數的能階之間跳躍，因此它們所放射出的光也有限制。原子內的電子所放射的光，並不像電燈泡所發出的白光。相反地，電子所發射的光都是非常特定、非常純粹的顏色。每種元素的殼層坐落在不同的高度，因此每一種元素都會釋出特定的色線——也就是本生用本生燈所觀察到的色線。而關於「電子只會跳躍到整數能階上，而且從不會在小數的能階上繞行」的體認，日後也成為量子力學的基本洞見。所有你聽到有關量子力學的怪誕之處，都直接或間接源自於這些不連續的跳躍。

銪可以放射出如上所述的光線，但是做得不算太好：它和它的鑭系兄弟無法很有效率地吸收剛剛送達的光線或熱能（這也是為什麼化學家費了這麼長的時間，才終於認出它的另一個原因）。

但是在原子世界裡，光線相當於一種國際貨幣，可以用許多形式加以回收，而鑭系元素可以用一種並非單純吸收的方式來發射光線。這種方式叫做螢光，②由於紫外燈和迷幻海報的緣故，大部分人大概都知道這個名詞。一般說來，正常的光線放射只牽涉到電子，但是螢光會涉及整個分子。然而，電子會吸收與放出同樣的色光（黃光進，黃光出），反觀螢光分子卻是吸收高能階的光（紫外光），放出較低能階的可見光。例如銪就可以放射出紅、綠或藍色的光，依它當時所依附的分子是什麼而定。

然而，這種多變性質對於僞鈔製造者來說卻是一大煩惱，也因此使得銪成爲重要的反僞鈔工具。事實上，歐盟就把這種與它同名的元素（歐盟的英文縮寫爲EU，正好和銪的元素符號相同），加在歐元紙鈔的墨水裡。在準備印製墨水時，歐盟財政部的化學家會把銪離子攙入一種螢光染料中，讓銪離子附著在染料分子的某一端。（沒有人知道他們用的是哪一種染料，因爲歐盟已經宣布，研究這些資料是非法的。安分守己的化學家只能用猜的。）但即便不曉得染料名稱，化學家還是知道染料是由兩個部分構成的。第一個是接收的部分，或說是它的觸角，形成染料分子的主體。觸角能捕捉抵達的光能，那是銪無法吸收的；然後把光能轉變成銪可以吸收的振動能；再把這份能量扭動到分子的尖端。在分子尖端，銪會利用這份能量來翻攪它的電子，然後電子便跳到較高的能階。但是，就在電子進行跳躍、墜落以及放射這整套動作之前，有少許抵達的能量波會「蹦回」染料分子的觸角上。如果是單獨的銪原子，不會發生這種事，但是在這裡，由於大塊的染料分子會削弱能量，因此浪費了些微的能量。也就因爲這樣的損失，當電子墜落回來時，會製造出比較低能階的光。

爲什麼這種變動會有用呢？經過篩選，這種螢光染料讓銪在可見光下看起來很暗沉，使僞鈔製造者誤以爲他們的複製品完美無缺。然而，你如果把一張歐元紙幣放在某種特定雷射光下，雷射就會去逗弄那看不見的墨水。紙鈔本身會變黑，但是小小的、橫七豎八的、攙了銪的纖維，就會像雜色星群一般躍出紙面。紙鈔上的深灰色歐洲素描會發出綠光，可能就像外星人從太空看到的歐洲模樣。一環淡彩色的星星，會多出一圈或黃或紅的日冕，而上面的紀念碑簽名以及隱藏的印記，都會發出寶藍色的光輝。只要看一眼鈔票，就可以當場逮到沒有出現上述所有記號的僞鈔。

事實上，每張歐元紙鈔上都有兩個 euro（歐元）字樣：一個是我們天天都可以看到的，第二個則是隱藏的，直接疊在第一個上面——一個嵌式碼（embedded code）。對於沒有受過專業訓練的人來說，這種效果是極難假造的，也因此，採用銪染料，再配合其他安全措施，使得歐元成爲有史以來最複雜精細的貨幣。歐元紙鈔當然沒有辦法完全遏止僞鈔製造；只要人類還使用現鈔，大概就不可能完全斷絕。但是，在週期表打擊僞鈔的戰線上，銪元素絕對稱得上是最貴重的金屬。

儘管僞幣僞鈔層出不窮，許多元素在歷史上都曾經做過正統貨幣。有一些元素，例如銻，是一場大失敗。另外一些元素則是在某些可怕的環境下被當做貨幣。二次大戰期間，義大利作家兼化學家列維（Primo Levi）在一所監獄的化學工廠做工時，開始竊取小小的鈰棒。鈰在受撞擊時會發出火花，使它成爲打火機裡頭最理想的打火石，而他就拿這些鈰棒和平民工人交易，換取麵包和湯。列維很晚才進集中營，在裡面差點餓死，直到一九四四年十一月才開始用鈰來以物易物。他自己估計，鈰起碼幫他換到多撐兩個月的口糧，而這足夠讓他撐到一九四五年一月蘇聯軍隊前來解放他們。他對鈰的豐富知識，也正是我們能夠拜讀到他那本大屠殺之後的巨著《週期表》（*The Periodic Table*）的原因。

有一些關於元素做爲貨幣的提議就比較不切實際，甚至有點怪異。一度對核子深深著迷的西博格，有一次竟然建議說，鈽元素將會成爲全球財經界的新黃金，因爲鈽在核子應用上頭深具價值。或許是爲了嘲弄西博格，有一位科幻作家曾經提議，放射性廢棄物對於全球資本主義會是一種更理想的貨幣，因爲用它鑄造出來的錢幣必定會流通得更快。另外，每逢出現經濟危機，世人就會拼命抱怨要回到金本位制或是銀本位制。直到二十世紀以前，大多數國家都把紙幣視爲等同於眞正的金或銀，而且人們也可以自由地用紙鈔購買金屬。某些文學學者認爲，鮑姆（L. Frank Baum）在一九〇〇年出版的《綠野仙蹤》（*The Wonderful Wizard of Oz*），實際上是在諷喻地比較銀本位與金本位的優缺點：故事中的主角桃樂絲，穿著銀色而非深紅色的拖鞋，行經一條金色的磚路，進入一座帶著鈔票綠的城市。

然而，不論以金屬爲基礎的經濟體看起來有多落伍，這些人的觀點還是有他們的道理。雖說金屬的流動性不足，但金屬市場是最穩定的長期財富來源之一，而且不一定非得要金或銀才行。在你能夠眞正買到的元素當中，以盎司來計價，最昂貴的金屬其實是銠。（這也是爲什麼，金氏紀錄在一九七九年，贈送一張用銠製成的唱片給前披頭四歌手保羅·麥卡尼，以祝賀他成爲史上最暢銷的樂手。）但是，說到利用週期表上的元素發大財，史上再沒有人比美國化學家霍爾

（Charles Hall）從鋁身上賺到的更多了。

在十九世紀期間，有好幾位聰明傑出的化學家終生都在研究鋁，但最後的結果是讓鋁這種元素的境遇變好或變壞，很難驟下結論。大約一八二五年時，一位丹麥化學家和一位德國化學家，同時從古代的止血劑明礬（alum）裡頭提煉出這種金屬。一看到它的光澤，礦物學家立刻把鋁歸入貴金屬，就像銀或是鉑（platinum, Pt），每盎司價值數百美元。

二十年後，一名法國人想出如何將提煉的規模擴大到工業化的程度，讓鋁成爲可以在市場上販售的商品。至少有個價格，但還是比黃金貴。原因在於，儘管鋁是地殼中含量最豐富的金屬元素——占總重量的百分之八，普及程度是金的好幾億倍——卻永遠無法以純粹的母礦鋁的形式存在。鋁總是要和其他元素結合，通常是和氧。純鋁的樣品被認爲是奇蹟。法國曾經把固若金湯的鋁棒放在御寶旁展示，拿破崙三世更是準備了一套寶貝的鋁製餐具，只給宴會中的貴客使用。（比較不受他青睞的客人，只能用金製的刀叉。）在美國，政府工程師爲了炫耀美國工業的實力有多強，一八八四年在華盛頓紀念碑的碑頂加上一座六磅重的鋁製金字塔。一名歷史學者曾說，那座金字塔上每刮下一盎司的鋁，就能付給負責豎立它的工人們一天的工資。

鋁高居全世界最貴重的金屬長達六十年之久，眞是好不風光，然而沒多久，一個美國化學家卻把這一切都毀了。這種金屬的特質——質輕，強度高，而且迷人——令製造商著迷，而且它在地殼裡隨處可見的豐富含量，更顯示出革新金屬製造業的潛力。鋁令世人癡狂，但是沒有人知道如何用高效率的方法，將它和氧分開來。俄亥俄州歐柏林學院（Oberlin College）有一名化學教授吉威（Frank Fanning Jewett），常常講一些有關鋁寶山的故事逗學生開心。他說那座鋁寶山正在等

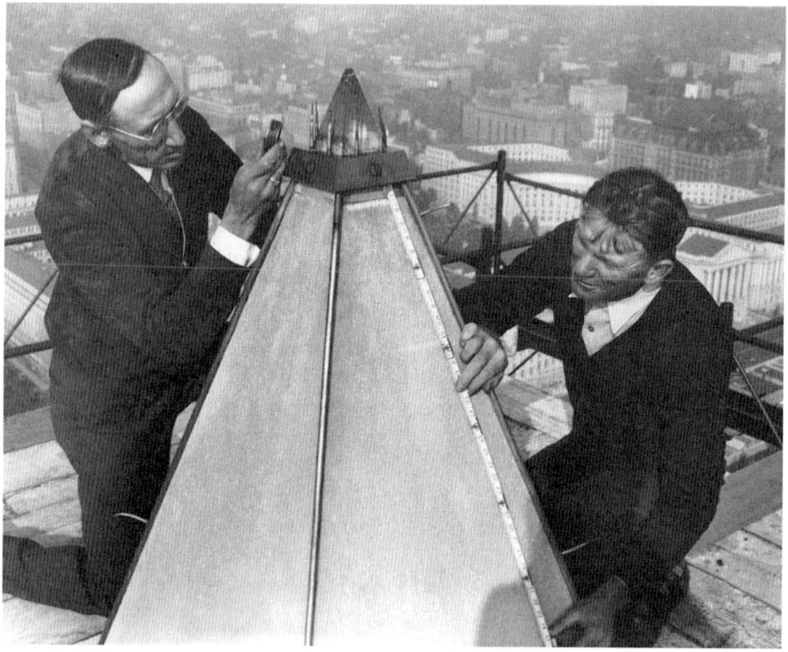

工程師正忙著清理和打磨華盛頓紀念碑頂上的鋁金字塔。美國政府會在 1884 年爲紀念碑安裝這個鋁頂，是因爲鋁是當時世界上最貴重（因此也最具炫耀效果）的金屬，比黃金珍貴多了。（圖片來源：Bettmann/Corbis）

待，看誰有本領駕馭這種元素。在他的學生當中，至少有一個人很天眞地把老師的話完全聽進去了。

吉威晚年經常對老朋友誇口說，「我最大的發現，就是發現了一個人」——那人就是霍爾。霍爾在歐柏林學院念大學的時候，就和吉威一起研究如何分離鋁元素。他不斷地試驗，不斷地失敗，然後再試驗，再失敗，可是每次的失敗都比前次失敗聰明了一點點。最後，在一八八六年，霍爾把來自手工電池（當時沒有電源線）的電流，導入溶解了鋁化合物的液體。電流的能量快速地往前衝，解放出純金屬，然後累積在池底的小銀塊上。這個過程既便宜又容易，而且不論是在大桶子裡，或是實驗桌的小容器中，效果都一樣好。這是繼哲人石（philosopher's stone）之後，最受歡迎的化學大獎，而霍爾竟然發現了。這名「奇妙的鋁男孩」，當年只有二十三歲。

不過，霍爾的好運並沒有馬上降臨。法國化學家赫魯特（Paul Héroult）也做出類似的流程，而且是在差不多同個時候。（現在，霍爾和赫魯特共享「摧毀」鋁市場的功勞。）還有一位奧地利人也在一八八七年獨立研發出另一套分離鋁的方法，看到競爭這樣激烈，霍爾於是趕忙在匹茲堡成立了日後的美國鋁業公司（Aluminum Company of America，簡稱 Alcoa）。這家公司後來成爲史上最成功的企業之一。

美國鋁業公司的鋁產量以級數方式增加。一八八八年剛成立的頭幾個月，只能勉力達成每天五十磅的產量；二十年後，它每天必須出貨八萬八千磅，才能滿足市場需求。然而，產量雖然一飛沖天，價格卻是直直落。在霍爾出生前的幾年，由於某個人的突破，讓鋁的價錢在七年內由每磅五百五十美元降到十八美元。五十年後，霍爾公司把鋁價降到了每磅二十五美分，這裡甚至還沒有把通膨算進去呢。這樣的成長，在美國歷史上，或許僅次於八十年之後的矽半導體革命，③而且也和現代電腦大亨一樣，霍爾發了大財。當他於一九一四年過世時，名下的美國鋁業公司股票價值三千萬美元④（約合現在的六億五千萬美元）。另外也要謝謝霍爾，讓鋁變成我們全都熟到發膩的金屬，從易開罐到砰砰作響的少棒聯盟球棒，到飛機的機體，都是以鋁爲主的製品。（讓人有點時空錯亂的是，鋁金字塔現在依然端坐在華盛頓紀念碑的頂上。）至於鋁的命運是變好還是變壞，我想見仁見智，看你覺得是「世界上最貴重的金屬」比較好命，還是「世界上產量最大的金屬」比較好命。

順便提一下，我在本書採用的鋁字拼寫是aluminium，而非只有美國在用的aluminum。這種不一致的拼法，[5]源自於該金屬的快速崛起。當化學家在一八〇〇年代初期猜測第十三號元素的存在時，這兩種拼音都有人用，但是演變到後來，就定在多一個i的拼法，因爲那樣的拼法和新近發現的其他元素名稱比較一致，例如barium（鋇）、magnesium（鎂）、sodium（鈉）、strontium（鍶）。霍爾在爲他的導電流程申請專利時，也是用多一個i的拼法。然而，當他在打廣告宣傳那亮晶晶的金屬產品時，用字卻沒有這般嚴謹。關於當初少掉一個i到底是刻意還是疏忽，兩派意見都有，但是當霍爾見到aluminum時，卻覺得是一個很棒的新名字。於是他就把那個母音給永遠作廢了，而且如此一來，他的產品的新讀音與經典的platinum（鉑）就更爲搭配了。由於他的金屬一下子就流行開來，而且經濟重要性又是如此之高，aluminum這個名字在美國人心中就再也擦不掉了。因爲在美國，永遠是金錢萬能。

14 藝術家的元素

66	鏑	Dy	162.500
59	鐠	Pr	140.908
38	鍶	Sr	87.621
44	釕	Ru	101.072
88	鐳	Ra	226
3	鋰	Li	6.941

隨著科學在歷史中的演進愈來愈複雜，它也變得愈來愈昂貴，而且金錢，鉅額的金錢開始左右它，決定科學要在何時以何種方式進行。一九五六年，德裔英國小說家貝德福德（Sybille Bedford）就感嘆，①「一個人在馬廄後面的工作室裡快樂地鑽研宇宙法則的日子」，已經逝去好幾代了。

當然嘍，在貝德福德嚮往的年代裡，其實很少有人負擔得起專門蓋一間工作室來鑽研科學，有的話，也多半是大地主。因此，發現新元素的人通常是上流社會的士紳，自然不是巧合：除了有錢人，誰有閒工夫四處打探、爭辯某塊來路不明的石頭是什麼做成的。

這種貴族的印記始終殘存在週期表上，即使化學知識很淺薄，你也看得出貴族的影響力。所有的歐洲紳士都會接受大量古典教育，而許多元素名稱也都指向古代神話，例如 cerium（鈰）、thorium（釷）、promethium（鉕）。而那些看起來很滑稽的名字，像是 praseodymium（鐠），molybdenum（鉬），dysprosium（鏑），也都是拉丁文和希臘文的綜合體。dysprosium 的意思是「躲起來的小東西」，因為很不容易把它與它的兄弟元素分開。基於類似的原因，praseodymium 是「綠色雙胞胎」的意思（另一半是neodymium〔釹〕，意思是「新雙胞胎」）。高貴氣體（鈍氣）的名字意思多半是「陌生人」或是「不活躍」。甚至到了一八八〇這樣晚近的年代，連驕傲的法國紳士拿到新元素命名權的時候，都沒有選用France（法國）和Paris（巴黎），而分別選擇了在語言學上行將就木的法國古名Gallia（gallium，鎵）和巴黎古名Lutetia（lutetium，鎦），彷彿在奉承凱撒大帝。

科學家所接受的古典語文訓練竟超過科學訓練，今天看起來，這一切或許顯得很奇怪。但是幾百年來，科學都不能算是正業，只能算是一項業餘嗜好，②就像集郵一樣。那時候的科學也還沒有被數學化，入門的門檻很低，有權有勢的貴族（譬如說歌德）不論他夠不夠格，都可以對科學討論大放厥辭。

如今，歌德在世人的印象中是一名作家，許多批評家認為他作品的廣度和激勵人心的能力，僅次於莎士比亞。除了寫作，他也活躍於政界以及幾近所有領域的公共辯論。許多人直到現在，還把他當成有史以來最偉大、最有成就的德國人。但是我得承認，我對歌德的第一印象是，他有點像是騙子。

大學生涯中的某年暑假，我幫一位物理教授打工，雖然他很會說故事，但是電纜之類的基本用品總是缺東缺西的，意思就是說，我必須經常往地下室跑，去系上的補給室討東西。管地窖的是個說德語的老頭子。這份工作已經夠像鐘樓怪人了，他還蓄著一頭鬈曲的及肩長髮，經常不刮鬍子。要是他的身高超過五呎六吋，他那粗壯的胳臂和胸膛，看起來一定會大得嚇人。每次敲他的門，我都會微微顫抖，不知道待會兒他眼一瞇，會朝我丟來什麼樣口音渾濁的冷嘲熱諷，像是「哼！所以他不基道沒有顛纜了？」

我們的關係在下一個學期開始好轉，那時我選了一門由他共同授課的（必修）課。那是門實驗課，也就是說，要花很多時間在接東接西，而我們在實驗空檔時聊過一、兩次文學的事。有一次他提起歌德，但我沒聽過這個人。「他是德國的莎士比亞，」他這樣解釋。「那些臭美的德國昏蛋，動不動就引述他的話。噁幸死了。然後他們還會說，『什麼？你不曉得**歌德**啊？』」他讀過歌德的德文原著，發現他很平庸。那時我還很年輕，對於別人的強烈意見都印象深刻，而他那樣的指責也令我起了疑心，懷疑歌德不是什麼偉大的思想家。多年後，讀過的書比較多了，我還滿欣賞歌德的文學才華。但是我得承認，在某些領域，我的實驗老師說歌德很平庸其實也有道理。雖說歌德是一位劃時代、改變世界的作家，但是他就是忍不住也要對哲學及科學發表高見。但他憑藉的熱情只是半吊子的，能力也是一樣。

在一七○○年代末，歌德發明了一套有關顏色如何運作的理論，來駁斥牛頓的理論；只不過，歌德的理論仰賴詩歌的程度不輸仰賴科學，包括他異想天開地說：「顏色是光線的行爲，行爲與受苦。」我不想像實證主義者那樣痛罵他，但是他這段話眞是一點意義都沒有。另外，他還在小說《選擇性親和力》（*Elective Affinities*）中，塞進一大堆謬誤的想法，說婚姻就像化學反應。意思是，你如果讓AB夫妻檔碰到CD夫妻檔，他們有可能很自然地產生姦情，形成新的配對：AB+CD→AD+BC。而這可不是暗示或比喻，小說中的人物確實有討論要在現實生活裡進行這種代數式的重組。不管這本小說有多少優點（尤其是對熱情的描述），歌德如果略去那些科學言論，結果會更好。

即使是歌德的名作《浮士德》（*Faust*），也有一些關於煉金術的陳腐臆測，以及更糟糕的內容

（煉金術至少還很酷）：「水成論者」（Neptunist）和「火成論者」（Plutonist）之間一段蘇格拉底式的對話，討論岩石如何形成。③水成論者和歌德一樣，認為岩石是海洋裡的礦物沉積而來，也就是海神（Neptune）的領地；這是錯的。根據地底冥神（Pluto）來命名的火成論者（在《浮士德》裡，其論點是由撒旦本人來接續的）則很正確地指稱，大部分岩石是由火山及地底的高熱所形成的。老樣子，看重美學的歌德又選錯邊了。《浮士德》至今仍是一部講述科學傲慢的上乘作品，震撼人心的程度不輸《科學怪人》。然而，他書中的科學與哲學內容很快就宣告崩潰，而現代人讀他的作品，純粹只是為了文學價值，一八三二年過世的歌德若是地下有知，恐怕無法承受。

不過，整體來說，歌德對於科學還是有一項不墜的貢獻，尤其是對週期表——透過贊助。一八〇九年，身為地方行政官的他負責幫耶拿大學（University of Jena）化學系遴選一位化學家。在朋友推薦的眾多人選裡，歌德慧眼獨具地選中了一位和他同名的化學家。此人姓德貝萊納（Johann Wolfgang Döbereiner），是個鄉下人，沒有受過正統化學教育，社會地位很低，而且是在從事好多行業（像是製藥、紡織、農業以及釀啤酒）都失敗之後，才開始接觸化學的。然而，德貝萊納在工業界的經驗，讓他學會許多實用的技巧，而那些技巧是歌德這類型的公子哥兒從來沒學過、但卻好生佩服的，因為當時正是工業起飛的年代。歌德很快就對這名年輕人產生好感，兩人經常討論熱門的化學議題，像是紅甘藍菜為何會讓銀湯匙褪色，或是龐巴度夫人（Madame de Pompadour，法王路易十五的情婦）的牙膏成分為何，十分投機。但是再怎麼友好，兩人的背景和教育還是天差地別。歌德自然是受過淵博的古典教育，即使到現在，他仍經常被譽為「最後一個無所不知的人物」（有一點太誇張了）；只有在那個藝術、科學與哲學仍大部分重疊的年代，才有可能做到這一點。此外，他的見識也廣，經常周遊世界各地。反觀德貝萊納，在歌德欽點他出任耶拿大學的職務時，還沒有出過德國大門呢。比起像德貝萊納這種人微言輕的土包子，像歌德那樣的士紳知識分子，還更符合當時的科學家典型。

巧妙的是，德貝萊納對科學最大的貢獻，靈感來自一個罕見的元素鍶（strontium）。鍶的名字既不是希臘文，也和古羅馬詩人奧維德無關。鍶是暗示週期表可能存在的第一道閃光。一七九〇年，在倫敦市離莎士比亞的圓形劇場不遠處的紅燈區裡，有一名醫生在醫院的實驗室中發現了它。他以自己正在研究的礦物起源地斯特朗申（Strontian，蘇格蘭的一座小礦村），來爲這個新元素命名，而德貝萊納在二十年後，接棒繼續他的研究。德貝萊納把研究焦點放在（注意其中的務實性）找出精確計量元素重量的方法，而鍶是一個罕見的新元素，是一項挑戰。在歌德的鼓勵下，他開始研究鍶的特性。不過，在他整理鍶的數據期間，注意到一個很奇怪的現象：鍶的重量剛剛好落在鈣和鋇中間。不只如此，當他在研究鍶的化學性質時，發現它在化學反應方面的行爲也很類似鋇和鈣。不知怎的，鍶好像是這兩種元素（一個比它輕，一個比它重）的混合。

德貝萊納深深著迷，開始精確地測量更多元素的重量，尋找是否還有其他的「三元素組」。果然又給他找到了氯、溴和碘；硫、硒和碲；以及更多。在每一組裡，中央的元素重量都剛好落在兩個化學堂親之間。德貝萊納相信這絕不是巧合，他開始把這些元素分組，集結成今天我們所謂的週期表垂直欄目。事實上，五十年後當第一批化學家開始建構週期表時，就是從德貝萊納打下的基礎著手的。④

可是，從德貝萊納到門得列夫這五十年間，爲什麼做不出一張週期表？原因在於三元素組的研究後來失控了。深受基督教、煉金術以及畢氏定理影響的化學家們，並沒有好好地利用鍶和它的鄰居，來尋找組織物質的通則，反而開始處處見到三位一體的影子（基督教的聖父、聖子、聖靈），並翻尋三元命理學。他們為了要計算三連數而去計算三連數，然後把每一層三一關係（不論多飄渺）都捧上了天，尊為聖物。不過，還是要感謝德貝萊納，鍶成為準週期表體系中第一個坐對位置的元素。而德貝萊納要是沒有來自歌德的信任與支持，是不可能做到的。

不過話說回來，當德貝萊納在一八二三年發明了第一個可攜帶的點火器時，也讓一路贊助他的歌德看起來更像天才了。這個點火器依賴的是鉑所具有的奇特能力：可以吸收並儲藏大量可燃的氫氣。在那個煮食加熱都需要生火的年代，它的經濟效用實在難以估量。事實上，這個名叫德貝萊納燈（Döbereiner's lamp）的點火器，幾乎讓德貝萊納在全球的名氣直追歌德。

所以說，即使歌德在作品裡賣弄的科學很差勁，他的著作仍有助於推廣「科學很高貴」這個想法，而且他的贊助也敦促了化學家往週期表的方向前進。他在科學史上，至少該得到一席榮譽職位——這大概可以令他滿意了。引一句名人中的名人歌德的話（在此，先向我那位實驗老師道聲對不起！），「科學史就是科學本身！」

歌德看重科學的知性之美，而看重科學之美的世人，往往陶醉於週期表所具有的對稱性，以及如同巴哈音樂的重複與變化。然而週期表上的美，不是只有抽象的。週期表所激發的藝術樣式，形形色色。金、銀、鉑本身就很惹人喜愛，其他元素例如鎘與鉍，在礦物或油畫上能夠綻放出鮮豔明媚的色素。元素在設計上也扮演了重要角色，許多美麗日常生活用品的製造，都與它們有關。元素的新合金往往能提供更優異的強度或彈性，讓設計從原本只具備功能性，轉變成卓越非凡的新奇事物。而且，如果能巧妙添加多種元素，甚至連鋼筆這樣微不足道的日用品，都有可能讓設計品呈現出——說句不害臊的話（對一些筆癡來說，絕對不會害臊）——有如皇室般的尊貴。⑤

一九二〇年代末，匈牙利傳奇設計師摩荷里那基（László Moholy-Nagy，後來入籍美國）曾經提出一項學術上的分類，區辨「強制作廢」（forced obsolescence）和「人爲作廢」（artificial obsolescence）。強制作廢是科技產品的正常演進過程，是史書的梗概：譬如說，犁讓位給收割機，毛瑟槍讓位給加特林槍，木船讓位給鋼鐵船。反觀人爲作廢，摩荷里那基指出，在二十世紀會愈來愈具宰制力。人們拋棄某些商品，不是因爲那些商品已經不合用了，而是因爲看到別人擁有設計更新潮的新產品。摩荷里那基不只是藝術家，也能算是設計哲學專家，他這番話的原意是要指責人爲作廢太過物質主義，太孩子氣，是「道德淪喪」。難以置信的是，人類這種「不管什麼都需要新玩意，而且**現在**就要」的貪婪，後來竟然在區區一支小筆身上，展現得淋漓盡致。

就像佛羅多的魔戒般，這支筆的故事源頭要回溯到一九二三年的一個人身上。時年二十八歲的派克（Kenneth Parker），說服家族事業裡的董事會，集中財力投資一款新設計的商品，他那華麗的多福筆（Duofold pen）。（他很聰明地一直等到老爸，也就是公司大老闆，搭船到非洲及亞洲進行長程旅遊的時候，才提出他的構想，讓老爸沒辦法否決。）十年後，也就是美國經濟大蕭條最嚴重的時候，派克再度出手賭一把，推出另一款更高級的派克眞空系列（Vacumatic）鋼筆。而且在那之後幾年，已經當家作主的派克又開始心癢，想要推出新設計。他拜讀而且也吸收了摩荷里那基的設計理論，但是派克不但沒有因此受限於人為作廢的道德約束，反而從美國式的觀點來解讀：眞是一個讓人發大財的好機會呀。世人如果有更好的產品可買，他們就會去買，不管需不需要。爲此，他在一九四一年推出了世人公認史上最偉大的筆，派克五一型鋼筆，命名由來是因爲這款美妙且極度奢華的鋼筆，是在派克筆公司成立五十一週年的時候上市的。

這款筆本身就是優雅的具體呈現。筆帽不是鍍金就是鍍鉻，掛鉤上有一支金色的羽毛箭頭。筆身豐腴，好像小雪茄似地，而且顏色品味極佳，像是雪松藍、拿騷綠、可可色、紫紅色以及火紅色等，讓人忍不住想把玩。筆頭的顏色是印度黑，好像一隻害羞烏龜的頭部，逐漸變細，最後形成一個瀟灑的書法式筆嘴。然後從筆嘴裡又吐出一個小巧的金質筆尖，好像一根捲起來的舌頭，將墨水徐徐送出。在這款筆優美的外殼裡，有一個新申請專利的塑膠，稱做人工樹脂（Lucite）：一個新申請專利的圓筒狀墨水系統，輸送另一種新申請專利的墨水——在製筆史上，這是頭一遭當墨水落在紙上時，不必靠著蒸發來變乾，而是藉由穿透進入紙纖維，靠著紙張的吸收，隨寫隨乾。甚至連筆蓋套上筆身的方式，都拿到兩項專利。派克的工程師團隊眞是書寫天才。

這個美人身上唯一的缺陷，在於金質的筆尖，也就是眞正與紙面接觸的部位。黃金是一種柔軟的金屬，承受書寫的力道時會變形。派克原本在筆尖套上一個由鋨和銥形成的合金環。這兩種金屬在硬度上很合用，但是產量稀少，價格高，進口也不容易。一旦突然缺貨，或是價格陡升，可能都會使這款產品無以爲繼。於是派克便從耶魯大學挖來一名冶金學家，尋找替代材料。不出一年，公司就提出了釘製筆尖的專利申請，而在此之前，釕元素的身價幾乎比廢料高不了多少。

筆癡經常把派克 51 型鋼筆譽爲史上最偉大的筆——以及設計格調最高的人造物，傲視所有領域。派克 51 的筆尖採用稀有但耐用的元素釕。(圖片來源：Jim Mamoulides、wwwPenHero.com)

但是這個新筆尖終於配得上筆身的其他設計，而釕也就從一九四四年起，躍上每一支派克五一型鋼筆的尖端。⑥

坦白說，不論派克五一的設計有多強，它執行基本任務的能力——也就是把墨水送到紙上——應該不會比大多數的筆強到哪裡去。但是正如設計先知摩荷里那基所料的，時尚勝過需求。推出新筆尖後，派克公司透過廣告說服消費者，人類的書寫工具就此臻於完美，而世人果然爭相拋棄舊型的派克筆，換一支新型的。於是乎，派克五一——「全世界的人最想要的筆」——幻化成地位的象徵，是最尊榮的銀行家、經紀商以及政治人物在簽署支票、酒吧帳單或是高爾夫計分卡時，唯一的選擇。就連艾森豪將軍和麥克阿瑟將軍在一九四五年簽署二次大戰歐洲戰區及太平洋戰區停戰協議時，也都是用派克五一。這麼好的宣傳，加上戰爭結束後全球普遍瀰漫的樂觀氣氛，讓銷售量從一九四四年的四十四萬件，增加到一九四七年的二百一十萬件——這眞是不得了的銷售成績，想想看，派克五一的售價當時起碼要十二．五美元，最高更達五十美元（約合現在的一百到四百美元），而可塡充式墨水管加上耐久的釕筆尖，意味著沒有人需要更換新筆。

雖然摩荷里那基可能會對自己的理論被轉換成行銷手法感到不悅，但他也不得不讚嘆派克五一。它握在手裡感受到的平衡感，它的外觀，它出墨時的順暢——在在迷倒摩荷里那基，有一次他聲稱這就是**最**完美的設計。他甚至還從一九四四年開始，擔任派克公司的顧問。此後，有些謠言甚至堅稱派克五一就是由他設計的。派克繼續銷售各種款式的派克五一型鋼筆，直到一九七二年，而且雖然價格是第二貴競爭商品的兩倍，派克五一的銷量還是勝過所有其他款式的筆，創下四億美元的佳績（相當於現在的幾十億美元）。

當然，在派克五一消失後不久，頂級筆的市場就開始萎縮。理由很明顯：雖說派克五一曾因凸顯其他筆的遜色而使得銷量竄高，但鋼筆漸漸地還是被其他高科技產品給逼退了，例如打字機。但是在這個轉換過程裡，有一則很諷刺的故事值得一提。故事要從馬克．吐溫講起，結尾則是回到週期表。

一八七四年，當馬克．吐溫第一次見到打字機的示範操作，顧不得當時正值全球經濟蕭條，他馬上就衝去買了一台，價格是貴得嚇死人的一百二十五美元（相當於現今的二千四百美元）。啓用第一週，他就用這台打字機來寫信（全是大寫字體，因爲當時還沒有小寫鍵），內容是關於他多麼渴望擺脫這玩意兒：「**它是最能撕裂人腦的東西，**」他這樣哀嘆著。有時候，很難判斷馬克．吐溫到底是眞的抱怨，或者只是因脾氣不好而誇大其辭。但是到了一八七五年，他就放棄打字機了，決定要公開支持兩家公司的新型「自來水筆」（就是鋼筆）。他對價格昂貴的筆始終充滿熱愛，即使必須費「天大的勁兒咒罵，才能讓這玩意兒動起來。」也難怪，它們又不是派克五一。

儘管如此，在確保「打字機最終戰勝頂級筆」這件事上頭，再沒有人的貢獻超過馬克．吐溫了。他在一八八三年投了第一部打字手稿《密西西比河上的生活》（*Life on the Mississippi*）給出版商。（其實是他口授，由祕書打字。）但是當雷明頓（Remington）打字機公司請他爲這項產品背書時（馬克．吐溫很不情願地又買了一台），他卻回了封惡言相向的信，加以拒絕——不過雷明頓公司還是「化不利爲有利」，把信給印了出來。⑦只要這位堪稱當代最有名的美國作家承認，擁有一台雷明頓打字機，就足以幫他們背書了。

這些有關馬克．吐溫「咒罵心愛的筆」以及「使用憎恨的打字機」的小故事，點出了他個性裡頭的矛盾之處。雖說他在文學上似乎與歌德完全相反，走大眾路線、講求民主，但馬克．吐溫對科技的態度卻與歌德一樣矛盾。馬克．吐溫從未假裝懂得科學，可是他對科學新發現的著迷和歌德一個樣兒。同時，他還深深懷疑人類是否有妥善應用科技的智慧。在歌德身上，這份疑慮以《浮士德》來呈現。馬克．吐溫則是撰寫現在或許可稱爲科幻小說的作品。沒錯，除了描寫渡輪上生活的小說之外，他還寫了一堆關於發明、科技、反烏托邦、太空與時間旅行的短篇小說。他甚至在一篇令人困惑的小說《賣給撒旦》（Sold to Satan）中，討論週期表裡的禍根。

這篇只有兩千字的短篇小說，故事從一九〇四年假想的鋼鐵股暴跌說起。敘述者厭倦了成天爲錢窮忙的生活，決定要把他不朽的靈魂賣給惡魔。爲了敲定交易，他和撒旦相約，半夜時分到一處不知名的隱祕地點碰面，在昏暗的光線下一起喝著香甜的熱酒，討論靈魂合理的價碼。然而過沒多久，他們的話題就轉到撒旦身體的一項異常結構上——他全身都是用鐳打造成的。

在馬克．吐溫寫這篇小說之前六年，居禮夫人就已發表她的放射性元素研究，震撼了科學界。這是眞實的消息，但馬克．吐溫一定對相關科學非常投入，才會把所有細節都厚顏地融入《賣給撒旦》中。故事裡頭描述，鐳的放射性能讓周遭空氣充電，因此撒旦能發出綠色的冷光，讓敘述者看得很樂。此外，鐳還像溫血石頭般，總是比周圍環境熱一些，因爲放射性能讓它升溫。當愈來愈多的鐳聚集在一起時，它們的熱能會以級數增加。也因此，馬克．吐溫筆下這位身高六呎一吋、體重「約九百多磅」的撒旦，熱得足以用手指點燃雪茄。（但他馬上就把雪茄弄熄，以便「留給伏爾泰享用。」一聽此言，敘述者馬上堅持要撒旦多拿五十根雪茄，好讓其他歷史名人也享受一下，其中包括歌德。）

後來這篇故事還扯到了一些純化放射性金屬的細節。這當然不是馬克．吐溫最擅長的材料。但是正如最上乘的科幻小說，通常具有預知性一般——爲了避免把碰見的世人都烤焦，撒旦特地穿了一件以釙（另一個被居禮夫人發現的新元素）製成的保護衣。就科學上而言，這些當然都是胡說八道：釙所具有的「透明」殼層，「像明膠薄膜那樣薄」，絕對不可能擋得住臨界質量的鈾所發出的熱量。但是我們姑且原諒馬克．吐溫，因爲釙在故事中還被安排了另一項戲劇化的目的。它給撒旦一個理由來威脅世人，「如果我把這層外皮剝掉，全世界都會在一道閃燄中消失，化爲煙塵，而那熄滅的月亮，也將如一陣塵埃雪般，自太空中撒落！」

不過，馬克．吐溫就是馬克．吐溫，他是不可能讓魔鬼以大權在握的姿態來落幕的。被困在內部的鐳熱能是這麼地強烈，撒旦很快就不得不承認，「我在燃燒。我的內在在受苦。」撇開玩笑不論，早在一九〇四年，核能的可怕威力就已經令馬克．吐溫顫抖了。要是他能多活四十年，看到世人垂涎的是核子飛彈而非豐足的核能，一定會大搖其頭——氣餒，但是應該一點都不驚訝。不像歌德硬要大談自然科學知識，馬克．吐溫小說中的科學，現在讀起來還是具有教育意義。

馬克．吐溫絕望地研究了靠近週期表下方的元素。但是在所有藝術家與元素的故事當中，再沒有比詩人羅威爾（Robert Lowell）和週期表頂端的鋰元素的故事，看起來更感傷，或者更嚴厲，或是更有浮士德味道了。

一九三〇年代，羅威爾還在念高中的時候，朋友就給他取了「卡爾」（Cal）的外號，聽說是根據莎翁劇作《暴風雨》（*The Tempest*）裡凶殘醜陋的角色卡利班（Caliban）而來。但有些人則信誓旦旦地說，是根據羅馬暴君卡利古拉（Caligula）。不管是哪一個，都很適合這位告解詩人，他簡直就是瘋狂藝術家的典型——好比梵谷或愛倫．坡，他們因天才所由來的精神狀態，我們大多數人都不會經歷，更不用說爲了藝術目的而加以駕馭。很不幸，羅威爾也沒有辦法駕馭詩作以外的瘋狂，而瘋狂也讓他的眞實人生傷痕累累。有一次，他突然跑到一名朋友家門口，語無倫次地說他發覺自己是聖母馬利亞。另外有一次是在印地安納州布魯明頓（Bloomington），他相信只要自己站在高速公路中央，像耶穌那樣張開雙臂，就可以阻擋來往的車輛。他在教課時，連續幾個鐘頭胡言亂語，把學生嚇呆了，還將學生的詩作以過時的但尼生或米爾頓風格重新寫過。十九歲的時候，他丟下未婚妻，千里迢迢從波士頓開車到田納西州鄉間去拜訪一位詩人，希望對方能指導他。他好像認定對方一定會收容他。那位詩人很有禮貌地解釋，鎮上的客棧已經沒有空房了，然後開玩笑地說，他如果想留下來，只能在草地上紮營了。羅威爾點點頭，轉身離去——去西爾斯百貨公司，買了一頂三角形的小帳篷回來，在草地上紮營。

文學界對這些小故事津津樂道，而且在一九五〇和一九六〇年代，羅威爾堪稱美國最卓越的詩人，贏得多項大獎，書籍賣出好幾千本。大家都認爲，羅威爾那種反覆無常是瘋狂的天賜靈感所致。不過，那個年代剛剛興起的藥物心理學卻有另外的說法：卡爾是因爲化學物質失衡，害他罹患躁鬱症。外界只看到他狂放的一面，卻沒見過他陷入低潮的時候——這讓他精神崩潰，然後漸漸地財務也跟著崩潰。好在，第一種眞正的情緒穩定劑鋰鹽在一九六七年引進美國。羅威爾當時被關在精神病院裡，腰帶和鞋帶都被院方沒收，以免他想不開；束手無策的他，同意服用鋰鹽。

有趣的是，鋰元素雖然是這麼有效力的藥劑，但在正常的生物學中卻沒有戲份。它不是人體必需的礦物質（像鐵或鎂），甚至連微量營養素（像鉻）都夠不上。事實上，鋰這種金屬反應起來激烈得嚇人。據報，有人在行走時，棉毛質料口袋裡的鋰電池因爲和鑰匙或銅板相碰撞，竟然發生短路，當街就燒起來了。而且鋰（是以碳酸鋰的鹽類形式來做爲藥物）的作用方式，也和我們以爲的方式不同。譬如，我們在發高燒時會服用抗生素，以打倒微生物。但是我們如果在躁症發作的巔峰或是鬱症發作的深谷服用鋰鹽，對當時的症狀並沒有幫助。鋰鹽只能預防下一次發作。雖然科學家早在一八八六年就曉得鋰的功效，但是一直到最近才知道原因何在。

鋰能夠影響人腦內許多改變情緒的化學物質，它的功效非常複雜。最有趣的是，鋰似乎能重新設定人體的晝夜節律（circadian rhythm），也就是生理時鐘。對於正常人來說，周圍環境（尤其是太陽）可以支配他們的心情以及何時會感到疲倦。正常人處在一個二十四小時的循環中，但是躁鬱症患者的循環不受太陽影響，而且停不下來。當他們覺得情緒高昂時，腦袋裡充滿了陽光的神經興奮劑，而且就算沒有眞正的陽光也不會停止。有人稱這種狀態爲「病理性激情」（pathological enthusiasm）：這些人幾乎不需要睡眠，自信心更是膨脹到無與倫比，以致一個二十世紀的波士頓男性會自以爲被聖靈選中，是裝盛耶穌基督的器皿。最後，當這些激昂情緒把腦袋累壞了，整個人就會垮下來。罹患嚴重躁鬱症的人，鬱症發作時，往往在床上一窩就是幾個星期。

鋰能調節負責操控生理時鐘的蛋白質。說也奇怪，生理時鐘運轉的中心，是腦袋深處特定神經元內的ＤＮＡ。每天早上，特定的蛋白質就會附著在人們的ＤＮＡ上，但經過一段時間後會漸漸消退減少。可是太陽光能一再重新設定這些蛋白質，讓它們撐久一點。事實上，這些蛋白質是在黑夜降臨之後，才會消失——這時，腦袋應該會「注意到」光溜溜的ＤＮＡ，然後停止製造興奮劑。在躁鬱症患者體內，這個流程卻走了樣，因爲即使沒有陽光，那些蛋白質還是會快快地跳回它們的ＤＮＡ身上。他們的腦袋無法體認到應該放慢腳步了。鋰可以幫忙把ＤＮＡ上的這些蛋白質劈下來，讓患者可以休息。請注意，白天中陽光還是能夠壓過鋰，重新設定蛋白質；只有在入夜後，不再有陽光時，鋰才有辦法讓ＤＮＡ得到解脫。因此，與其說鋰鹽是陽光藥丸，不如說它的作用是「反陽光」。就神經科學來說，它能解除陽光，把晝夜節律壓縮回二十四小時的循環——一方面可避免形成激昂的躁症泡泡，另一方面也可避免墜入有如黑色星期二那般低落的深淵。

羅威爾對鋰鹽馬上就有反應。他的私生活開始變得比以前穩定（但稱不上絕對穩定），後來他甚至宣稱已經痊癒了。他從一個新的、穩定的觀點回頭看，可以看出昔日充滿爭吵、飲酒作樂以及離婚的歲月，摧毀了周遭多少人的生活。而在他那麼多坦白動人的詩句中，再沒有比寫給出版商吉羅（Robert Giroux）的一句簡單的悲嘆，更為辛酸，而人體脆弱的化學結構也再沒有比這更令人動容的了。那句話是在醫生剛開始用鋰鹽來治療他的時候所寫的。

「多可怕啊，鮑伯，」他說，「想想看，我受的這些苦，我造的這些孽，可能全都只是因為我腦袋裡缺乏一點鹽。」

羅威爾覺得生活因為鋰鹽而改善了，但是鋰鹽對他的藝術才華作用如何，就有待商榷了。羅威爾和許多藝術家一樣，認為甩開躁鬱症，換得沉靜平凡的晝夜節律，能夠讓他們不受躁症及鬱症的情緒起伏干擾，工作起來將更有效率。不過一直有人聲稱，自從被「治癒」後，他們也喪失了那種凡人無從窺見的精神狀態，讓他們的作品因而失色。

許多藝術家覺得，服用鋰鹽會讓他們感覺好像死了或是服用鎮定劑。羅威爾的一名友人說，他看起來好像在動物園裡繞圈子的動物。而他的詩作，無疑也在一九六七年後起了變化，變得更粗糙，更蓄意地不加修飾。此外，他不但沒有從狂野的心緒中創造出新詞，反而每每從私人的信函中偷取佳句，讓詞句被他盜用的人大為光火。這樣的作品為羅威爾贏得一九七四年的普立茲獎，但卻沒有辦法通過時間考驗。尤其是和他年輕時的作品相比，後期的這些作品現在幾乎沒什麼人在讀了。儘管週期表曾經激發過歌德、馬克．吐溫以及其他人的靈感，但是羅威爾的鉀元素，卻成爲「提供健康，但壓抑藝術」的另類案例——一則「把瘋狂天才貶落凡塵」的案例。

15 瘋狂的元素

34	硒	Se	78.963
25	錳	Mn	54.938
46	鈀	Pd	106.421
56	鋇	Ba	137.327
111	錀	Rg	(280)

羅威爾是典型的瘋狂藝術家，但是還有另一種精神異常也存在於我們集體的文化心理之中：瘋狂的科學家。週期表上的瘋狂科學家比較少公開發作，私生活通常也沒有那麼聲名狼藉。他們的精神偏差比較微妙，而他們的錯誤屬於典型的病態科學（pathological science），一種比較怪異的瘋狂。①這種病態（也就是這種瘋狂）最迷人之處在於，它可以和聰明才智同時並存在一顆心靈裡。

一八三二年生於倫敦一個裁縫家庭的威廉．克魯克斯（William Crookes），他和本書其他科學家都不一樣，從來沒在大學工作過。他是十六名子女中的老大，後來他自己也生養了十名子女，爲了要養活這麼一大家子，他寫了一本關於鑽石的暢銷書，還編輯了一份很狂妄的八卦科學新聞雜誌《化學新聞》（*Chemical News*）。雖然如此，戴眼鏡、留鬍子的克魯克斯還是針對硒與鉈等元素，做過許多世界級的研究，因此年方三十一歲，就被英格蘭最顯赫的科學團體英國皇家學會（Royal Society）選爲院士。不過，十年後他差點被踢出去。

他的淪落始於一八六九年，他的弟弟菲利普（Philip）病死在海上。②雖然（或者正因爲）他們家族人丁興旺，全家人卻都悲痛逾恆。當時，由美國傳入的招魂術在英格蘭非常流行，無論王公貴族或是販夫走卒都趨之若鶩。就連超理性的大偵探福爾摩斯的創造者，作家柯南・道爾爵士（Sir Arthur Conan Doyle），都能在寬廣的心智裡找到一塊空間，來接受招魂術。身爲當代產物的克魯克斯族人——他們多半從商，除了威廉，沒有人受過科學訓練或是具有科學天賦——開始一起參加降靈會，撫平心中的哀傷，順便和不幸過世的菲利普小弟聊聊天。

某天晚上，不知道爲什麼威廉也跟了去。或許是基於家族和諧，或許是想勸阻其他人不要再去了——他曾經私下在日記裡表示，這類的靈魂「接觸」就像是騙術大展。然而，親眼見到靈媒不用手就能彈奏手風琴，以及利用手寫板和筆，以碟仙的方式寫出「自動訊息」，令這位懷疑論者也不禁留下深刻印象。戒心降低之後，當靈媒開始胡言亂語，傳送菲利普從靈界捎來的訊息時，威廉不禁號啕大哭。他又參加了更多場降靈會，甚至發明了一種新科技裝置，來偵測在昏黃燭光中遊蕩的靈魂的低語。他這款新式輻射計是一顆眞空的玻璃球，裡面裝設了一個非常敏感的風向標，不曉得到底有沒有偵測到菲利普。（咱們只能瞎猜了。）但是威廉難以忘懷他與家人在聚會中手牽手時的感受。他開始固定參加降靈會。

認同降靈會，讓克魯克斯在皇家學會眾多講求理性主義的院士中，成爲少數民族——少數到大概只有他一位。意識到這一點的克魯克斯，隱藏了自己的偏見，而且當他在一八七〇年宣布，要針對招魂術進行一項科學研究時，皇家學會大多數院士都很高興，認爲克魯克斯最後一定會在他那本惹事生非的雜誌裡，把招魂術狠狠修理一頓。但是結果沒有那麼乾淨利落。經過三年的吟誦、召喚，一八七四年，克魯克斯在他經營的《科學季刊》（*Quarterly Journal of Science*）上發表了一篇文章：〈靈魂現象之調查報告〉（Notes of an Enquiry into the Phenomena Called Spiritual）。文中，他把自己比做一名前往異國他鄉的旅人，是超自然界的馬可．孛羅。然而，他不但沒有攻擊降靈師常搞的把戲——「飄浮升空」、「鬼魂」、「樂器發出聲音」、「放出螢光」——反而下結論說，無論是江湖騙術或是集體催眠，都不足以解釋（或說至少不足以**完全**解釋）他親眼見到的現象。這篇文章並非不加批判的支持背書，但是克魯克斯確實宣稱，有發現一些合理的超自然力「殘餘」。③

即便是這麼輕微的支持，但因爲是來自克魯克斯，仍舊大大震撼了全英格蘭，甚至連降靈師都大吃一驚。不過他們很快恢復鎮定，在崇高的神壇上，爲克魯克斯大聲喝采。直到今天，還有一些抓鬼大師會揮舞著他那篇老論文做爲「證據」，證明聰明人只要願意敞開心胸來接觸招魂術，也會改變立場。不消說，克魯克斯在皇家學會裡的院士同僚當然也很驚訝，不過驚駭的成分更大。他們辯稱，克魯克斯一定是受到社交伎倆蒙蔽，被捲入群眾動態中，然後被善於蠱惑人心的「大師」給迷倒了。同時，他們也大力攻擊他在報告中所提出的科學虛飾資料不牢靠。克魯克斯記錄了一些不相干的「數據」，像是靈媒窩裡的溫度和大氣壓力等等，彷彿不是由物質組成的靈魂也會因爲天氣不好，而不肯探出頭來。更難堪的是，克魯克斯的前友人也開始跳出來攻擊他，說他是個鄉巴佬，一個受雇的騙子。如果說，降靈師到今天都還會偶爾引用克魯克斯的話，有些科學家則是到現在也還不能原諒他賦予 New Age-y BS 長達一百三十五年的權利。他們甚至把他的元素研究當做他發瘋的證據。

要知道，克魯克斯年輕時曾是研究硒元素的先驅。雖然硒是所有動物必需的微量元素（愛滋病患者的血液中缺乏硒，是即將死亡的確然預兆），但是大量的硒會造成毒害。牧場工人最了解這一點。他們要是沒有看緊一點，牛隻就會去挖掘一種產在大草原上的豆科植物瘋草（locoweed），有些品種的瘋草能夠像海綿般吸收土壤中的硒。嚼過瘋草的牛隻，會變得步履蹣跚，跌跌撞撞，發高燒，痠痛，而且吃不下東西——這是所謂蹣跚病（blind staggers）的全套症狀。可是牠們卻很享受這種高亢滋味。硒讓牛隻發狂最肯定的徵兆是，牠們開始迷上瘋草，儘管會帶來那麼多副作用，牠們卻什麼都不吃，只吃瘋草。瘋草可以說是動物的安非他命。有些想像力豐富的歷史學家，甚至把卡士達（Custer）當年會在小巨角之役（Battle of the Little Bighorn）吃敗仗，歸咎於他的座騎在打仗前吃了瘋草。總的說來，硒的名字取得滿恰當的，selenium 源自 selene，希臘文的 moon（月亮），然後再透過拉丁文裡的 moon，也就是 luna，連上 lunatic（瘋狂的）和 lunacy（發瘋）。

就硒所具有的毒性來看，把克魯克斯的錯覺怪到硒的頭上，確實也滿合理的。然而，有些說不通的事實卻削弱了這種診斷的可信度。首先，硒通常會在一週內就攻擊人體；克魯克斯卻是在甫進入中年期才做出那些愚行，距離他停止研究硒已經不知多少年了。再來，在牧場工人一看到牛隻步履蹣跚，就咒罵第三十四號元素幾十年之後，現在許多生化學家認爲，瘋草裡害牛隻中毒發瘋的還有其他化學物質，貢獻度不會低於硒。最後，還有一條決定性的線索，克魯克斯的鬍子始終沒有脫落，而毛髮掉落是硒中毒的典型症狀。

同樣地，他那把大鬍子也駁斥了「克魯克斯被另一種週期表上的脫毛劑毒害而發瘋」的臆測，那種元素就是「下毒者的毒藥」鉈。克魯克斯在二十六歲的時候發現了鉈（單單這項發現，幾乎就可以確保他會被英國皇家學會選爲院士），而且之後又在實驗室裡把玩鉈長達十年。但是他顯然沒有吸入太多劑量，所以甚至連腮幫的鬍子都沒減少。此外，有什麼人能在被鉈（或是硒）蹂躪之後，還能保有一顆如此犀利的頭腦到老？克魯克斯在一八七四年之後，完全退出招魂術的圈子，重新專注於科學，而且之後還做出好幾項重大發現。他是第一個猜測同位素存在的人。他也打造出非常關鍵的科學新儀器，並確認了岩石裡頭存有氦元素，是氦第一次在地球上被偵測到。一八九七年，剛受冊封的威廉爵士一頭栽進放射線科學，甚至還在一九〇〇年發現了（雖說他自己都不知道的）鏷元素。

所以說，克魯克斯失足誤入招魂術的最佳解釋，應該是心理學上的因素：他是因爲哀悼死去的弟弟，而屈從於當年還沒有被賦予名稱的「病態科學」。

要解釋什麼是病態科學，最好的辦法應該是先釐清「病態」的意思，以及何者**不是**病態科學。欺詐不是，因爲病態科學的擁護者都眞心相信他們是對的——要是別人也能看出來就好了。僞科學也不是，例如佛洛依德學說或是馬克斯主義，這些領域偷用了一些正統科學，卻又避開精確的科學方法。另外，政治化的科學也不是病態科學，例如李森科主義，人們矢志效忠一門假科學是出於威脅或是偏差的意識形態。最後，病態科學也不是一般臨床上所謂的發瘋或是精神失常的信念。病態科學是一種特定的瘋狂，一種很精細而且充滿科學知識的妄想。病態科學家會選擇一項能夠吸引他們（不管是基於什麼原因），但是又處於邊緣地帶、不太可能爲眞的現象，然後將全副科學頭腦投注進去，以證明該現象確實存在。但是這場遊戲打從一開始就不正當：他們的科學，只是拿來服務「需要相信某件事」的深刻感情需求。招魂術本身不是病態科學，但在克魯克斯手裡是，因爲他小心地「做了些實驗」，而且還幫那些實驗添上科學文飾。

事實上，病態科學不盡然都起自科學邊陲領域，也可能在某些正統、但是很重推論的領域茁壯起來——這些領域由於數據和證據稀少，因此很難詮釋。譬如說，專門重建恐龍或是其他已滅絕生物的古生物學，就提供了一項有關病態科學的絕佳個案研究。

當然，就某種程度來說，我們對已經滅絕的動物一點都不了解：完整的骨骸極少被發現，軟組織的壓痕更是稀少得幾乎難以察覺。在重建古生物群的科學家圈子裡，流傳著一則笑話，大意是說，如果大象很早以前就絕種了，那麼當現代人挖出長毛象骨骸後，將會爲一隻超級大倉鼠配上長牙，而不會爲一頭毛茸茸的厚皮動物裝上長牙。對於其他動物昔日的風光，我們也只是略知一二——條紋、搖擺的步伐、嘴唇、大肚皮、肚臍眼、鼻子、砂囊、四個腔的胃以及駝峰等等，更別提牠們的眉毛、屁股、腳趾甲、臉頰、舌頭以及乳頭了。但就算如此，藉由將化石骨骸上的凹凸溝痕拿來和現代動物的骨頭做比較，一雙受過訓練的眼睛自能推想出已滅絕動物的肌肉系統、衰弱程度、體型、步態、齒列甚至於交配習性。但是古生物學家必須要謹慎，可別推論過頭了。

有一門病態科學就充分利用了這份謹慎。基本上，它的信徒就是用證據的不確定來**當做**證據——宣稱有些部分連科學家也不知道，所以我的理論還是有存在的空間。錳（manganese, Mn）元素和巨齒鯊的故事就是這樣來的。④

故事的源頭要回溯到一八七三年，英國海軍研究船挑戰者號（HMS Challenger）從英格蘭出發，前往太平洋探勘。船員採用一種很奇妙的低科技裝備來採樣：將船上的大籃子綁上三哩長的繩索，垂到海底拖著走。除了一堆奇形怪狀的魚兒和其他動物之外，船員還挖到了數不清的圓形石頭，活像馬鈴薯化石，以及同樣肥碩、結實，好像冰淇淋甜筒般的礦物體。這些礦物體主要是錳，似乎遍布在整個海床上，意思就是說，全世界一定有幾十億個。

這是第一項驚奇。第二項驚奇，發生在隊員敲開冰淇淋甜筒的時候：原來錳元素是沉積在巨大的鯊魚牙齒上。現今最大、最嚇人的鯊魚牙齒，長度頂多二・五吋。但是這些被錳覆蓋的鯊魚牙齒卻有五吋或者更長——那樣的嘴爪能像斧頭般劈開骨頭。於是，古生物學家拿出根據恐龍化石來重建恐龍的那套方法（光憑牙齒！），定出這種被稱為巨齒鯊（megalodon）的鯊魚差不多五十呎長，大約五十噸重，而且每小時大約可以游五十哩。牠合上那張長了二百五十顆牙的大嘴巴時，恐怕可以使出一百萬噸的力量，而且牠主要是以生長在熱帶淺海地區的原始鯨為食。牠之所以會滅絕，恐怕就是因為獵物移居到較寒冷的深海中，而那兒不適合巨齒鯊，因為牠們的新陳代謝太快，胃納也太大了。

到目前為止，一切都還好。病態是從錳開始的。⑤鯊魚牙齒在海底散布得到處都是，主要是因為這大概是已知最堅硬的生物物質，在鯊魚遺骸中，也是唯一能經得起深海衝擊而留存下來的部分（大部分鯊魚的骨架都是由軟骨構成）。在海裡這麼多溶解的金屬中，為什麼是錳元素鍍在鯊魚牙齒上，並不清楚，但是科學家粗略知道錳的沉積速度大概有多快：每一千年可沉積〇・五到一・五公釐厚。然後他們根據這個速度，定出這些牙齒的年代大部分都在一百五十萬年以前，也就是說，巨齒鯊很可能是在那個年代滅絕的。

但是——這裡碰到一個缺口，有些人馬上衝進來——某些巨齒鯊的牙齒不知怎的，錳層非常薄，按照推算大概只有一萬一千年。就演化年代來說，這是非常短的時間。而且說眞的，誰敢說科學家不會很快又發現只有一萬年的牙齒？或是八千年？或更晚近？

不難看出這個想法最後會推到哪裡去。在一九六○年代，幾位擁有《侏羅紀公園》（*Jurassic Park*）那種想像力的熱心人士，深信現在還有巨齒鯊潛行在深海中。「巨齒鯊還活著！」他們大聲嚷嚷。然後就像「五十一區」和「甘迺迪暗殺事件」的謠言一樣，這個說法化身爲不死的傳奇。最常聽到的說辭是，巨齒鯊已經變成深海潛游的動物，在暗無天日的海底與大海怪搏鬥。和克魯克斯的鬼魂一樣，巨齒鯊也是**理當**很難找到的，因此當有人追問爲什麼巨鯊現在這麼少見，那就成爲一個很方便的藉口了。

全世界大概沒有人的心底不偷偷期望，巨齒鯊現在還在海底巡獵。但是很不幸的，這個想法經不起仔細審視。不說別的，錳層很薄的牙齒幾乎可以確定是從海底的海床下方（那兒沒有錳能堆積）被拔出來的，因此很晚近才接觸到海水。它們的年代可能比一萬一千年要古老得多。再者，雖然曾有好些人宣稱親眼看過這種巨鯊，但目擊者要不是水手，就是一向喜歡誇大其辭的人，而且在他們的故事裡，巨齒鯊的體型更是變來變去，差異極大。其中有一頭全白的「莫比．狄克」（Moby Dick，小說《白鯨記》裡的鯨魚主角）足足有三百呎長！（眞奇怪，竟然沒人想到要爲牠們拍張照片。）總而言之，這些故事和克魯克斯對超自然現象的證詞一樣，完全依賴主觀的詮釋，沒有客觀的證據。要說巨齒鯊（甚至只有少數）能溜出演化的天羅地網，實在無法令人信服。

但是，眞正讓追獵巨齒鯊變成一門病態科學的，在於權威人士的懷疑；這份懷疑徒然讓擁護者的信念更加堅定。他們不去駁斥有關錳的發現，而是用一堆英雄傳奇故事來反擊，像是過去有哪些叛逆小子證明了古板的科學家是錯的。他們不斷抬出腔棘魚（coelacanth）的故事，這種原始的深海魚一度被認定已經在八千萬年前滅絕，直到一九三八年，突然出現在南非的一處魚市場上。根據這個邏輯，既然科學家曾經弄錯腔棘魚的事，他們當然也有可能弄錯巨齒鯊的事嘍。而這句「有可能」，對巨齒鯊愛好者來說就足夠了。因爲他們的巨齒鯊存在理論並不是建立在證據的基礎上，而是建立在情感的依附上：他們盼望，而且需要，某件奇妙的事情是眞的。

史上最能展現這種情感依附的，大概就屬下一個個案研究了——那是病態科學史上的冠軍，是眞正信徒的阿拉莫戰役，是未來主義者的狐狸精，是科學上的九頭蛇：它就是冷融合（cold fusion，又名「低溫核融合」）。

龐斯（B. Stanley Pons）和佛萊許曼（Martin Fleischmann）。佛萊許曼和龐斯。這兩個名字，原本應該是繼華森與克里克，或是更早的瑪麗與皮耶．居禮夫婦之後，最偉大的科學拍檔。然而他們的盛名卻敗壞成爲臭名。如今，提到龐斯和佛萊許曼，只會讓人（很不公平地）想起招搖撞騙與欺詐。

這個造就並毀滅他們的實驗，可以說是簡單得出奇。一九八九年，這兩名猶他大學的化學家在重水裡架設了一個鈀（palladium, Pd）電極，然後通上電流。如果在一般的水裡通電，會震開 H_2O 分子，得到氫氣與氧氣。類似情況也會發生在重水裡，只除了重水裡的氫原子比正常氫原子多出一枚中子。因此，龐斯與佛萊許曼製造出來的，不會是具有兩個質子的普通氫氣，而是具有兩個質子與兩個中子的氦氣。

這個實驗特別之處在於重氫與鈀的組合，鈀這種白色金屬具有一項非常驚人的特性：能吞下九百倍於自身體積的氫氣。此舉相當於一名二百五十磅重的壯漢，在吞下一打公非洲象⑥之後，腰圍一點兒都沒有變粗。而且就在鈀電極開始大口吞食重水時，龐斯和佛萊許曼的溫度計以及其他儀器數值突然飆高。水溫高出應有的溫度許多，超過**可能**達到的溫度，因爲供給的電流只能提供極少的能量。龐斯報告說，在某次數值眞的飆到很高時，過熱的 H_2O 竟然把燒杯、燒杯下的實驗檯以及實驗檯下方的水泥地板，都燒出一個洞來。

或者應該說，至少他們有時候會得到飆高的數據。因爲這個實驗整體來說很不穩定，同樣的裝置，跑同樣的流程，卻不見得能得出同樣的結果。然而，這兩人沒有去弄清楚到底鈀電極發生了什麼事，反而讓他們的幻想說服自己，說他們發現了冷融合——這種核融合不像星體上的核融合，需要極高的溫度與壓力，而是在室溫下就可以產生。他們猜測，既然鈀電極能塞入這麼多的重氫，它可能有辦法將重氫的質子與中子融合成氦，而過程中便釋放出極大的能量。

最不明智的是，龐斯和佛萊許曼馬上就召開了一場記者會，宣布他們的實驗結果，基本上則在暗示全球能源問題即將告終，未來將會有便宜又無污染的新能源。至於媒體，就好像鈀一樣，多浮誇的聲明都吞得下去。（很快地，大家又發現猶他州還有一位老兄，物理學家瓊斯〔Steven Jones〕，也在做類似的融合實驗。但是瓊斯被人忘在腦後，因爲他的聲明比較謙遜。）龐斯和佛萊許曼立刻成爲名人，而大眾的意見似乎也動搖了科學家。他倆公布實驗結果後不久，在一場美國化學學會的會議上，這兩人還受到全體與會者的起立鼓掌。

但是這裡頭還有一項重要的原委。在爲佛萊許曼和龐斯鼓掌時，許多科學家心中想到的恐怕是超導體。直到一九八六年之前，科學界咸認超導體絕對不可能出現在攝氏零下二四〇度以上。但是突然之間，兩名德國研究者——兩人也以破紀錄的速度，在做出重大發現一年之後，就贏得諾貝爾獎——發現能在那個溫度之上運作的超導體。其他小組也紛紛跳進來，並且在幾個月內，就發現了「高溫」釔超導體能在攝氏零下一七三．三度運作。（現在的最高溫紀錄是攝氏零下一三八．九度。）重點是，許多早先曾經預言這種超導體不可能存在的科學家，那時都覺得自己像個豬頭。這相當於物理學界的腔棘魚事件。就像迷戀巨齒鯊的人一樣，擁護冷融合的人在一九八九年也可以抬出不久前瘋狂的超導體事件，逼迫通常態度不屑的科學家暫時不要評斷。事實上，狂熱擁護冷融合的人，似乎醉心於終於逮到機會推翻舊教條，這是病態科學最典型的一種錯亂。

有些心存疑慮的人，尤其是加州理工學院的科學家，心裡還是氣悶悶的。冷融合傷到了這些人的科學敏銳度，而龐斯和佛萊許曼的洋洋自得則惹惱了謙遜的他們。這兩人在公布研究結果時，跳過正規的同儕審查流程，令某些人覺得他們是想要發財致富的騙子，特別是在他們直接籲請老布希總統立即撥給他們二千五百萬美元的研究經費之後。再加上，龐斯和佛萊許曼拒絕回答有關鈀電極裝置以及實驗流程的問題，彷彿這些提問是對他們的侮辱。他們宣稱，不希望自己的點子被偷走，但是他們看起來確實很像在隱瞞著什麼。

不過儘管如此，全世界愈來愈多起了疑心的科學家（只除了義大利，那兒冒出另一位宣稱做出冷融合的科學家），開始從這兩人說過的話當中，自行拼湊出兩名猶他科學家所採用的鈀電極和重水實驗，但卻做不出結果。幾週之後，經過可能是自反對伽利略以來，最團結一致要否定

儘管受到幾近全世界科學家的否定，龐斯和佛萊許曼依然堅稱他們在室溫下做出了冷融合。他們進行這項實驗的儀器是一套重水浴裝置，裡頭的電極是由吸收能力超強的鈀元素製成。（圖片來源：Special Collections Department, J. Willard Marriott Library, University of Utah）

（甚至是侮蔑）科學家的一番努力，數百名化學家和物理學家在巴爾的摩舉辦了一場相當於「反龐斯與佛萊許曼」的大會。他們證明了，其實這對活寶沒有注意到實驗上的失誤，用錯了測量技術，著實令人難堪。有一位科學家認爲，他們兩人讓氫氣愈堆愈多，而他們最大的「融合」高峰，其實只是化學爆炸，就像興登堡飛船爆炸一樣。（也就是那次沒有人在場時，在桌面燒出一個洞的所謂「融合」高峰。）通常科學界都需要好幾年時間，才能指正一項科學錯誤，或是至少解決一個有爭議的問題，但是冷融合在宣布後不到四十天，就又冷斃了。有個喜歡惡搞的人在參加一場研討會時，做了一首尖酸刻薄的打油詩來總結這場鬧劇：

親愛的兄弟，千百萬的經費正危急
因為有些科學家拿了溫度計
測了這裡卻沒測那裡。

但是整起事件中，最有趣的心理學部分這時還沒登場呢。「相信世界上一定會有清潔、便宜能源」的需求是非常頑強的，而人們沒有辦法這麼快就撫平心底的悸動。而這門科學，也在這個時候又突變成病態科學。和調查超自然現象一樣，唯有「大師」一人（靈媒，或是龐斯與佛萊許曼）有能力製造出關鍵結果，而且只能在特定安排的情境下出現，從來不能公開展示。但這並不能阻止，甚至反而能鼓舞冷融合的擁護者。至於龐斯和佛萊許曼，他們始終沒有放棄，而他們的追隨者更辯解這兩人（更別提他們自己）是重要的叛逆者，是唯一懂的人。在一九八九年之後，有些批評者會以自己的實驗來駁斥他們，但是冷融合支持者總是有辦法把這些該死的結果搪塞過去，有時搪塞的手法甚至比他們做研究的表現還要高明許多。於是，批評者最終放棄了。加州理工學院的物理學家古德斯坦（David Goodstein），在一篇關於冷融合的文章中下了一個很精彩的總結：「由於冷融合陣營的人自認爲是遭受迫害的團體，因此內部很少會出現批評的聲音。所有的實驗和理論都照單全收，因爲害怕會提供外界批評者（如果還有人有閒工夫來聽）更多的子彈。在這些情況下，瘋子怪人如魚得水，對於相信其中眞有科學道理的人來說，就更糟糕了。」很難想像還有什麼比這段話更能簡潔地描述病態科學。⑦

對於龐斯與佛萊許曼事件，最善意的解釋如下。他們不太可能是眞正的騙子，明知冷融合是瞎話，還是想要出出鋒頭。這可不是一七八九年，他們可以逃往另一個村落，繼續矇騙那裡的鄉巴佬。他們一定會被逮到的。也許他們也曾有過懷疑，卻被野心蒙蔽了，同時也想嘗嘗成爲全球焦點的滋味，哪怕只有片刻。不過也有可能，這兩人就只是被鈀的奇異特性給誤導了。即便到現在，還是沒有人知道鈀如何吞下那麼多的氫。**稍稍**幫龐斯和佛萊許曼的研究講句公道話（雖說他們自己並沒有這樣詮釋），有些科學家認爲，在鈀與重水的實驗中，確實有些名堂在裡頭。奇怪的泡泡出現在鈀金屬上，而且它的原子會以新奇的方式重新組合自己。平心而論，龐斯和佛萊許曼確實是這項研究的先驅。只不過，這並不是他們想要（或是他們將會）在科學史上留名的事情。

當然，並非所有稍微瘋狂的科學家最後都會被淹沒在病態科學裡。有些人如克魯克斯，最後逃出來了，而且又做了一些偉大的研究。不過還有一些眞正罕見的例子，則是剛開始看起來像病態科學，後來卻變爲正統科學。倫琴在探索一項關於不可見光的放射性發現時，盡了最大的努力想證明是自己弄錯了，但卻做不到。也因爲他始終堅守科學方法，這名精神上頗脆弱的科學家，最終改寫了歷史。

一八九五年十一月，倫琴在他位於德國中部的實驗室裡頭，把玩一具克魯克斯管，那是研究次原子現象的一項很重要的新儀器，且是根據它的發明者來命名（你們都知道他是誰吧）。克魯克斯管有一個眞空玻璃管，裡頭兩端各安了一片金屬板。當電流行經金屬板之間時，會引起一束光線穿過眞空，一道劈啪作響的光線，好像特效實驗室的產物。科學家現在知道那是一束電子流，但在一八九五年，倫琴等人努力想要弄清楚那到底是什麼。

倫琴有位同事曾經發現，當他在克魯克斯管上開了一個鋁箔小窗（讓人聯想起布拉尼馬克在兔子骨頭上安裝的鈦窗），那束光就會穿過鋁箔射入空氣中。它消失得也很快——空氣就好像那束光的毒藥——但還是來得及點亮幾吋之外的磷光屛。有點神經質的倫琴，不論實驗大小，一概堅持要重做所有同事做過的實驗，所以他就在一八九五年親自架設了這套裝置，但是做了一點點修改。他沒有讓克魯克斯管光溜溜地擺著，而是用黑色的紙包起來，好讓那束光只能從鋁箔窗逃出來。另外，他也沒有採用同事所用的磷光屛，他把兩片板子都塗上會發螢光的鋇化合物。

接下來發生的事情有很多種說法。當倫琴在進行測試，以確保光束會恰當地在兩片板子之間跳躍時，他注意到一些現象。大部分的說法都是，有一片塗了鋇的紙板被他立在附近的桌子上。不同的說法則指出，那是一張紙片，一名學生用手指沾著鋇，寫了一個A或S在上面。不論是哪種情況，天生色盲的倫琴起初只會看到視野邊緣有白色在跳動。但是每當他打開電流，那片鋇板（或是鋇寫的字）就會發光。

倫琴再三確認沒有光線從黑紙包裹的克魯克斯管裡溜出來。而且他是坐在全黑的實驗室裡，所以也不可能是陽光引發閃光。但是他也知道，克魯克斯光束不可能在空氣中存留那麼久，讓它們跳到紙板或是字母上。他事後承認，當時還以為是自己產生幻覺——那根管子顯然是肇因，但是他想不出有什麼東西能夠扭曲穿過不透明的黑紙。

於是他豎起一片塗了鋇的屏幕，然後隨手拿一樣物品，例如一本書，放在靠近管子的地方來擋住光束。結果令他大驚失色，屏幕上出現了被他拿來當做書籤的鑰匙的輪廓。所以他不知怎的，竟能**看穿物品**。他又隨手拿起附近的木盒，結果也能看穿。但是真正詭異、真正有如魔法的時刻，發生在他舉起一個金屬塞子的時候——他看到了自己的手骨。這時，倫琴排除了這是幻覺的想法。他認為自己完全瘋了。

對於倫琴發現X射線時激動成這副模樣，我們現在看起來可能覺得很好笑。但是請注意，他處理這件事的態度非常了不起。他沒有一下就跳到容易做成的結論，說自己發明了某樣全新的東西，反而認為是在某個環節發生錯誤。一方面覺得難為情，另一方面也希望能找出錯在哪裡，他把自己鎖在實驗室裡，與外界隔絕，在他的洞穴裡度過緊張兮兮的七週。他遣走助理，每餐飯都是不情不願地胡亂吞些食物，也不和家人交談，只偶爾嘟囔幾聲。不同於克魯克斯，或是巨齒鯊獵人，或是龐斯與佛萊許曼，倫琴費盡力氣想把自己的發現塞進已知的物理學架構中。他並不想要革新什麼。

諷刺的是，雖然他使出一切手段來避開病態科學，倫琴的論文卻顯示，他沒辦法擺脫自己發了瘋的想法。不只如此，由於經常喃喃自語，而且反常地愛發脾氣，使得其他人也開始懷疑他精神有問題。他對太太貝莎（Bertha）開玩笑道，「我現在做的研究呀，會讓別人說，『老倫琴瘋掉嘍！』」當時他五十歲，她心中想必也有點擔憂。

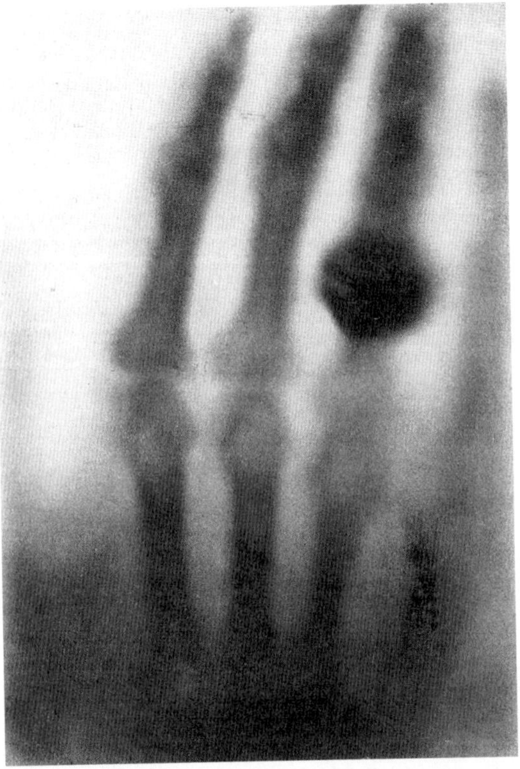

這張早期的 X 光片照出了倫琴夫人的手骨，以及她手上那枚搶眼的戒指，倫琴原本很擔心自己發瘋了，但是當他太太也看見自己的手骨時，終於鬆了一口氣。不過倫琴太太可沒那麼開心；因爲她以爲這是死之將至的惡兆。

儘管如此，不論他有多麼不相信，克魯克斯管還是每一次都要照亮鋇板。於是倫琴開始記錄這些現象。再一次地，他的做法不同於先前三個病態科學的案例，他不理會任何短暫或怪異的效應，任何可能被認爲是主觀的事物。他只解決客觀的結果，例如讓照相板顯影。最後，在稍微有一點點自信後，一天下午，他把貝莎帶進實驗室，讓她把手放在X射線前面。當她親眼看到自己的骨頭時，可眞是嚇壞了，以爲這是死期將近的惡兆。她說什麼也不肯再進那間鬼實驗室，但是她的反應卻讓倫琴大大鬆了一口氣。這或許是貝莎對他做過最美妙的事了：證明了這一切不是他的幻想。

這時身心俱疲的倫琴走出實驗室，向全歐洲的同僚宣告有關「倫琴射線」的事。可想而知，他們都很懷疑，就像之前他們駁斥克魯克斯，以及後世科學家駁斥巨齒鯊和冷融合。但是倫琴很有耐心，也很謙虛，每當有人提出反對的理由時，他就會回答說，他已經研究過那種可能性了，直到他的同僚終於都無話可說。也因此，在通常嚴厲艱辛的病態科學故事中，總算還有鼓舞人心的一面。

科學家面對新想法，態度有可能很殘酷。不難想像他們會問，「倫琴，你倒是說說看，有什麼『神祕光束』能隱形地飛越黑紙，然後照亮你身體裡的骨頭？哼。」但是當他用扎實的證據，再三重複的實驗來一一反擊，大多數人都拋棄了舊思維，接受他的發現。雖然倫琴大半輩子都只是一名表現平庸的專家，但是此後卻成爲每個科學家心目中的英雄。一九〇一年，他贏得新創設的諾貝爾物理學獎。二十年後，一名叫做莫斯利的物理學家利用同樣基本的X射線裝置，革新了週期表的研究方式。而且直到二〇〇四年，人們還是如此地佩服他，因此週期表上當時最大的元素、原本沒有名字的一一一號元素，就被稱爲roentgenium（倫琴元素）。

第五部　元素科學的今天與明天

16 超低溫化學：零度以下，再以下

50 錫 Sn 118.711	18 氬 Ar 39.948	60 釹 Nd 144.242	37 銣 Rb 85.468

倫琴不只爲嚴謹的科學提供了最佳示範；他還提醒普天下的科學家，週期表上素來不乏驚奇。元素世界總是有新東西等待發掘，即使到現在都是。但是大部分容易的發現都已經被倫琴他們那一輩採收了，想要有新發現就得動用非常手段。科學家必須在非常嚴峻的環境中研究元素——尤其是極度寒冷的溫度下，元素會被催眠，做出怪異的行爲。但是嚴寒對於人類的發現之旅不見得都是好兆頭。近代的「路易斯與克拉克」傳人，在一九一一年時已經差不多走遍了南極洲，但卻沒有人眞正踏上過南極。不用說，探險家圈子裡爲此產生了一場激烈的競爭，比賽誰能最先抵達南極——無可避免地，結果導致一則淒涼的警世故事，告誡我們，化學在嚴寒溫度下可能惹出什麼樣的禍事。

即使就南極的標準來說，那年的氣溫也滿低的，但是一小群面色蒼白的英國人在史考特（Robert Falcon Scott）的率領下，依然決心要成爲第一隊抵達南緯九十度的人。備妥雪橇狗和補給品後，車隊在十一月一日出發。車隊成員大部分都是後勤小組，他們很聰明地沿途卸下一些食物和燃油，讓最後的進攻小組能夠輕裝簡從地快速推進，回程途中再取用這些補給品。

車隊規模一點一點地縮小，在艱苦步行了幾個月後，史考特所率領的五人進攻小組終於在一九一二年一月十七日抵達南極。然而，等待他們的卻是一頂棕色帳篷、一面挪威國旗，以及一封友善得令人抓狂的信。史考特輸了，阿蒙森（Roald Amundsen）小組早在一個多月前就已抵達南極。史考特在日誌裡簡短地記下那一刻：「最糟的事發生了。所有的白日夢都沒了。」過了一會兒之後，他又寫道：「天哪！這眞是個可怕的地方。現在要拼老命回家了。不知我們能不能辦到。」

心灰意懶的史考特小組，回程原本就已經夠艱難了，但南極洲硬是橫生枝節，不斷地處罰他們，騷擾他們。他們被一場大雨雪困住了好幾週，根據他們（事後被發現）的日誌顯示，他們歷經了饑餓、壞血病、脫水、失溫以及壞疽。但最慘的是，他們缺乏加熱所需的燃料。史考特在一年前曾經到北極探險，發現用皮革來做煤油罐子的封口並不理想，油漏得很嚴重，害他陸陸續續損失將近一半的燃料。因此這次南極探險，他嘗試改用錫含量極高，甚至是純錫的焊料，來爲煤油罐封口。然而，當全身濕透的隊員在回程途中找到等候他們的小罐子時，卻發現許多罐子都是空的。更慘的是，許多燃油都漏在乾糧上，造成雙重損失。

少了煤油，組員不能烹煮食物來吃，也不能融化雪水來喝。其中一人病倒後過世；另外一人精神失常，在酷寒中離開帳篷，不知去向。剩下三人，包括領隊史考特，繼續奮進。根據官方紀錄，他們死於一九一二年三月下旬，距離英國隊基地只有十一哩遠，卻再也挨不過最後幾天的路程。

在那個年代，史考特受歡迎的程度，就好像美國的阿姆斯壯（第一位登上月球的人）——英國人聽到他罹難的消息，難過得咬牙切齒，一座教堂甚至在一九一五年安裝了一面紀念他的彩繪玻璃。和以前一樣，人們總是要幫失敗的英雄找藉口，這時，週期表可就提供了一個現成的壞蛋。錫，這個史考特拿來封住燃料罐的元素，打從聖經時代就是一種昂貴金屬，因爲它非常容易塑形。諷刺的是，冶金學家把錫弄得愈純，它在日常用途上就表現得愈差。每當純錫製造的工具（或錢幣或玩具）受了寒，表面就會冉冉爬上一層白色的鏽，有如窗玻璃在冬天結上白霜。然後這層白鏽會像膿包般爆裂，弱化並腐蝕錫，直到把錫腐蝕得粉碎。

和鐵鏽不一樣，錫鏽不是化學反應。現在的科學家終於知道，會發生這種現象，是因爲錫有兩種很不一樣的方式來安排內部的原子，當它一受寒，就會從原本強壯的「貝塔」形式（beta form），轉換成碎裂的粉末狀「阿爾法」形式（alpha form）。如果要把箇中差異具象化，各位不妨把原子假想成要堆進大木箱的一堆橘子。排在最底部的那層橘子，因爲是圓球體，彼此只會在切線面相接觸。排第二、第三以及更上層時，你可以把每個新原子排在下一層原子的正上方。那是一種方式，或說一種晶體結構。但是你也可以把第二層原子都塞進第一層原子之間的空隙，然後第三層原子再排進第二層原子的空隙中，以此類推。如此一來，第二種晶體結構就會有不同的密度和性質。而這些只是許多安排原子的方式中的兩種。

可以說，史考特探險隊是以最嚴厲的方式得知，同種元素的原子也可以自發地從某個弱晶體轉換成強晶體，或者倒過來。一般說來，得在極端環境中才會引發這類型的原子結構重新安排，例如地熱與高壓就可以把碳元素從石墨轉變成鑽石。錫在攝氏十三度時就容易起變化。即使只是稍微有點涼意的十月天晚上，都有可能把錫膿包和白鏽引發出來，而且天氣愈冷，愈加速這個流程。另外，粗魯的對待或是變形（譬如說，罐子從車上被扔到硬邦邦的雪地上，造成凹痕）也都可以催化這些反應，即便錫原本不怕這些。此外，這種變化也不僅是局部的缺陷，或是表面的傷痕。這種情況有時候被稱爲錫痲瘋（tin leprosy），因爲它會深深鑽進內部，就像一種疾病。這種阿爾法與貝塔間的轉變，甚至會釋放出足以引發呻吟聲的能量——且被很鮮活地稱做「錫尖叫」（tin scream），雖說聽起來更像音響的靜電聲。

錫元素這種阿爾法與貝塔形式的轉換，在歷史上常常順理成章地被人拿來當做代罪羔羊。許多冬日嚴寒的歐洲城市（譬如聖彼得堡）都有一些傳奇故事，關於新教堂裡的管風琴剛啓用，風琴師才彈了第一個和弦，昂貴的錫製音管竟然就炸得粉碎。（有些虔誠的市民更願意怪罪於魔鬼。）回到比較世俗的歷史事件，當拿破崙很愚蠢地在一八一二年冬天攻打俄國時，據說法軍外套上的錫扣環都裂開了，強風一吹外套就會揚起，露出內層的衣物（但是有些歷史學家駁斥此種說法）。就像史考特那一小隊人馬碰上惡劣環境，法軍在俄國的存活機會本就微乎其微。但是第五十號元素這種變來變去的不老實行徑，或許也讓局面更爲艱難，也因此，與其怪罪英雄的錯誤判斷，不如怪罪①不帶政治立場的化學來得容易多了。

無疑地，史考特的隊員一定發現煤油罐是空的——日誌裡有記載——但是否就是錫焊料崩解造成漏油，還有待爭議。錫痲瘋聽起來確實非常合理，但是其他探險隊的煤油罐在幾十年後被發現，上頭的焊封口還是很完整。史考特採用的錫確實純度較高，但必須是非常純的錫，才能讓錫痲瘋徹底發作。這樣看來，除了惡意破壞，也沒有其他合理的解釋，可是同樣沒有證據顯示當時有任何不法情事。無論如何，史考特的人馬死在冰天雪地之中，至少有一部分的帳要算到週期表的頭上。

當物質遇到極度低溫，就會出現一些詭異的怪事。小學生在課堂上只會學到物質三態：固態、液態和氣態。高中老師常常喜歡丟出第四態，電漿態（plasma，也稱做等離子態），是恆星上的一種超熱狀態，電子會離開它們原本停靠的原子核碼頭，到處遊蕩。②進了大學，學生開始接觸到超導體和超流體氦。讀研究所之後，教授有時候會搬出像夸克膠子電漿態（quark-gluon plasma），或電子簡併態（degenerate matter）之類的物質狀態來考學生。然後再下去，總會有幾個自以爲聰明的傢伙問道，爲什麼果凍不能自成一種特殊態。（想知道答案嗎？因爲像果凍那樣的膠體是由兩種狀態混合成的。③我們可以把水和明膠的混合物想成很有彈性的固體，也可以想成很黏稠的液體。）

重點在於，宇宙能夠提供的物質狀態——也就是不同的粒子微觀排列——遠超過我們老舊的固、液、氣態分類法所能想像的。而這些新的狀態可不是像果凍那種混血狀態。就某些案例來說，甚至連質量和能量之間的界線都會消失。愛因斯坦在一九二四年不斷修正幾條量子力學方程式的時候，曾經發現一種這樣的狀態——但隨即又否定了自己的計算以及這項理論性的發現，因爲覺得未免太怪異了，不可能存在。事實上，直到一九九五年有人眞正做出來之前，這種狀態都被視爲是不可能存在的狀態。

就某方面來說，固態是最基本的物質狀態。（說得精確些，每一個原子座位內的大部分區域都是空的，但是以超高速運轉的電子，會讓我們遲鈍的感官不斷產生它們是固態的錯覺。）在固態裡，原子是以重複的三度空間陣列來排列，不過即便是最令人厭膩的固態，通常也能夠形成一種以上的晶體。目前科學家已經有辦法利用高壓艙，來哄騙冰塊形成十四種不同形狀的晶體。其中有些冰塊會沉入水中而非浮起，有些不會形成六角形的雪花，而是形成如棕櫚葉或花椰菜般的形狀。有一種奇怪的X冰（Ice X），要到攝氏二〇三七度才會融化。甚至像巧克力這樣成分複雜的化學物質，都能形成會改變形狀的準晶（quasicrystal）。各位一定有過這種經驗吧，興沖沖打開一包巧克力，結果卻看到一攤倒胃口的棕色黏糊？我們或許也可以稱之爲巧克力痲瘋，因爲這也是由在南極害慘史考特的「阿爾法—貝塔轉換」所造成的。

晶體固體最容易在低溫下形成，而且如果溫度降得夠低，一些你認爲很熟悉的元素可能會變得很陌生。就連冷漠的鈍氣，一旦被迫成爲固態時，也會認爲和其他元素摟抱一下不是什麼壞事。加拿大化學家巴特萊特（Neil Bartlett）在一九六二年打破化學界信奉了幾十年的教條，用氙做出一塊固態的橘色晶體。④沒錯，他是在室溫下做出這個實驗，但是唯有用上腐蝕性不輸超強酸的六氟化鉑（platinum hexafluoride）才能辦到。再說，氙在穩定的鈍氣中，體積最大，因此它的電子和原子核間的鍵結也比較鬆，比起其他鈍氣元素，更容易起反應。如果想讓體積較小、電子較緊密的鈍氣起反應，化學家就必須把溫度降得非常低，基本上等於是要痲醉它們。氪會拚命掙扎，直到溫度降到只剩攝氏零下一五一度，超愛交際的氟才終於能纏上它。

不過，比起要把其他化學物質接到氬身上，逼迫氪起反應就顯得易如反掌了。自從巴特萊特於一九六二年做出固體氙，以及一九六三年第一個固體氪登場之後，足足又等了三十七年，才終於有芬蘭科學家在二〇〇〇年拼湊出製造氬化合物的正確程序。這個堪稱有如法貝樂（Fabergé）

珠寶絕藝般精細的實驗流程，需要準備固態氬；氫氣；氟氣；一種非常容易起反應的起始化合物碘化銫，以便引發反應；此外還需要時間拿捏極其精準的強大紫外光照射，而且一切裝置都要在嚴寒的攝氏零下二百六十五度來執行。溫度如果稍稍高了一點，氬化合物馬上就會崩潰瓦解。

不過，只要維持在那個低溫以下，氬氟化氫（argon fluorohydride）倒是一種滿持久的晶體。這群芬蘭科學家在報上宣布他們的傑作時，用了一個讓人一看就懂的標題，這在科學研究來說是很少見的。他們的標題很簡單：「一個穩定的氬化合物」。就這樣，單單宣布他們做出什麼，就夠他們誇耀了。科學家目前還是深信，即便在最最寒冷的太空中，小巧的氦與氖也不可能與其他元素結合。所以啦，到目前爲止，由氬披掛上冠軍腰帶，榮登「最不容易受人類逼迫形成化合物的元素」寶座。

鑑於氬是這麼地彆扭，不肯改變習性，能做出氬化合物自然很了不起。但是，科學家其實並不認爲鈍氣化合物，或甚至錫元素的阿爾法—貝塔轉換，眞能算是不同的物質狀態。不同的物質狀態，需要具備明顯不同的能量，而原子在另一種狀態中，也必須以明顯不同的方式來互動。這也是爲什麼，內部原子（大部分）都固定的固體，粒子能彼此環繞打轉的液體，和粒子完全自由地彈來彈去的氣體，**可以算是**不同狀態的物質。

不過，固體、液體和氣體還是有許多共通處：它們的粒子都是界線分明，而且各自獨立的。但是，你如果把它們加熱到電漿態，讓原子開始解體，那種界線分明的權威就會讓位給無政府狀態，又或者，把它們冷凍到出現集體主義狀態，粒子就會開始以意想不到的方式來重疊並結合。

就拿超導體來說。電流是由電路中的一道電子流形成的。在銅線內部，電子會從銅原子之間或旁邊流過，其間如果有電子撞上銅原子，銅線就會以熱的形式散失一點能量。顯然，在超導體裡頭，一定有什麼原因壓制了上述流程，因爲流經超導體的電流從來不會減弱。事實上，只要超導體維持在低溫狀態，電流可以永遠流動下去。這項特性最早是在一九一一年於攝氏零下二六七．八度時被偵測到的，此後幾十年，大多數科學家都以爲，超導電子只是因爲活動的空間變大所致：超導體中的原子只有很少的能量供它們前後振動，因而讓電子擁有更寬闊的路肩來飛馳，以及避免相撞。就那一點來說，這樣解釋也沒錯啦。但是，正如一九五七年三名科學家所釐清的，在低溫下變形的其實是電子本身。

當超導體中的電子經過原子旁邊時，會對原子的內核產生一股拉力。帶正電的原子核會輕微地靠向電子，造成一股密度較高的正電荷尾流。而密度較高的正電荷又會引來其他電子，就某方面來說，後者會和前面那個電子配對。這種電子之間的結合並不強，比較像是氬和氟之間的弱鍵結；也因此，唯有在原子不太振動，不能把電子撞走的低溫情況下，才會出現這種電子配對。在這麼低的溫度下，你不能把電子想成一個一個的單獨粒子；因爲它們會黏在一起，集體出動。因此，當它們在電路上行進時，如果某個電子快要黏上或是被敲進一個原子內，夥伴們就會趕在它速度慢下來前，一把將它拉住，拖著它繼續飛奔。有點像是昔日不合法的橄欖球陣式，一群不戴頭盔的球員臂挽著臂，一起向前衝——不過換成了一群以緊密隊形飛奔的電子。當數不清的電子同時都這樣做時，這種微觀狀態就會轉換成超導性質。

順便提一下，這項解釋稱做 BCS 超導理論（the BCS theory of superconductivity），是以提出該

理論的三位科學家姓氏來命名的：巴丁（John Bardeen）、庫柏（Leon Cooper，上一段提到的電子對就稱爲「庫柏電子對」〔Cooper pairs〕），以及施里弗（Robert Schrieffer）。⑤這裡的巴丁，也就是第二章提到，因爲共同研發鍺電晶體而獲得諾貝爾獎，且一聽說自己得獎，就失手打翻了一盤炒蛋的那位仁兄。在一九五一年離開貝爾實驗室之後，巴丁前往伊利諾州，改做超導研究，而他們三人經過六年研究，提出一套完整的理論。這套理論實在太精彩也太正確了，因此三人共同獲得一九七二年的諾貝爾物理學獎。這一次，巴丁慶祝這則大好消息的方式，是錯過校方舉行的記者會，因爲他不知道怎樣打開家中新安裝（由電晶體供電）的電子車庫門。但是當他第二度前往瑞典領獎時，他終於把兩名已成年的兒子介紹給瑞典國王認識，實踐了他在一九五〇年代許下的諾言。

要是元素降溫到甚至比超導溫度還低時，原子就會抓狂：它們會互相重疊，互相吞噬，這種狀態稱做相干性（coherence）。要了解本章開頭所提，愛因斯坦認爲不可能存在的物質狀態，相干性是關鍵。想要了解相干性，我們需要先繞一段路；這段路很短，但是（感謝老天）充滿了元素，是關於光的性質以及另一種曾經被認爲不可能的新發明：雷射。

很少有事物比光所具備的模稜兩可、二合一性質，更能引發物理學家的古典美感。我們通常把光想成一種波。事實上，愛因斯坦在建構狹義相對論時，有部分就是藉由想像宇宙在他眼中會是什麼樣子——太空看起來像是什麼，時光又是如何運轉（或不會運轉）——如果他能側騎上光波的話。（別問我他是怎麼想像的。）同時，愛因斯坦也證明了（在這個領域，他眞是無所不在），光線有時候會表現出粒子的特性，因此稱做光子（photon）。把波和粒子觀點相加之後（稱為波粒二象性〔wave-particle duality〕），他正確地推論出光不只是宇宙間最快速的物質，同時也沒有任何東西的速度可能超越光，而光在眞空裡的速度是每秒鐘十八萬六千哩。至於你偵測到的光是波還是粒子，就要看你怎樣測量了，因爲光不會全然是其中某一項。

然而，儘管在眞空中如此簡潔美麗，光碰到某些元素卻會被腐化。鈉和鐠就有辦法把光的速度拖慢到每秒只剩六哩，比音速還慢。這些元素甚至能夠抓住光，扣留個幾秒鐘，就好像接住一顆棒球似地，然後才把它扔往不同的方向。

雷射操縱光的方式更爲細緻。還記得電子就像電梯嗎：它們永遠不會從一樓跑到三．五樓，或是從五樓降到一．八樓。電子只會在整數樓層之間跳躍。當興奮的電子摔下來時，會以光的形式扔掉一些能量，也因爲電子的活動範圍受到這麼多限制，它放出來的光也會受到限制。它的光都是單色的，至少理論上是如此。實際上，來自不同原子的電子會同時從第三層掉落第一層，或是從第四掉落第二，或是其他層，而每一種不同的掉落都會製造出不同顏色的光。此外，不同的原子會在不同的時間點放出光線。在我們眼中，這種光看起來很一致，但是就光子層次，它們卻很雜亂，很不協調。

雷射之所以能夠避開時間點不一的問題，是藉由限制電梯停留的樓層來辦到的（它們的表親邁射〔maser〕的作用方式，也和雷射相同，差別只在邁射製造的是非可見光）。目前最強大、最令人印象深刻的雷射，是以攙有釹的釔晶體做爲材料的雷射，其發射的光束瞬間就能製造出超過全美電力總合的能量。在雷射裝置內部，有一個閃光燈繞著釹釔晶體，以極快速度和極大強度不停地閃光。如此源源不絕注入的光線，會把鈥原子的電子刺激得非常興奮，跳躍高度也較平常高出許多。配合電梯的比喻，它們可能會彈跳十樓那麼高。由於高得令人發暈，所以它們馬上又會掉落到安全高度，譬如說第二樓。但是和一般墜落不同的是，電子因爲太過激動而出了點毛病，沒有像平常一樣以光的形式放出多餘能量；它們一邊發抖，一邊以熱的形式放出能量。此外，因爲來到安全的二樓而鬆了一口氣，電子會跑出電梯，到處遊蕩，懶得快快回地面。

事實上，在電子總算可以回到地面之前，閃光燈又亮了起來。於是這群鈥電子再度飛上十樓，然後墜落下來。這種情況反覆發生後，第二層樓就會變得愈來愈擁擠；等到二樓的電子數量多過一樓時，雷射就達到了「居量反轉」（population inversion）。這時，如果有原本在遊蕩的電子突然往一樓跳，就會干擾到周遭那群躁動又擁擠的鄰居，將它們擠落陽台，然後被擠落者又擠落了另外一些電子，於是它們全都製造出同樣顏色的光。這種一致性就是雷射的關鍵。雷射裡頭的其他元件則負責把光線清理乾淨，藉由讓光束在兩面鏡子之間反彈，更形銳利。但是到了這個時候，鈥釔晶體已經完成了它們的任務：製造出連貫密集的光，其光束是這麼地有力，足以引發熱核融合，但同時焦點又是這麼地集中，能夠雕塑眼角膜卻不至於燒掉眼睛。

根據這些技術性的描繪，看起來雷射好像是工程部分比較困難，而非理論部分讓人驚豔，然而雷射（以及其實比它更早的邁射）在一九五〇年代研發之時，曾遭遇許多科學上的偏見。湯斯（Charles Townes）還記得，即便他已經做出第一台能運作的邁射裝置，許多資深科學家還是對他憂慮地搖搖頭說，對不起，湯斯，那是不可能的呀。而且說這話的可不是什麼庸才，不是那種心胸狹窄、老愛唱反調、沒有能力想像未來趨勢的人。包括爲現代電腦（以及現代原子彈）設計出基礎架構的馮諾曼，以及詮釋量子力學的主力人物波耳，都當著湯斯的面，認定邁射就是「不可能的事」。

在這件事情上，波耳和馮諾曼之所以會搞砸，理由很簡單：他們忘記了光的二元性。尤其是量子力學中著名的「測不準原理」（uncertainty principle）誤導了他們。由於海森堡（Werner Heisenberg）提出的測不準原理是這麼容易被誤解——不過一旦弄懂，它就會變成製造新式物質的有力工具——下一段我們會來好好地解析一下宇宙中的這個小謎團。

要是說再沒有什麼能比光的二元性更讓物理學家開心，那麼或許也可以說，再沒有比聽到世人胡亂解釋、套用測不準原理，更讓物理學家難受的了。不管你以前聽過什麼樣的解釋，它都（幾乎⑥）和「觀察者只透過觀察就改變了事物」毫無關係。這條原理全部的內容就只有這樣：

$$\Delta x \Delta p \geq \frac{h}{4\pi}$$

就只是這樣。

現在，你如果要把量子力學轉換成白話文（總是有風險），這條方程式的意思是：「某物體位置的不確定性（Δx）」乘上「該物體在速度及方向上的不確定性（Δp）」，永遠大於或等於「常數h除以π的四倍」。（這裡的常數h代表蒲朗克常數，是一個非常小的數值，大約比一小了「十的二十六次方」倍，因此測不準原理只適用於極端微小的物體，諸如電子或光子。）換句話說，你如果非常了解某個粒子的位置，你就不可能同時又很了解它的動量，反之亦然。

請注意，這裡的不確定，並不是指測東西不準，好像你的尺很爛；這種不確定性本身就是一種性質。還記得光具有可轉換的特性，部分是波，部分是粒子嗎？波耳和馮諾曼之所以駁斥雷射不可能，正是因爲只把光的行爲看成粒子，或說光子。聽在他們耳裡，雷射是這麼地精確和集中，因此光子位置的不確定性應該是零。這麼一來，它的動量不確定性就必須非常大，意思就是說，光子可能會以任何能量，朝向任何方向飛馳，而這一點，又和概念中的緊密聚焦光束自相矛盾。

他們忘記了，光也可以表現得像波，而波所遵循的法則是不同的。舉個例子，你怎能分辨一個波在哪裡？波的特性就是會往外擴散——一種內建的不確定性源頭。而且和粒子不同的是，不同的波能夠互相吞噬和相加。兩顆被扔進池塘的石頭，將會在它們之間激起最高的波峰，因爲它們可以同時從兩邊較小的波接收能量。

就雷射的例子，這裡的「石頭」不是兩顆，而是數以兆計的石頭（也就是電子）在踢動光波，而且它們都混在一起。關鍵在於，測不準原理並不適用於成組的粒子，而只適用於個別的粒子。在一束光裡的整組光粒子，不可能說出其中任何一個光子的確切位置。也因此，對於「在光束中位置極爲不確定的光子」，你可以把它們的能量和方向傳送得非常、非常精準，因而製造出雷射。這個小漏洞不太容易利用，然而一旦能逮到它，功用可大了——這也是爲什麼《時代》雜誌將湯斯選爲一九六〇年的年度風雲人物（與鮑林和塞格瑞並列），以及爲什麼湯斯能夠憑藉邁射研究，贏得一九六四年的諾貝爾獎。

事實上，科學家很快就明白，這個小漏洞比光子適合得多。正如光束具有粒子與波的二元特性，愈是深入剖析電子、光子，以及其他應該很硬的粒子，它們看起來就會愈顯得模糊。就最深入也最神祕的量子尺度而言，物質是難以識別的，而且就像波一樣。也因爲講到底，測不準原理是一條數學表述，是關於「畫分波的界線所受到的限制」，因此那些粒子也被涵蓋在這種不確定性之下。

再說一次，這項原理只適用在極小極小的尺度上，在這種尺度裡，就連蒲朗克常數看起來都不顯小。也因此，每當有人把它放大到人類身上，宣稱$\Delta x \Delta p \geq h/4\pi$眞正「證明了」你在日常生活中觀察任何事物都會造成它們的改變——又或者，再往前推一步就變成：客觀本身是個騙局，是科學家用來愚弄自己以相信他們眞的「知道」些什麼——物理學家就會覺得很難堪。事實上，只有一個案例，是奈米尺度上的測不準原理能夠對我們的宏觀世界造成影響：也就是本章稍早承諾要講的一種極不尋常的物質狀態，玻色—愛因斯坦凝聚態（Bose-Einstein condensate，簡稱BEC）。

故事要從一九二〇年代初講起。胖嘟嘟、戴著眼鏡的印度物理學家玻色（Satyendra Nath Bose），有一次在課堂上解量子力學方程式時出了個錯誤。那是一個很粗心的錯誤，基本上只有大學生才會犯，但是它要到了玻色。剛開始他並沒有察覺自己的錯誤，仍繼續未完成的部分，結果發現這個由他的失誤所製造出來的「錯誤」答案，與光子特性的實驗非常一致——比「正確的」理論更爲一致。⑦

於是，就像歷史上其他的物理學家一樣，玻色決定要假裝他的錯誤是事實，但是承認他並不知道原因，然後寫成一篇論文。由於他看起來像是犯了錯誤、再加上他又是個沒沒無聞的印度人，許多著名的歐洲科學期刊都回絕了。但是不屈不撓的玻色直接將論文寄給愛因斯坦。愛因斯坦仔細研讀之後，認爲玻色的答案很聰明——基本上，論文的大意是說，部分粒子（例如光子）有可能坍塌在彼此身上，直到最後分不出誰是誰爲止。愛因斯坦把這篇論文整理了一下，翻成德文，然後又把玻色的研究擴充成另一篇獨立的論文，涵蓋的不只是光子，還包括整個原子。利用他的知名度，愛因斯坦讓兩篇論文綁在一起發表。

在這兩篇論文裡頭，愛因斯坦加了幾句話，指出要是原子的溫度夠低——甚至比超導體冷上十億倍——它們就會濃縮成一種新的狀態。不過，要製造出那麼低溫的原子，遠超過當代科技所能辦到，就連一向想得很遠的愛因斯坦也無法理解當中的可能性。他認爲他這種濃縮態只是無聊的好奇心。令人意想不到的是，十年之後，科學家竟然在一種超流體氦（其內部一小袋、一小袋的原子會將彼此綁在一塊）的身上，稍稍窺見玻色—愛因斯坦物質可能的樣貌。而且超導體裡的庫柏電子對，就某方面來說，行爲也類似BEC。但是像超流體和超導體中的這類鍵結很有限，不完全像是愛因斯坦所預見的狀態——他預見的是一種很冷、稀疏的薄霧。然而，研究超流體氦或是超導體的人，從未去探索愛因斯坦的這項猜測，而BEC也一直靜悄悄地沒什麼進展，直到一九九五年，科羅拉多大學兩位聰明的科學家像變戲法似地，用銣（rubidium）原子氣體變出了BEC。

很貼切的是，令BEC成眞的技術中，包括雷射——因爲雷射所根據的想法，最早正是受玻色的光子論所支持。乍看起來，這好像反過來了，因爲雷射通常是把東西加熱。但事實上，只要操作得宜，雷射也可以冷卻原子。就最基本的奈米層次而言，溫度只是在測量粒子的平均速度。熱的分子激烈地揮拳互毆，冷的分子則要死不活地拖著腳步。所以，冷卻某樣事物的關鍵，在於降低其粒子的速度。在雷射冷卻技術中，科學家會讓幾束光線交叉，就像電影《魔鬼剋星》（*Ghostbusters*）設計了一個「光學糖漿」（optical molasses）陷阱。當氣體中的銣原子衝過糖漿時，雷射就會用低強度光子去撞擊它們。銣原子比較大也比較強，所以這有點像是拿機關槍去射擊呼嘯而過的小行星。然而儘管體積差異懸殊，如果擊發的子彈夠多，最終還是能夠阻擋小行星，而這也正是銣原子的下場。從四面八方吸收了一大堆光子後，它們的速度會變慢，然後更慢，更慢，而它們的溫度也會降到只比絕對零度高出萬分之一度。

不過，即使是這樣的溫度，對於BEC來說，還是熱得教人受不了（現在你可以了解愛因斯坦爲什麼那麼悲觀了吧）。於是，科羅拉多州那兩位科學家康乃爾（Eric Cornell）和魏曼（Carl Wieman），加入第二階段的冷卻系統：安置一塊磁鐵，不斷將銣氣體當中「最熱的」原子吸走。基本上，這就像是對著一湯匙的熱湯吹氣——藉由將較熱的原子吹走來降溫。隨著精力較充沛的原子一一離去，整體溫度就會一直往下降。於是，藉著這樣每次只趕走最熱的原子，科學家緩緩地把溫度降到只比絕對零度高十億分之一度。到了這個溫度，兩千個銣原子終於坍塌成爲玻色—愛因斯坦凝聚態，是現在已知宇宙裡最冷、最軟黏、也最脆弱的物質。

但是這句「兩千個銣原子」恐怕會讓人無法理解BEC。事實上，與其說兩千個銣原子，不如說是一大球銣原子。這是一個奇異點（singularity），也是它與測不準原理有關的地方。還是一樣，溫度只是測量原子的平均速度。如果分子溫度降低的幅度不到十億分之一度，速度幾乎沒有減慢——意思就是說，速度的不確定性極低，基本上近乎零。也因爲在那種層次的原子，具有像波一樣的性質，它們的位置不確定性必然極大。

由於位置不確定性這麼大，當兩名科學家無情地一再冷卻銣原子，把它們擠壓在一起時，原子開始腫脹、擴張、重疊，最後終於分不出彼此。所以到頭來只會剩下一顆幽靈般的巨大「原子」，理論上（如果它不是這麼脆弱）可能大到足以用顯微鏡來觀看。這也是爲什麼我們能說，這個案例不像其他例子，測不準原理竟然能往上衝，影響到（幾乎是）人類尺寸的東西。創造出這種新物質態的整套實驗設備，不到十萬美元，而ＢＥＣ總共只維持了十秒鐘就燒掉了。不過，對於康乃爾和魏曼來說，這十秒已經夠長了，足夠爲他們贏得二〇〇一年的諾貝爾獎。⑧

隨著科技不斷進步，科學家誘發ＢＥＣ－物質的技巧也愈來愈高明。雖然目前還沒聽說有人下訂單，但是科學家可能很快就有能力製造出「物質雷射」（matter laser），射出比光學雷射強大數千倍的超聚焦原子束；又或是製造出「超固體」（supersolid）冰塊，能在不喪失自身固體性的情況下，流動穿透彼此。在我們科幻般的未來年代，這一類的東西將能證明，它們的神奇程度絕對不會輸給我們現在的光學雷射和超流體。

17 華麗的球體：泡泡科學

氫	H	1	1.008
鈣	Ca	20	40.078
鑪	Rf	104	(267)
氡	Rn	86	222
鋯	Zr	40	91.224
氙	Xe	54	131.294

週期表科學上的重大突破，不一定非得深入BEC這類奇異又複雜的物質狀態不可。只要好運道和科學繆斯女神串通好了，日常生活裡平凡的液體、固體和氣體，還是能不時吐露出一些祕密。事實上，根據傳說，史上最重要的科學儀器之一，就是**被**一杯啤酒（而不是在一杯啤酒**上頭**）研發出來的。

年方二十五歲的葛拉瑟（Donald Glaser）是密西根大學的新進教職員，常常光顧大學附近的酒吧。這天晚上，他又坐在酒吧裡，瞪著眼前一杯淡啤酒上不斷冒起來的泡泡，很自然地就開始想到粒子物理學。在一九五二這個年代，科學家借用曼哈頓計畫與核子科學的知識，聯想推論出一堆奇異又脆弱的粒子，像K介子（kaon）、渺子（muon）和π介子（pion），都是我們熟悉的粒子（質子、中子與電子）的幽靈兄弟。粒子科學家懷疑（甚至是希望），既然這些粒子能夠窺見更深入的次原子洞穴，它們搞不好能推翻週期表，取而代之成爲基礎的物質地圖。

但是若想更進一步，他們需要有更好的方法來「觀看」這些無窮小的粒子，並追蹤它們的行爲。高額頭，一頭自然微鬈的短髮，再加上一副眼鏡的葛拉瑟，忽然斷定答案就在泡泡裡。液體裡的泡泡是因爲內容不完美或說不協調，才會產生的。香檳酒杯上一道極小的刮痕，就是它們形成的地點；溶入啤酒中一袋袋的二氧化碳則是另一個地點。身爲物理學家，葛拉瑟曉得當液體被加熱到接近沸點時（想一下爐子上的一鍋水），泡泡尤其容易生成。事實上，如果你讓某種液體的溫度維持在沸點之下一點點，任何輕微的擾動，都會讓它噴出一堆氣泡。

這是個好的開始，但仍然只能算是基礎物理學。讓葛拉瑟出人頭地的，是他的下一步想法。那些罕見的k介子、渺子和π介子，只有在某個原子的核（也就是原子最緻密的中心）被劈開時才會出現。一九五二年時，已經有一種叫做雲霧室（cloud chamber）的儀器，裡頭有一支「槍」會朝著冷卻的氣態原子發射超快速的原子魚雷。於是，渺子和k介子有時會在直接撞擊後現身，而氣體則會凝結成液體，沿著粒子的軌跡往下落。但是，葛拉瑟心想，一開始就用液體取代氣體不是更合理嗎。液體比氣體密度高出好幾千倍，舉例來說，如果原子槍瞄準的是液態氫，引發的撞擊將會多得多。再說，如果把液態氫的溫度維持在比沸點稍低一點點，那麼即使是幽靈粒子的能量輕輕一攪和，都可以誘使液態氫大冒泡泡，冒得像葛拉瑟的啤酒一樣。此外，葛拉瑟猜想他可能可以將泡泡的軌跡拍照，然後再計算不同的粒子會因爲體積與電荷的差異，而留下如何不同的路徑或螺旋蹤跡……。據說，在吞下杯中最後一顆泡泡時，該怎麼做他已經了然於胸。

像這一類科學家意外碰上重大發現的故事，長久以來都有許多人樂於相信。但很可惜，和大多數傳說一樣，以上所述不完全正確。葛拉瑟確實發明了氣泡室（bubble chamber），但那是在實驗室裡仔細研究出來的，而不是在酒吧餐巾上設計出來的。不過，令人高興的是，眞實場景甚至比傳說的內容還要怪異呢。葛拉瑟確實是按照上述想法去設計他的氣泡室，可是他還做了一個小

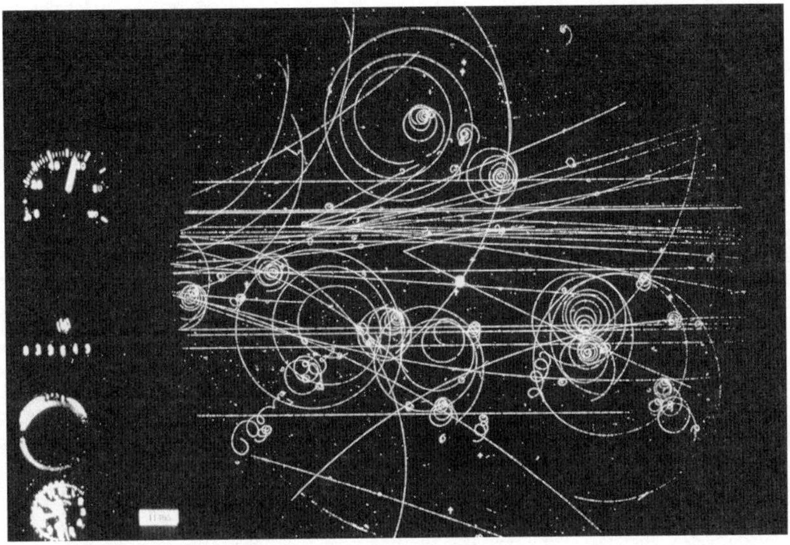

不同的次原子粒子在通過氣泡室時，會因體積和電荷的差異，產生不同的旋轉及螺旋路徑。上圖的軌跡，是由液態氫裡一群間距極細的泡泡所製造出來的。（圖片來源：CERN）

修改。

天知道是什麼原因——可能是大學時代情結的殘存吧——這名年輕人認定，啤酒（而非液態氫）才是最適合原子槍瞄準的液體。他眞心覺得，啤酒將會在次原子科學領域導引出一項劃時代的突破。我們彷彿可以清楚想見，那天晚上他怎樣偷偷地把百威啤酒運進實驗室，然後六瓶啤酒有一半下了他的肚，另一半加進只有頂針大小、美國最小的燒杯裡，把啤酒加熱到接近沸點，再拼命轟撞，想要製造出物理學史上最怪異的粒子。

葛拉瑟事後說，很不幸，啤酒實驗慘敗。而且實驗室的同事對整屋子瀰漫的啤酒臭味也很不悅。不屈不撓的葛拉瑟，繼續調整、修改他的實驗，而他的同事阿爾瓦雷斯（就是以「小行星撞擊殺死恐龍」之說出名的老兄）終於幫他做成決定，事實上最合理的液態材料還是氫。液態氫的沸點是攝氏零下二五九度，所以即便非常微量的熱，也能製造一堆泡沫。此外，身爲最簡單的元素，氫還能免於像其他元素（或啤酒）一樣，在粒子相撞時引發亂七八糟的複雜狀況。葛拉瑟改裝後的氣泡室，果然很快就提供了科學界許多洞見，也使得他躋身一九六〇年《時代》雜誌的十五名年度風雲人物行列，與鮑林、蕭克利和塞格瑞等人平起平坐。而且他在三十三歲就贏得諾貝爾獎，眞是年輕得嚇人。那時已經轉到加大柏克萊分校的他，還向麥克米連以及塞格瑞商借他們以前穿過的白背心，好去瑞典領獎。

泡泡通常不會被視爲基礎科學的工具。即使（或者就是因爲）它們在自然界無所不在，又容易製造，幾百年來都被貶抑爲玩具的層次。但是，當物理學在一九〇〇年代逐漸成爲科學裡的顯學時，物理學家突然發現，這些玩具對於探索宇宙最基本結構可以派上用場的地方多著呢。現在，生物學的地位正在竄升，而生物學家也利用泡泡來研究細胞（宇宙中最複雜的結構）的發生過程。泡泡證明了，對於所有科學領域來說，它們都是最好的天然實驗室，而最近的科學史也可以看成是一部與這些「華麗的球體」平行的研究史。

有一種元素隨時準備起泡泡——以及泡沫；泡沫就是泡泡相互重疊，失去球體形狀後的樣子。這個元素就是鈣。細胞之於組織，就好像泡泡之於泡沫，而人體泡沫結構的最佳範例（除了唾液之外）莫過於海綿骨（spongy bone）了。我們通常認爲泡沫不比刮鬍霜來得結實，但是當某些混入空氣的物質乾燥後或是冷卻後，會變硬，而且會僵化，就像持久版本的泡泡浴。事實上，美國太空總署就是用特殊泡沫來保護重返地球的太空梭，富含鈣質的骨頭也同樣既強壯又輕盈。不只如此，千年以來雕刻家利用柔軟但結實的含鈣岩石，像是大理石和石灰岩，雕刻出不計其數的墓碑、方尖碑以及神像。這些岩石的形成，是來自小巧的海洋動物死後所留下的鈣質殼沉落並堆積在海底。這些殼和骨頭一樣，上面有與生俱來的孔，但是鈣的化學性質能強化殼的柔性強度。大部分天然的水（像是雨水）都是微酸性，但鈣的礦物質卻是微鹼性。當水漏進鈣的小孔時，兩者會像一座迷你火山，釋放出少量的二氧化碳，將岩石軟化。如果規模放大到地質尺度，雨水和鈣的反應就會形成巨大的空洞，也就是我們所熟知的洞穴。

除了解剖學與藝術之外，鈣泡泡還有助於塑造世界經濟與強權。英格蘭南部沿海富含鈣質的洞穴，其實並不是天然的，而是做為石灰岩礦場所致，年代大約是在西元前五十五年，熱愛石灰岩的羅馬人到來之後。凱撒大帝的斥候看到現今英格蘭比爾村（Beer）附近，有一大片極富吸引力的乳白色石灰岩，於是開鑿用於裝飾羅馬帝國的建築物外觀。比爾村一帶的石灰岩，後來也被用來蓋白金漢宮、倫敦塔以及西敏寺，石頭被挖走後，岸際懸崖邊便留下一堆裂開的大山洞。有一些男孩，從小就在那兒駕船玩耍，而且也經常在迷宮似的洞穴裡玩捉迷藏，長大後，他們在一八〇〇年決定，要與兒時的娛樂永遠合而為一：幹起走私，利用那些巨大的鈣質山洞，來藏匿他們以快艇從諾曼第私運來的法國白蘭地、提琴以及絲綢等。

這些走私者（或者按照他們自己的高雅說法，是自由貿易者）個個都發了，因為英國政府憎惡拿破崙，故意對法國貨課徵重稅，結果高稅賦造成許多貨物供應吃緊，無可避免地創造出泡沫需求。基於諸多因素，再加上英王重金維持的海岸巡邏隊無力打擊走私，終於使得國會決定，在一八四〇年代將貿易法規鬆綁——結果帶來眞正的自由貿易，以及隨之而來的經濟繁榮，讓大英帝國擴張成日不落帝國。

聽到這些歷史，你可能會期待有一部長長的泡泡科學研究史，其實才沒有呢。史上一些偉大的金頭腦確實涉獵過泡泡，諸如富蘭克林（Benjamin Franklin，他發現油能止住水起泡沫的原因）和波以耳（Robert Boyle，他曾經去實驗、甚至品嘗過自己夜壺裡新鮮起泡的尿液）。而且早期某些生理學家也做過一些相關實驗，像是把空氣注入半活體解剖小狗的血液中。但是科學家大都不重視泡泡本身，不重視它們的結構與形成，使得泡泡研究只能進入他們認爲較適合智能低下者研究的學門——這類科學也許可以稱做「直覺科學」（intuitive sciences）。直覺科學不是病態科學，而只是一些像育馬或園藝之類的學問，通常需要觀察自然現象，但是長久以來依賴直覺和曆書遠勝過依賴對照實驗。撿起泡泡研究的直覺科學是烹飪。麵包師傅和釀酒師傅很早就懂得用酵母——原始的泡泡製造機——來發酵麵包和含有二氧化碳的啤酒。但是到了十八世紀，歐洲的高級料理大廚學會了如何將蛋白打成大量鬆軟的泡沫，開始實驗出蛋白酥、多孔起士、鮮奶油，以及現代人熱愛的卡布奇諾。

但還是一樣，廚師與化學家相看兩厭。化學家眼裡的廚師，缺乏正規訓練而且不通科學；廚師眼裡的化學家，則是呆板又掃興的傢伙。直到差不多一九〇〇年，泡泡科學才進入受尊敬的領域。雖說造成這項改變的主要人物是拉塞福和凱爾文男爵（Lord Kelvin），他們對於自己的研究會導致什麼樣的後果，其實只有一點點概念。事實上，拉塞福當時最感興趣的，是鑽研週期表上最模糊難懂的部分。

自一八九五年從紐西蘭來到英國劍橋大學後不久，拉塞福就全心投入放射性研究，那可是一門當紅的科學，就像今天的遺傳學或奈米科技。天生旺盛的精力，引領拉塞福進入實驗科學領域，因爲他向來就不是怕弄髒手的人。從小在農場獵鵪鶉和挖馬鈴薯長大的他日後回憶，夾在劍橋那群披著大禮袍的教授中，「感覺自己像一隻包著獅皮的驢子。」他蓄了一撮海象式的鬍子，口袋裡常裝著放射性樣品趴趴走，老是抽著味道很重的雪茄和菸斗。而且他有一個癖好，一方面會脫口而出極其文謅謅的古怪用詞——可能是他那虔誠的基督徒老婆不准他說粗話——但另一方面又會在實驗室吐出淋漓盡致的咒罵，因爲每逢該死的儀器不聽話，他就忍不住要發飆。然後，或許是爲了彌補自己說了髒話，他也會在陰暗的實驗室裡一邊繞圈子，一邊用他走音的大嗓門高唱聖詩〈基督的精兵向前行〉。然而儘管這些描述讓拉塞福看起來像個怪物，他出類拔萃的科學特性卻是再優美不過了。在整部科學史中，可能再沒有人比他更懂得如何從物理儀器中哄騙出大自然的祕密了。而且，可能也沒有一個例子，能比他「解開一個元素轉變成另一個元素之謎」的方法更優美的了。

從劍橋轉到多倫多之後，拉塞福愈來愈感興趣的是，放射性物質用更多放射性污染周遭環境的現象。爲了調查，拉塞福以居禮夫人的研究做基礎，但事實證明，這個紐西蘭鄉下人比那位有名多了的女同行狡黠得多。根據居禮夫人（以及其他人）的研究，放射性元素會漏出一種「純放射性」氣體，能讓周圍的空氣充電，宛如電燈泡讓空氣充滿光亮般。拉塞福懷疑這種「純放射性」其實是一種未知的氣態元素，擁有自己的放射線性質。結果，居禮夫人花了好幾個月煮沸數千磅重、冒著黑泡泡的瀝青鈾礦，以取得足夠做爲顯微鏡樣本的鐳與釙，拉塞福卻找到一條捷徑，讓大自然幫他做工。他只不過是把放射性樣品留在倒置的燒杯下，以捕捉想要逃亡的氣體泡泡，然後再回來收集所有他需要的放射性物質。拉塞福和同事索迪（Frederick Soddy）很快就證明，這種放射性泡泡確實是一種新元素：氡。又因爲燒杯底部的樣品縮小的程度，與氡增加的程度成正比，讓他們明白，事實上有某種元素變成了另一種元素。

所以拉塞福和索迪不只是找到一種新元素，同時還發現了週期表上元素橫向跳躍的新規則。當元素衰變時，確實可以往橫向移動，跳過一些空間。這眞是一樁令人激動又褻瀆的發現。科學費了九牛二虎之力，好不容易拆穿宣稱有辦法把鉛變成金的化學魔術師，將他們逐出科學聖殿，如今拉塞福和索迪卻敲開了一道後門。當索迪終於完全相信眼前發生的事情之後，不禁大叫，「拉塞福，這是蛻變哪！」拉塞福一聽，火氣就上來了。

「拜託你，索迪，」他大吼，「不要說是蛻變好不好。我們會像煉金術士一樣，被拖去砍頭的！」

氡樣品很快就引出更爲嚇人的科學。拉塞福很專斷地把從放射性元素漂出來的小粒子，取名做阿爾法粒子。（另外他也發現了貝塔粒子。）根據不同代衰變元素之間的重量差異，拉塞福懷疑，所謂阿爾法粒子其實就是氦原子脫落，然後像泡泡逃離煮沸的液體般逃走。如果這是眞的，元素在週期表上將不像一般棋局那樣，只能跳兩格；如果鈾放射出氦，元素就能從週期表的一端跳到另一端去，好像蛇棋（Snakes & Ladders）裡的幸運（或悲慘）步。

爲了測試這個想法，拉塞福叫物理系的玻璃師傅幫忙吹兩顆玻璃球。其中一顆薄得像肥皂泡似地，他把氡氣打入其中。另一顆玻璃球比較厚也比較寬，把第一個球包了起來。阿爾法粒子擁有足夠的能量穿透第一層玻璃，但卻無法穿透第二層，所以就被困在兩層玻璃之間的眞空洞穴裡。幾天之後，這看起來仍然不太像是個實驗，因爲受困的阿爾法粒子沒有顏色，而且什麼動作都沒有。但是，接下來拉塞福讓一道電池的電流穿過洞穴。你如果曾經去過東京或紐約，一定曉得接下來發生了什麼事。和其他高貴鈍氣一樣，當氦被電流刺激得興奮起來時就會發光，而拉塞福這種神祕粒子果然開始發出氦特有的綠光與黃光。基本上，拉塞福等於是以一盞早期的「霓虹燈」，證明了阿爾法粒子就是脫逃的氦原子。這眞是一個完美的範例，顯示他的實驗有多優美，以及他對戲劇性科學（dramatic science）的信念。

憑藉天賦的才華，拉塞福在一九〇八年領取諾貝爾獎的得獎演說中，宣布了阿爾法粒子與氦的關聯。（除了自己贏得諾貝爾獎，拉塞福還親手調教出十一名未來的諾貝爾獎得主。最後一名得獎的弟子是在一九七八年獲獎，那時拉塞福已經過世四十多年了。繼七百年前成吉思汗一人製造出數百名子女後，可能就屬他的繁殖能力最令人印象深刻了。）他的發現令諾貝爾獎觀眾如癡如醉。但即便如此，拉塞福的氦研究最重要也最實際的應用，當時在斯德哥爾摩的聽眾可能都沒有注意到。身爲完美的實驗專家，拉塞福深知眞正偉大的研究，不會是只能支持或駁斥某個既定理論的實驗，而要能孕育出更多的實驗。尤其是阿爾法－氦元素實驗，讓他有機會掀開一個古老的神學與科學辯論的瘡疤：地球眞正的年齡。

第一個還算稍微講究推理的猜測，來自一六五〇年愛爾蘭主教烏舍爾（James Ussher），他根據聖經記載誰生了誰的「數據」（「……西鹿活到三十歲、生了拿鶴……拿鶴活到二十九歲、生了他拉」等等），計算出上帝最後終於造好地球，是在西元前四〇〇四年的十月二十三日。烏舍爾算是盡可能用上手邊找到的證據，但是不出幾十年，他推算的創世日期在各個科學領域看來，幾乎都變得很可笑了。物理學家只要動用熱動力方程式，就能抓出一個精確的數值。因爲就像咖啡在冰箱裡會冷卻一樣，物理學家知道地球會不斷散失熱能到太空中，因爲太空非常寒冷。他們可以藉由測量熱量散失的速度，往回推算，當地球上每塊岩石都處於熔融狀態是何時，來估計地球誕生的年代。十九世紀最顯赫的科學家湯姆遜（William Thomson，也就是前面提過的凱爾文爵士），曾經花了幾十年研究這個問題，然後在一八〇〇年代末宣布，地球是在二千萬年前出生的。

這是人類推理的一大成就，而且證明了烏舍爾的猜測錯得離譜。然而，到了一九〇〇年，包括拉塞福在內的一些科學家體認到，不論物理學在聲望與魅力上比其他科學高出多少（拉塞福自己就很喜歡說，「在科學裡，**只有**物理學；其他的都只是集郵罷了」——後來當他贏得諾貝爾化學獎時，只得把這話吞回去了），單就這個案例來說，物理學感覺起來好像不太正確。達爾文很有說服力地提出，人類不可能在短短二千萬年之間，就從愚蠢的細菌演化成現在這個樣子，而蘇格蘭地質學家赫頓（James Hutton）的追隨者也指稱，沒有任何高山或峽谷能在這麼短的時間裡形成。但是沒有人能夠動搖凱爾文爵士那偉大的計算，直到拉塞福開始窺探含鈾岩石裡的氦氣泡泡。

在某些岩石中，鈾原子會吐出阿爾法粒子（它有兩個質子），然後變成九十號元素釷。然後釷再吐出另一個阿爾法粒子，生出八十八號元素鐳。鐳如法炮製生出氡，而氡生出釙，釙最後生出穩定的鉛。這就是著名的退化（deterioration）。和葛拉瑟一樣，憑著神來一筆的天才，拉塞福意識到阿爾法粒子被放射出來後，會在岩石內形成氦的小泡泡。這其中的關鍵在於，氦從來不和其他元素起反應，也不會被吸引。所以和石灰岩裡的二氧化碳不同，氦在正常情況下是不會存在岩石裡的。也因此，岩石裡的氦都是來自放射性衰變。如果一塊岩石裡有很多氦，意思就是它很老了；反之如果氦很少，就表示它很年輕。

到了一九〇四年，拉塞福思考這個問題已經好幾年了，這時他才三十三歲，而凱爾文爵士已經八十歲了。不論凱爾文以前對科學的貢獻有多大，到了這把歲數，頭腦已經不大管用。想當年，提出刺激的新理論，像是週期表上所有元素在它們的最深層都打了不同形狀的「以太結」（knot of ether），那種風光歲月早已一去不返。對他的科學最不利的是，凱爾文始終無法將令人憂心甚至是害怕的放射科學，納入他的世界觀。（那也是爲什麼，居禮夫人將他也拉進大壁櫥，展示她那會在黑暗中發光的元素，想要開導他。）相反地，拉塞福明白地殼中的放射性能夠產生額外的熱，而這個結果將搞砸老先生的「地球的熱能只會散失到太空」的理論。

拉塞福很興奮地要發表他的想法，在劍橋大學安排了一場演講。但是不管凱爾文變得多迷糊，他終究還是科學界的大老，推翻老先生自豪的計算，對拉塞福的學術前程可能大大不利。拉塞福憂心忡忡地開始演講了，但是運氣眞好，就在他開講不久，坐在最前排的凱爾文打起盹來。於是拉塞福快馬加鞭直衝結論部分，誰知就在他要開始推翻凱爾文的研究時，老先生忽然坐直身子，精神又來了。

站在台上進退維谷的拉塞福，突然想起他在拜讀凱爾文的研究時，曾經看過一個隨手寫的句子。那是一句典型的科學文章用語，大意是說，凱爾文對地球年齡的計算應該是正確的，除非地球內部還存有**尚未發現的額外熱量來源**。拉塞福馬上就提到這項限定條件，指出放射性可能就是那種潛伏的熱源。經過這個臨場急轉彎，聽起來彷彿凱爾文早在幾十年前就已經預料到放射性的發現。多天才啊。老先生環顧四周觀眾，笑開了。他還是認為拉塞福滿口胡說八道，但是有人要奉承他，他也樂得接受。

拉塞福一直保持低調，直到凱爾文於一九〇七年過世，他才很快地證明氦鈾關聯。現在沒有科學政治力的阻撓——事實上，他自己已經成為學界大老了（日後甚至變成科學的皇室成員：在週期表上擁有一個小格子，一〇四號元素被命名為鑪〔rutherfordium〕，拉塞福元素）——後來拉塞福爵士終於拿到一些最原始的鈾岩石，他把石頭的顯微泡泡裡的氦洗出來，然後測定地球年齡起碼有五億年——是凱爾文猜測數據的二十五倍，也是第一次正確度在十分之一內的計算。好多年之後，處理岩石經驗更豐富的地質學家接手拉塞福的研究，根據岩石小袋中的氦，定出地球起碼有二十億年的歷史。這個數值還是低了一半，但是感謝那些窩在放射性岩石中的惰性泡泡，人類終於可以面對這個嚇人的宇宙年齡了。

自拉塞福起頭之後，從岩石中挖出元素小泡泡，便成為地質學研究的標準程序。其中又以鋯石（zircon）的研究成果最豐富。這種含鋯的礦物質是假冒珠寶的好材料，也是常令當鋪老闆傷心的罪魁禍首。

因為化學性質的關係，鋯石相當堅硬——在週期表上，鋯就坐在鈦的下面，能假冒鑽石不是沒有原因的。和石灰岩之類的軟岩石不同，許多鋯石都是從地球形成初期就存在的，長得很像堅硬的罌粟種子，散布在大塊岩石內。由於獨特的化學性質，鋯石晶體在形成之初會吸光游離的鈾原子，打包成原子泡泡塞在自己體內。同時，鋯石還非常討厭鉛，會把這種元素擠出體外（和流星的做法恰恰相反）。當然啦，這並不能持續多久，因爲鈾會自然衰變成鉛，但是鋯石卻沒有辦法再來處理這些小鉛塊。結果，在患有恐鉛症的鋯石體內，現在能找到的鉛必定都是鈾原子製造出來的後代。各位現在對這種劇情應該很熟悉了：計算過鋯石中鉛與鈾的比率之後，只要製作一張圖表，就可以回推這塊石頭的起始年代。任何時候，你若聽到有科學家宣稱找到一塊破紀錄的「世界最老的石頭」──很可能是在澳洲或格陵蘭，那些地方的鋯石最長壽──請放心，他們一定是用鋯鈾泡泡來決定年代的。

其他學門也借用泡泡做爲研究典範。葛拉瑟在一九五〇年代開始實驗他的氣泡室，差不多在同一個時期，理論物理學家也開始把宇宙描述成泡沫，例如惠勒（John Archibald Wheeler）。就那個比原子小上十的二十幾次方倍的尺度，惠勒夢想著：「原子和粒子那平滑如鏡面的時空將會被取代……。將沒有所謂的左跟右，也沒有以前和以後。一般的長度觀念不見了。一般的時間觀念也蒸發了。我再也想不出有比量子泡沫（quantum foam）更適合這種狀態的名稱了。」現今有些宇宙學家曾經計算過，我們整個宇宙的爆發和形成，始於單單一個次微米的奈米泡泡溜出那個原始泡沫，然後開始以級數比率擴張所造成的。這是一個很漂亮的理論，而且確實也解釋了很多東西──但很不幸的，只除了一點沒說：爲什麼會發生這種事。

很諷刺的，惠勒的量子泡沫說在知識傳承上，可以追溯到最重要的古典物理學家凱爾文爵士。凱爾文並沒有發明泡沫科學──發明者是比利時的普拉托（Joseph Plateau）。但是凱爾文確實有推廣這門科學之功，因爲他曾說過一句話，大意是他願意窮畢生之力來仔細觀察一顆肥皂泡泡。這句話其實不夠誠實，因爲根據凱爾文的實驗筆記，他是趁著某天早晨賴床的時候，策劃出他的泡泡研究大綱，而且對這個主題，他也只發表過一篇短論文。然而，有些活靈活現的故事描述這位維多利亞時代的白鬍子老頭，拿著一個接在湯杓上、好像迷你箱型彈簧的東西，在一盆子的水和甘油裡製造出一堆又一堆環環相扣的泡泡。而且是方形的泡泡，讓人不由得想起史努比漫畫中的人物小雷（Rerun），因爲箱型彈簧的線圈被塑造成直角稜鏡的形狀。

另外，凱爾文的研究也匯集出動量，在未來的世代激發出真正的科學。生物學家湯普森（D'Arcy Wentworth Thompson）在其著作《生長與形態》（*On Growth and Form*，一九一七年出版）中，就把凱爾文的泡泡成形定理套用到細胞發生過程。這本書影響深遠，一度被譽爲「在所有以英文記錄的科學年報中，最細膩的一部文學著作。」現代細胞生物學的濫觴就是這個時候。不只如此，最近的生物化學研究也暗示，泡泡本身就是最有效率的生命成因。第一個複雜的有機分子可能並非如一般所認爲的，是在動盪的海水中形成，而是在被困於類似北極冰蓋裡的水泡中形成的。水相當重，因此當水結凍時會撞擊在一起，將一些「雜質」（例如有機分子）溶入泡泡內。泡泡的濃度和壓力可能高到足以把那些分子熔化成自我複製系統。此外，大自然發現了這個精彩的伎倆，從此也跟著抄襲泡泡的藍圖。然而不論第一個有機分子在冰裡或海裡形成，最原始而粗略的細胞一定具有泡泡般的結構，團團圍住蛋白質或RNA或DNA，以保護它們不被沖走或是腐蝕。即便到現在，四十億年後的今天，細胞依然具備基本的泡泡設計。

另外，凱爾文的研究也爲軍事科技提供了靈感。一次世界大戰期間，另一位爵士瑞立男爵（Lord Rayleigh）正在研究一項與戰爭有關的急迫問題：爲什麼潛水艇的推進器這麼容易分解腐朽，即便艇身其他部分都保持完好無缺。後來發現原來是推進器所激起的泡泡回過頭來攻擊推進器的金屬葉片，就像糖水腐蝕牙齒般，造成類似的爛牙效果。而潛艇科學還引導出另一項泡泡研究的重大突破——雖說當時這項發現看起來沒什麼搞頭，甚至還有點可疑。這要感謝大家對德國潛艇的深刻記憶，聲納（水中的聲波移動）研究在一九三〇年代相當流行，就像之前的放射性研究。至少有兩個研究團隊發現，如果他們以噴射引擎那麼大的聲音來劇烈搖晃一個箱子，有些泡泡會坍塌，並且對他們眨一眼藍光或綠光。但是對於如何炸毀潛水艇興致更大的科學家，並沒有努力研究這所謂的「聲致發光」（sonoluminescence）現象，於是五十年來，它就被當成一種類似變魔術的把戲，一代一代往下傳。

要不是普特曼（Seth Putterman）在一九八〇年代中期被一名同事奚落了一頓，這種情況可能還會繼續下去。普特曼當時在加州大學洛杉磯分校研究流體力學，一個很棘手的領域。就某方面來說，科學家對於遙遠銀河的了解，還比下水道裡竄流的污水來得透徹。同事在取笑普特曼對這個領域的無知時，提起他們這些人甚至不知如何解釋爲何聲波能將泡泡變成光。乍聽之下，普特曼以爲那又是一則沒憑沒據的都市傳奇。但是，等他搜尋過少得可憐的聲致發光研究之後，他馬上停掉先前的研究，專攻會眨眼的泡泡。①

普特曼最早期的實驗非常低科技，也非常可愛。他裝了一燒杯的水，放在兩只音箱之間，音箱發出高頻率的狗哨聲。燒杯裡有一個加熱過的烤麵包機線圈，在水裡攪和出一些泡泡，而受困的聲波會讓水中的泡泡升高。接下來就好玩了。聲波會有各種變化，從幾乎沒有，到低強度的波谷，再到高強度的波峰。而那些受困的小巧泡泡，對於低壓的反應是脹大一千倍，好像一只大氣球塞滿整個房間。當聲波降到最低點時，高壓的前緣就會往內縮，以相當於一千億倍重力的力量，把泡泡體積壓縮了五十萬倍。不令人意外的，就是這種超新星坍塌製造出那種詭異的光線。最驚人的是，即使被壓到進入一個「奇異點」（這個名詞除了黑洞研究之外，很少被人提起），泡泡還是完整的。等到壓力解除後，泡泡又再度翻騰，沒有爆開，彷彿先前什麼都沒有發生過。然後泡泡再度被壓扁，眨個眼，整套流程每秒可以重複幾千次。

普特曼很快就購買了一些儀器設備，比原先那套車庫樂隊裝置精密得多，而且在進行實驗的同時，他還臨時插入了一段週期表研究。爲了要確認是什麼造成泡泡發光，他開始嘗試各種不同氣體。他發現，單純的空氣泡泡雖然能劈劈啪啪地製造出很好的藍光與綠光，但是不論他如何調節聲音的大小或頻率，占空氣組成百分之九十九的純氮或純氧卻都不會發出冷光。心煩意亂的普特曼，只好開始將空氣中的微量氣體逐一打回泡泡中，直到他終於逮到了那個打火石元素——氬。

這眞是奇怪，因爲氬是一種惰性氣體。不只如此，被普特曼（以及愈來愈龐大的科學家大隊）嘗試過能起作用的其他氣體，都是比氬更重的化學表親：氪元素，更特別的是氙元素。事實上，用聲納來搖晃時，氙與氪所發出的光甚至比氬還要明亮，製造出在水中以攝氏一萬九千四百多度嘶吼的「罐中星光」——這個溫度遠高過太陽表面的溫度。但還是一樣，這個現象很令人困惑。氙和氪在工業上通常被當做悶熄火苗或失控反應的材料，沒有理由認爲，這些惰性氣體能夠製造出如此激烈的泡泡。

除非，惰性正是它們的祕密武器。氧、二氧化碳以及泡泡中的其他大氣氣體，都能利用進入的聲納能量來分裂或是起反應。如果從聲致發光的觀點來看，那些能量等於都浪費掉了。不過，有些科學家認爲，惰性氣體在高壓下不得不吸收聲納的能量。於是在沒有辦法消散這些能量的情況下，氙泡泡或氪泡泡終於垮掉，然後別無選擇地將泡泡核心內的密集能量傳送出去。如果眞是這樣，那麼鈍氣不反應的特性正是聲致發光現象的關鍵。不論原因爲何，與聲致發光之間的關聯，都將改寫惰性氣體的意義。

很不幸的，禁不住「能夠駕馭高能量」的誘惑，某些科學家（包括普特曼）紛紛把這項脆弱的泡泡科學和桌上型核融合（desktop fusion）相連結，後者正是史上最受青睞的病態科學（冷融合）的堂兄弟。（由於這個實驗所牽涉到的溫度很高，所以不能稱做冷融合。）在泡泡與核融合之間早就存在一道模糊的關聯，部分原因來自蘇聯科學家德瑞金（Boris Deryagin）；這名科學家研究泡沫穩定性，深具影響力，極端相信冷融合。（據說在做一場與拉塞福實驗強烈對照、但我們無法想像的實驗時，爲了引發水中的冷融合，竟然拿起AK-47步槍開火。）

聲致發光與核融合（聲波核融合〔sonofusion〕）之間的關聯，在二○○二年被攤開來了，因爲《科學》雜誌刊登了一篇內容頗具爭議性的放射線論文，內容是關於利用聲致發光來驅動核能。很不尋常的是，《科學》雜誌也同時刊登了一篇社論，坦承許多資深科學家都認爲，這篇論文就算不是場騙局，也是有缺陷的；就連普特曼也建議社方把這篇文章退掉。但《科學》雜誌還是把它登出來了（也許這麼一來，大家都想買一本來瞧一瞧，到底是在吵些什麼）。這篇論文的第一作者後來還因假造數據，被提交到眾議院。

好在泡泡科學的底子夠深厚，才能撐過這場不名譽的風暴。如今，對替代能源感興趣的物理學家，都以泡泡做爲超導的模型。病理學家也把愛滋病毒描述爲一種「泡沫病毒」（foamy virus），因爲被它感染的細胞在爆裂之前會先腫脹。昆蟲學家現在曉得，昆蟲會利用像潛艇般的泡泡，在水面下呼吸；而鳥類專家也知道孔雀羽毛上發出的金屬光澤，是因爲光線在逗弄羽毛裡的泡泡。最重要的是，二〇〇八年在食品科學領域，一名阿帕拉契州立大學的學生終於決定要弄清楚，爲什麼把曼陀珠丟進健怡可樂會引發爆炸。答案是泡泡。曼陀珠粗糙的表面就像一面網子，可以抓住小巧的溶解泡泡，而後者又會與較大的泡泡黏在一起。黏到最後，幾個巨大的泡泡終於分開，往上竄升，然後淅瀝嘩啦地衝過噴嘴，一噴達二十呎之高。這項發現在泡泡科學史上，無疑是打從葛拉瑟在五十多年前一邊盯著淡啤酒，一邊夢想顚覆週期表以來，最令人難忘的一刻了。

18 精確到荒謬的工具

原子序	元素	原子量
78	鉑 Pt	195.085
36	氪 Kr	83.798
55	銫 Cs	132.905
92	鈾 U	238.029
62	釤 Sm	150.362
24	鉻 Cr	51.996
100	鐨 Fm	(257)
12	鎂 Mg	24.305

回想一下你所碰過最吹毛求疵的自然科老師。他會爲了答案裡小數點以下第六位數不正確而扣你分數；他穿著週期表T恤，糾正每一個誤把「質量」說成「重量」的學生，而且即使是攪拌一杯糖水，也要求每一個人（包括他自己）先戴上護目鏡。現在再想想看，假如有這麼一個人，竟能讓你這位老師覺得他太過挑剔細節。**這位仁兄**，就是那種會在度量衡標準局工作的人。

大部分國家都有自己的度量衡標準局，負責度量**所有事物**——從一秒鐘眞正的長度，到你可以從牛肝中攝取的汞量安全值是多少（非常少，根據美國國家標準局〔U. S. National Institute of Standards and Technology，簡稱NIST〕的說法）。對於在標準局工作的科學家來說，度量不僅是一道讓科學得以進行的操作；它本身就是一門科學。任何一個領域的進展，從後愛因斯坦的宇宙學，到尋找其他星球生命體的太空生物學，都需要依賴「根據最零碎的資料，來進行最細微的測量」的能力。

基於某些歷史因素（法國啓蒙運動的老兄們是狂熱的測量專家），位在巴黎市外的國際標準度量局（Bureau International des Poids et Mesures，簡稱BIPM）是全世界標準局的標準局，任務

二吋寬的國際千克原器（圖片中央）由鉑和銥製成，無時無刻都窩在保險庫的三層鐘罩內，而這個位在巴黎的保險庫，溫度與濕度都受到嚴密的管控。國際千克原器周邊還有六個原批複製品，這些複製品也都被套在兩層鐘罩裡。（圖片來源：BIPM）

在於確保所有「經銷商」都合乎標準。國際標準度量局有一項奇怪的工作，是負責呵護國際千克原器（International Prototype Kilogram）——全世界公定的千克。這是一個二吋寬的圓柱體，百分之九十的成分爲鉑，根據定義，它的質量剛剛好是一．○○○○○○……千克（你愛寫幾位小數都可以）。我會說，它大約二磅重，不過我真該感覺羞愧，這太不精確了。

由於這個千克原器是由物質做成的，當然就有可能損壞，又因爲千克的定義必須保持恆定，所以國際標準度量局就必須確保它永遠不會刮傷，永遠不會沾上一丁點灰塵，永遠不會失去（他們希望！）一顆原子。因爲如果發生任何一項狀況，它的質量就有可能衝高到一．○○○○○○……一千克，或是陡降爲○．九九九九九……九千克，光是想到有這樣的可能，就足以把國際標準局的人嚇出胃潰瘍來。所以啦，他們就好像恐慌症的媽媽，不斷地監視公克原器的溫度和周遭壓力，以免它出現極微小的膨脹或收縮，擔心那麼一來會弄丟一些原子。而且它還得被嚴密關在三層愈來愈小的鐘罩裡，防止濕氣凝結到它的表面上，留下厚度以奈米計算的薄膜。而且這個千克原器是由很緻密的鉑（和銥）製成，以儘量減少暴露在無法接受的髒空氣（也就是我們在吸的空氣）中的表面積。另外，鉑還具有絕佳的導電性，這樣又可以減少「寄生性的」靜電堆積（按照他們的用詞），因爲靜電有可能會殺害迷途的原子。

最後，鉑的高硬度還可以減少像被指甲刮傷之類的慘劇發生的機會，因爲在非常非常罕見的情況下，千克原器還是有可能被人手碰觸到。其他國家都需要自備公定的一．○○○○○……圓柱體，才不用在每次需要精確測量某件物品時，就得跑一趟巴黎。又因爲國際千克原器就是標準，所以每個國家的複製品都得根據它來校準。美國也有自己的國家首席千克標準儀，叫做K20（意思就是第二十號原批複製品），目前住在馬里蘭遠郊的一棟政府辦公大樓裡。自從二○○○年以來，它只被校準過一次，不過根據該局質量與力量小組組長潔柏（Zeina Jabbour）表示，它應該還會再進行一次質量校準。但是，每一次校準程序都得耗費好幾個月，而且二○○一年以後的安全規定，更是讓K20的巴黎之行困難重重。「飛行期間我們必須親手攜帶，」潔柏說，「但是你很難帶著這麼一大塊金屬通過安全檢查以及海關，而且還要告訴機場人員千萬不能摸它。」甚至在「充滿灰塵的機場」打開K20的特製手提箱，都會讓它身陷險境。她說，「更別提如果有人堅持要摸它一把，這趟校準就可以宣告完蛋了。」

一般說來，國際標準度量局只會使用六個官方正版千克標準儀裡的一個（每一個都被保存在兩個鐘罩裡頭），來幫複製品進行校準。但是所有官方標準儀也需要與它們自己的標準做比較，因此每隔幾年，科學家就會把國際千克原器從它的寶庫裡請出來（當然是用鉗子，而且必須戴上乳膠手套，以免留下指紋——但也不能是有粉末的手套，因爲可能留下殘渣——對了，也不能握太久，因爲人體體溫可能會讓它增溫，搞砸了一切），幫標準儀進行校準。①可怕的是，科學家在一九九○年代進行校準時注意到，即使扣掉人們碰觸到它所摩擦掉的原子，千克原器在過去這幾十年來，每年還是減少了相當於一枚指紋的質量（！），也就是二百萬分之一公克。沒人曉得爲什麼會這樣。

這項保存千克原器完美無缺的任務失敗了——一點都沒錯——令所有對這些圓柱體著迷的科學家們，重新開始討論他們的終極美夢：把它淘汰掉。從大約一六○○年起，許多科學上的進展都與「盡可能採取客觀的、不以人爲中心的宇宙觀」有關。（這種觀念稱做「哥白尼原理」，或是講白一點，叫「平庸原理」。）千克屬於所有科學學門都會用到的七個度量衡「基本單位」之一，而現在學界已經不能接受其中任何一個單位是以人工製品爲標準，尤其是會神祕萎縮的製品。

至於每一種單位的目標，英國國家標準局曾經大放厥詞，說是要讓任何一位科學家都能把該單位的定義，用電子郵件傳送給遠在另一洲的同僚，然後讓對方僅僅根據電子郵件裡的定義，就能夠重製出尺寸一模一樣的東西。你無法用電子郵件來寄送千克原器，而且也沒有人能夠寫出一則比那個蹲在巴黎、全身亮晶晶、備受嬌寵的圓柱體更為可靠的定義。（就算真的寫出來，要不是不可能執行——譬如說需要數算多少萬兆個原子之類的——就是需要用精確度超過現有最好的儀器來測量。）像這樣面對千克謎語束手無策，既無能力讓它停止收縮，也無能力淘汰它，已經成為國際學術界愈來愈焦慮和難堪的根源（至少對我們這種龜毛的人是如此）。

這份痛苦尤其尖銳，因為千克已經是最後一個與人為限制有關的基本單位了。在二十世紀大部分時間裡，都是以巴黎的一條鉑棒做為一．〇〇〇〇〇〇……公尺的定義，直到科學家在一九六〇年重新以氪原子來定義它，把它固定在：由八十六號元素氪所發出的紅橙色光線的一六五〇七六三．七三個波長的長度。這樣的距離剛剛好等於以前那根鉑棒的長度，但是取代了鉑棒，因為那個數目的氪原子光線波長，在任何地區的任何眞空中，伸展距離都是一樣的。（**那個**就是可以用電子郵件傳送的定義。）從此以後，度量衡專家便將一公尺的定義改成：任何光線在眞空裡旅行二九九七九二四五八分之一秒的距離。

類似的是，官方對一秒鐘的定義，原本是地球繞日一圈時間的三一五五六九九二分之一（那個數字是三六五．二四二五天的總秒數）。但是有幾樁討厭的事實，讓人不方便使用這項標準。每年的長度——這裡不是指日曆年，而是指天文年——都會因為海洋潮流的運動而有不同，洋流會拖慢地球的運轉。為了矯正這一點，度量衡專家只能每隔三年左右就偷偷加入一「潤秒」，通常是趁著沒什麼人在注意的十二月三十一日深夜。但是潤秒的做法太難看了，只能當做臨時對策。然而，與其把一個應該成為世界共通的時間單位，與「一顆平凡岩石環繞一顆平凡恆星」的運行綁在一起，美國國家標準局覺得還不如另闢蹊徑，研發出以銫爲根據的原子鐘。

原子鐘的主要原理是電子受到刺激後的跳躍與摔落，我們在前面曾討論過。但是原子鐘還利用了另一種比較微妙的運動，電子的「精細結構」（fine structure）。如果說，正常的電子跳躍好比歌手從G音跳到高八度的G音，那麼精細結構就好比從G音跳到高八度的降G音或是升G音。精細結構效應在磁場中最明顯，而引起這種效應的事物，你通常都可以不用管，除非你發覺自己身陷在艱澀的高階物理課堂上——例如電子與質子間的磁交互作用，或是因爲愛因斯坦的相對論而做的修正。結果是，經過這些微細調整之後，②每一個電子跳躍的高度都會比預期來得稍高（升G）或稍低（降G）一點點。

電子是根據它本身的自旋來「決定」要怎樣跳，所以一個電子絕不會先跳升半音，馬上又跳降半音。它每次都只會有一種跳法。原子鐘的外表看起來像是瘦瘦高高的氣送管，內部有一塊磁鐵，會把「外層電子能跳到某一層的銫原子」全部清除掉。如果清除的是跳到降G層的銫原子，於是就只剩下跳到升G層的銫原子，它們會被收集到一個腔室中，接受密集微波的激發。這會使得銫的電子爆開（也就是跳躍然後撞毀），放射出光子。每一個跳上與跳下的週期都是有彈性的，而且永遠耗費同樣（極短的）時間，所以原子鐘可以藉由計算光子來測量時間了。說眞的，你想清除升G或降G都無所謂，但是你一定得清除其中一種，因爲跳躍到這兩個階層所需要的時間不一樣，按照度量衡專家的尺度，這樣的不精確是絕對無法接受的。

結果證明，銫做爲原子鐘的主發條非常適合，因爲它最外圍的殼層上只有一個電子，附近沒有其他電子來壓抑它。此外，銫是一個沉重的胖原子，目標夠肥大，很容易讓邁射打中。但即便是這個拖拖拉拉的銫原子，它的外圍電子依然是動作超快的小滑頭——可不是每秒鐘跑個幾百或幾千次，而是每一秒鐘來回旅行九一九二六三一七七〇次。科學家選擇了這個難看的數字，而沒有在九一九二六三一七六九次就截斷，或是稍稍拉長到九一九二六三一七七一次，是因爲剛剛好吻合他們在一九五五年對一秒鐘所做的最佳估算。總之，現在已經固定是九一九二六三一七七〇。這成爲第一個達到「能夠全體適用以電子郵件傳送定義」的基本度量單位，甚至對於原本被拿來定義公尺的鉑棒，能在一九六〇年之後被解放，也有功勞。

在一九六〇年代，科學家改用銫標準做爲全世界的官方時間度量標準，取代原先的天文秒（astronomical second）。但是，銫標準雖然能讓全世界的科學更加精準與正確，可是無可避免地，人性又因此減少了幾分。打從古埃及和古巴比倫時代，人們都是依據星辰與季節來記錄生活裡最重大的事件。如今，銫斬斷了人類與天空的這道關聯，而且一定會把它擦拭掉，就如同城市的路燈會遮蔽掉星光。不論銫是一個多麼好的元素，終究缺少了那麼一點像是太陽或月亮的神祕味道。此外，甚至連是否應該轉換成銫的爭辯，都沒有必要了，因爲銫電子無論在宇宙哪一個角落，振盪頻率應該都是一樣的——放諸四海皆準。

如果說，有什麼能比數學家對變數的愛更深，那就是科學家對常數的熱愛了。像是電子的電荷，重力的強度，光的速度等等——不論做什麼實驗，不論在什麼環境下，那些參數從不改變。如果會改變，科學家就必須放棄他們自豪的精確性，而他們就是靠著這份精確性來區分「硬科學」與社會科學（像是經濟學）；社會科學因爲要顧及人類的怪癖和愚行，永遠不可能定出放諸四海皆準的定律。

對於科學家來說，更誘人的是基本常數（fundamental constant），因爲它們更抽象，也更具普遍性。顯然，粒子的體積或速度這類數值是可以改變的，只要我們突然覺得公尺長度應該增加一點，或是千克原器忽然萎縮了（呃，只是說說）。然而基本常數並不會依賴我們的度量，例如π。它們是純粹的、固定的數值，而且也和π一樣，出現在各種看似很有希望解釋、但實際上到現在都沒有辦法解釋得通的地方。

最著名的一個無量綱常數（dimensionless constant），應該要算是「精細結構常數」（fine structure constant）。這個常數與電子的精細結構劈裂有關，簡單地說，它控制了「帶負電荷的電子」與「帶正電荷的原子核」結合的緊密度。此外，它還能決定某些核子反應的力量。事實上，如果在大霹靂剛發生之後，精細結構常數——我們稱它爲阿爾法，因爲科學家都這樣叫它——比現在稍微小一點點，恆星上的核融合溫度就永遠不會高到足以熔化碳。相反地，如果阿爾法比現在稍微大一點點，碳原子早在不知多少年前就崩解光了，根本等不及進入人體，成爲組成我們的成分。也因此，阿爾法能夠避開同樣危險的兩種情況，自然讓科學家心存感激，但同時也令他們坐立難安，因爲他們無法解釋這是怎麼辦到的。即使像費曼（Richard Feynman）那樣聰明的死硬派無神論物理學家，也曾這樣形容過精細結構常數，「所有優秀的理論物理學家都把這個數值寫在牆壁上，然後憂心忡忡地看著它……它是物理學上最該死的大祕密：一個送到人類面前，卻無法了解的魔術數字。你也許會說，那個數值是『上帝的手』寫的，而我們不曉得祂如何運筆。」

根據歷史來看，這並不能阻擋人們嘗試解開這道科學上的神諭。英格蘭天文學家艾丁頓爵士

（Arthur Eddington，他在一九一九年一次日蝕期間，幫愛因斯坦的相對論提出第一次實驗上的證明）對於阿爾法愈來愈著迷。艾丁頓對於占數術甚感興趣，而且應該說也很有天分。③在一九○○年代初期，也就是阿爾法剛剛被算出大約等於一三六分之一的時候，艾丁頓開始「編造」一些證據，證明阿爾法剛好等於一三六分之一，原因之一是他發現一三六與六六六有數字上的關聯。（有一名同事曾嘲諷地建議，不妨重寫聖經的啓示錄，把這項「發現」加進去。）但是後來的計算顯示，阿爾法應該比較接近一三七分之一，但是艾丁頓只在他的方程式裡隨便找個地方加上一個一，然後繼續往下算，好像他的沙丘城堡還沒有坍塌。（此舉爲他贏得一個綽號：加一爵士〔Sir Arthur Adding-One〕）。後來有個朋友在斯德哥爾摩一處衣帽間巧遇艾丁頓，他很失望地發現，艾丁頓堅持要把他的帽子掛在第一三七號掛鉤上。

目前阿爾法的數值約等於一三七·○三五九分之一。不管怎樣，這個數值使得週期表能夠存在，讓原子得以存在，而且讓原子們具有足夠的活力來相互反應，以形成分子，因爲電子既不能離它們的原子核太遠，也不能挨得太近。這種距離剛剛好的平衡，讓許多科學家下結論說，宇宙不可能偶然地剛好撞上這個精細結構常數。神學家就講得更白了，直接說阿爾法證明了有一位造物主，是祂「設計了」宇宙，好讓宇宙製造出分子，（可能）還有生命。而這也是爲什麼，當一九七六年，一位蘇聯科學家（現在是美國籍）許萊亞克特（Alexander Shlyakhter）仔細觀察過非洲一個名叫歐克洛（Oklo）的怪地方，然後宣稱阿爾法（這個基本不變的宇宙常數）變大了，會引起偌大的騷動。

歐克洛是銀河裡的一大奇蹟：目前已知唯一的**天然**核分裂反應器。它在大約十七億年前變得活躍起來，當法國礦工在一九七二年把這塊呈休眠狀態的地方挖開時，在科學界引起一陣騷動。有些科學家認爲歐克洛不可能存在，一些邊緣團體則馬上撲過來，宣稱歐克洛就是他們的「證據」，證明了一些稀奇古怪的理論，像是失落的非洲文明，或是外星人的核能動力太空船墜毀在地球上等等。事實上，正如核子科學家所檢定的，歐克洛的動力完全來自鈾、水以及藍綠藻（就是池塘裡的殘渣）。沒錯。歐克洛附近一條河裡的藻類在進行光合作用之後，能製造出過量的氧。這些氧會讓水質偏酸，然後再經由鬆軟的泥土，涓滴滲入地下，把岩床裡的鈾溶解出來。當時所有的鈾都具有較高濃度的原子彈材料，鈾二三五同位素——濃度差不多百分之三，反觀現在只剩下千分之七。所以，河水已經不穩定了，等到地底的藻類過濾了這些水，鈾在某個點集中之後，就達到了核反應所需的臨界質量。

不過，臨界質量雖然是核反應的必要條件，但卻不是充分條件。一般說來，要產生連鎖反應，鈾的原子核不能僅僅是被中子撞擊，還必須吸收中子。在純粹的鈾分裂反應中，鈾原子會發射出「快速」中子，然後這些中子會彈跳過鄰居原子，好像打水漂一樣。它們基本上是廢物，是浪費掉的中子。歐克洛的鈾之所以會發生核反應，只是因爲河水減緩了中子的速度，讓鄰居原子核來得及逮到它們。沒有水，核反應根本就不會開始。

但不是只有這樣。顯然，核分裂會製造熱。而現在的非洲爲什麼沒有出現一個大坑洞，原因在於鈾變熱之後，就會把水蒸乾。沒有水，中子的速度又會快得無法被吸收，於是核反應也停止了。只是，一旦鈾冷卻下來，水又會開始流入——讓中子變慢，又重新開啓了核反應。它相當於一座核子的老忠實噴泉，會自我調節。十五萬年來，在歐克洛地區大約十六個地點，消耗了大約一萬三千磅的鈾，每一次的週期是一百五十分鐘。

科學家如何能在十七億年之後，拼湊出這則故事？答案是：用元素。元素在地殼裡混合得很均勻，所以不同的同位素之間的比率，各處應該都一樣。在歐克洛，鈾二三五的濃度比正常值低了十萬分之三到千分之三——非常大的差距。但是，眞正決定歐克洛是天然核武，而非恐怖分子走私活動的，是一些產量超級豐富但毫無用處的元素，例如釹。釹在自然界最常出現的是三種偶數同位素，一四二、一四四和一四六。但是鈾分裂所製造出來的釹，奇數同位素的比率卻較正常情況高出極多。事實上，當科學家分析歐克洛的釹濃度時，在減去天然的釹之後，他們發現，歐克洛的核子「指紋」竟然和現代人造的核分裂反應器一模一樣。眞是驚人哪。

不過，就算釹能夠吻合，其他的元素卻不能。當許萊亞克特在一九七六年比較歐克洛核廢料和現代核廢料時，發現其中某一種釤形成的量太少了。聽起來可能沒什麼大不了，但是話說回來，核子反應的可再生性高得驚人；像釤這樣的元素不會就此停止形成。所以釤的異常行爲暗示許萊亞克特，這裡頭一定有名堂。他大膽假設，如果精細結構常數在歐克洛發生核反應之初，能夠稍微小一點點，這項差異就很好解釋了。在這方面，他就像印度物理學家玻色一樣（玻色並沒有宣稱知道自己的「錯誤」光子方程式爲何能解釋這麼多現象），他只是知道結果是這樣。但問題是，阿爾法是一個基本常數，**不可能**改變，至少根據物理學是不可以的。對某些人來說更慘的是，如果阿爾法能夠改變，那麼大概就沒有誰（或者該說，沒有神）曾經將阿爾法「調整到」剛好能製造生命了。

鑑於影響如此深遠，從一九七六年起，許多科學家都重新詮釋或質疑阿爾法與歐克洛的關聯。他們所測量的改變是這麼地小，而地質紀錄經過十七億年後又是這麼地零碎，看起來幾乎沒有人可能從歐克洛的數據中，證明任何與阿爾法有關的事。但還是一樣，千萬別低估拋出一個概念可能造成的影響。許萊亞克特的釤研究，刺激了幾十個野心勃勃的物理學家，他們都想要推翻老理論，於是現在研究改變的常數變成一個很活躍的領域了。對於這些科學家來說，其中一項很大的幫助在於，他們了解到即使阿爾法從「區區」十七億年前到現在只改變了一點點，它在宇宙形成的第一個十億年內，也就是原始混沌狀態時，還是有可能改變得非常快。事實上，在研究過叫做似星體（quasar）及星際塵雲（interstellar dust cloud）的星系後，某些澳洲天文學家④宣稱，他們偵測到了第一個有關非恆常常數的真正證據。

似星體是會撕毀並吃掉其他星體的黑洞，非常暴力，而且會釋出極多的光能。當然，等到天文學家接收到那些光線時，他們並不是即時目睹正在發生的現象，而是在觀看很久很久以前發生的事，因爲光線穿越宇宙需要花很長的時間。這群澳洲科學家所做的研究是，觀察星際太空塵的巨大風暴如何影響古代似星體光線的路徑。當光線穿過塵雲時，會被雲中被蒸發的元素吸收。但是和會吸收所有光線的不透明物體不同，塵埃雲裡這些元素只會吸收特定頻率的光線。不只如此，就像原子鐘，這些元素吸收的光線不是一道狹窄的顏色，而是略微分開的兩道顏色。

在觀察塵雲中的某些元素時，澳洲佬運氣欠佳；後來證明，那些元素幾乎不會注意到阿爾法是否每天都在波動。所以他們就把搜尋對象擴大到其他元素，像是鉻，結果證明，鉻的確對阿爾法極爲敏感：以前的阿爾法數值愈小，鉻所吸收的光線就愈紅，而升G與降G層級之間的差距也愈小。於是，只要分析鉻和其他元素在十幾億年前似星體附近所製造出來的層級差距，然後與現今實驗室裡的原子做比較，科學家就可以判斷阿爾法是否在這段期間內有所改變。雖說和其他科學家一樣——尤其是提出具爭議性研究的科學家——這群澳洲科學家也用了一些科學界常用的措辭，來局限和表達他們的發現，像是與這些或那些「假說相吻合」等等，但是他們確實認爲，他們的超精細測量顯示出，阿爾法在過去這一百億年當中，改變了十萬分之一。

好啦，坦白說，爲了這麼小的一個數值爭論，似乎很荒謬，就好像比爾．蓋茲爲了爭幾毛錢，和人在路邊大打出手一樣。但是，在這裡規模其實並不重要，重要的是基本常數改變的**可能性**。⑤許多科學家都駁斥澳洲小組的研究結果，但如果那些結果是眞的——或是任何研究基本常數改變的其他科學家，找到肯定的證據——科學家將必須重新思考大霹靂，因爲他們唯一知道的宇宙法則，可能打從一開始就不正確。⑥一個會變化的阿爾法，將會推翻愛因斯坦的物理學，就像愛因斯坦推翻牛頓，以及牛頓推翻中世紀的正統物理學一樣。而且就像下一段文字所顯示的，一個游移的阿爾法，甚至還可能會顛覆科學家探討宇宙生命跡象的方式。

我們早先已經介紹過境遇不佳的費米——他因爲做了一些冒失的實驗，而死於鈹中毒，另外還因爲「發現超鈾元素」而贏得諾貝爾獎，雖說他其實沒有發現超鈾元素。但是，如果讓各位對這位渾身是勁的科學家只留下這麼負面的印象，是不對的。科學家同僚全都愛死了費米，毫無保留。他是第一百號元素鐨（fermium, Fm）的命名依據，而且他被視爲最後一位理論與實驗俱佳的偉大科學家，一位手上可能同時沾有實驗室儀器機油以及黑板粉筆灰的科學家。他還有一顆快得嚇死人的頭腦。在他和其他科學家開會時，同僚有時候解問題解到一半，必須跑回辦公室去查對某些極艱澀的方程式；但是等他們查到跑回來時，等不及的費米往往早已從頭推出整個方程式，並把他們要計算的東西也算出來了。有一次，他還要一名資淺的同事去算算看，他那髒得出名的實驗室窗戶上，灰塵要堆積到多少毫米，才會因無法承受自體的重量而發生一場小雪崩，撒到地板上。歷史上並未記載答案，只記載了這個頑皮的問題。⑦

然而，就算是費米，也沒有辦法釐清一個長期縈繞不去的簡單問題。就像前面曾經提過的，由於某些基本常數具有一個「完美的」數值，而使得宇宙看似被微調到能夠繁衍生命，許多哲學家對此都嘖嘖稱奇。不只如此，科學家長久以來也相信——正如他們相信一秒鐘不應該以我們的行星運轉爲根據，秉持的都是同樣的精神——地球在宇宙內一點都不特別。既然地球是這麼地平凡，宇宙裡又有數不清的恆星與行星，大霹靂也已經過了這麼久（在這裡暫時不考慮棘手的宗教議題），照理說，宇宙裡應該充滿了生命才對。但是爲何我們至今都沒碰過一個外星生物，甚至連一聲招呼都沒聽過。有一次，費米在吃午餐時，沉思這堆矛盾的事實良久之後，突然大聲問他的同事，好像期待他們可以給個答案，「可是大家都上哪兒去了呢？」

他的同事聽到這個如今被稱做「費米謬論」（Fermi's paradox）的問題，不禁大笑起來。但是有些科學家卻很認眞地思考費米的問題，而且眞心相信有可能得到答案。其中最有名的嘗試是在一九六一年，天文物理學家德雷克（Frank Drake）設計出一條現在所謂的德雷克方程式。和測不準原理一樣，德雷克方程式也有一層詮釋往往會讓人弄不清楚它的意思。簡單地說，它就是一連串的猜測：關於銀河裡有多少顆星星，其中有多少比率的行星像地球，這些行星裡頭又有多少比率可能有高等生物，然後這些生物裡頭可能有多少會想和我們接觸，依此類推。根據德雷克最初的計算，⑧我們的銀河裡存在十個願意交流的文明。但還是一樣，這只能算是有根據的猜測，結果引起許多科學家的撻伐，認爲只是空虛的哲思。譬如說，我們住在地球上，要如何幫外星人進行心理分析，估算有多少比率的外星人想和我們談天？

儘管如此，德雷克方程式還是有其重要性：它規範出天文物理學家需要收集哪些數據，而且還把天文物理學架設在一個科學的基礎上。將來也許有一天，我們回頭看它，會覺得就像我們以前試圖整理出一張週期表一樣。而且，隨著天文望遠鏡和其他天體測量儀器的突飛猛進，天文物理學家現在擁有的工具更多，不再只能猜測了。事實上，哈伯太空望遠鏡以及其他一些儀器，已經從如此稀少的數據中釐清了非常多的資料，而太空生物學家現在能做的事，也將超過德雷克。他們不用再枯等高等智慧的外星人來找我們，或是到宇宙深處去搜尋外星人的萬里長城。他們可能得以測量直接的生命證據——即使是沉默無聲的外星植物或是潰爛的微生物——只要搜尋一些元素就可以了，譬如鎂。

顯然，鎂的重要性比不上氧或碳，但是這個排行十二的元素對於原始生物可能有極大的助益，讓它們得以從有機分子轉變成眞正的生命。幾乎所有形式的生命都會用到微量金屬元素，來創造、儲存或運送體內的活力分子。動物主要是利用血紅素裡的鐵，但是最初和最成功的生命形式（尤其是藍綠藻），卻是利用鎂。特別是葉綠素（它或許要算是地球上最重要的有機化合物了，能藉由把恆星能源轉化成糖類，也就是食物鏈的基礎，來驅動光合作用），它在分子中心安置的就是鎂離子。鎂在動物體內也能幫助 DNA 行使正常的功能。

鎂如果堆積在某個行星上，也暗示了該處有液態的水分子，而水是最可能產生生命的媒介。

鎂化合物能夠吸收水，因此即使在像火星一樣荒蕪的岩石行星上，也有希望在此類型沉積物中找到細菌（或是細菌化石）。在有水的行星上（例如木星的衛星歐羅巴，就是我們的太陽系裡可能發現外星生物的熱門候選人），鎂還有助於保持海洋的流動。歐羅巴有一個結冰的外殼，但是底下卻有著蓬勃的液態海洋，而且衛星證據顯示，那些海洋裡頭充滿了鎂鹽。鎂鹽和所有溶解的物質一樣，能降低水的凝結點，讓水在更低的溫度下保持液體狀態。此外，鎂鹽還會在海底岩石上攪動出「鹽水的火山作用」。這些鹽會讓溶解它們的水的體積膨脹起來，於是額外的體積所造成的額外壓力就會啓動火山，吐出鹼性的水，在海洋深處翻騰。（同時這份壓力也能敲開表層的冰帽，讓豐富的冰注入海洋——這是好事，因爲冰內的泡泡對於創造生命來說十分重要。）除此之外，鎂化合物（以及一些其他化合物）還能藉由侵蝕海底富含碳的化學物質，來提供建構生命所需之原始材料。除了太空探測器實地降落或是看到外星植物之外，在一個荒蕪、沒有空氣的行星上偵測到鎂鹽，也能算是該地可能曾經有生命存在的一個好跡象。

但是就當歐羅巴現在沒有生物吧。就算搜尋遙遠外星生物的技術更加先進，這些都建立在一個很大的假設上：控制我們這個區域的科學，用在其他銀河、其他時間，也同樣有效。但是如果阿爾法會隨著時間改變，對於外星人存在的可能性，影響就非常大了。就歷史來看，生命要存在，可能必須等阿爾法「放鬆到」足以讓穩定的碳原子形成——然後或許生命就會輕輕鬆鬆地出現了，不必勞煩任何造物者。又因爲愛因斯坦確定了時間與空間相互纏繞，所以也有物理學家相信，阿爾法在時間裡的變動，暗示了它在空間裡也可能會變動。根據這個理論，就像生命會在地球上滋長但卻不是月球，是因爲地球有水和大氣，或許生命出現在這裡，在這個看似平凡的太空角落裡的一顆看似隨機的行星上，正是因爲只有這裡剛好湊齊了各種宇宙條件，適合結實的原子和完備的分子存在。果眞如此，費米謬論就很容易解決了：沒有人回應我們，是因爲外面根本沒有人。

目前，證據比較傾向於地球平凡論。根據遙遠星體的重力擾動，天文學家現在知道的行星已有好幾千顆，在其中某處發現生命的機率也滿大的。但還是一樣，太空生物學裡的大辯論在於：地球以及地球上的人類是否在宇宙裡享有獨特的地位。搜尋外星生物將需要用盡我們所有的度量天分，可能還得動用週期表上幾個被忽略的小格子。現在我們能確定的只有：今晚如果有哪位天文學家把望遠鏡對準某個遙遠的星團，發現了生命存在的確切證據，哪怕只是微生物清道夫，這項發現都將成爲有史以來最重大的發現——證明人類並沒有多麼特別。只除了我們也存在，而且還能了解並做出這項發現。

19 超越週期表

鍅	Fr	87	223
砈	At	85	210
鑀	Es	99	(252)
錒	Ac	89	227
銦	In	49	114.818

在週期表的邊緣，有一個謎團待解。放射性很高的元素總是很稀少，所以你自然會想，那些最容易崩解的元素，應該也是最稀有的元素吧。而目前最脆弱的元素，只要一出現在地殼裡很快就會消失掉的元素鍅（francium），確實很稀有。鍅瞬間即逝的速度，比任何天然元素都要快——然而，卻還有一種元素比它更稀有。這其中顯然有矛盾，要解決這個矛盾，我們得先離開令人放心的週期表疆界，整裝前往核子物理學家所認定的新大陸，也就是化學世界裡等待征服的美洲——「穩定之島」（island of stability）——想要跨越週期表目前的疆界，這應該是他們最大（可能也是唯一）的希望所在。

我們都知道，宇宙裡頭百分之九十的粒子都是氫，剩下百分之十則是氦。其他所有的東西，包括我們這顆重達六萬億兆千克的地球，都只是四捨五入的誤差。然後在這六萬億兆的質量中，最稀少的元素砈（astatine），總量只有愚蠢的一盎司（二八．三五公克）。要把這個比重轉換成一個（勉強）可以讓人了解的規模，各位不妨想像以下的場景：假設你把你的別克砈型車遺失在一座極大的停車場裡，完全想不起來可能停在哪兒。想像一下你必須一一走過每一層、每一排去找。要比照在地球上搜尋砈原子的難度，這座停車場必須放大到有一億層，每層有一億排，每排有一億個車位。而且總共有一百六十個同樣大小的停車場等你去找——裡面全部只有一輛砈型車。怎麼樣？乾脆走路回家還容易一點吧。

如果砈這麼稀少，大家自然就會想問，科學家如何調查出它的量。答案是，他們有一點點作弊。地球初期所含藏的砈，其實早就放射光了，但是其他放射性元素在吐出阿爾法或貝塔粒子後，偶爾也會衰變成砈。只要弄清楚它的各個母元素（通常在鈾附近）的總量，科學家就可以從這些元素蛻變成砈的機率，來計算目前可能存在的砈原子數量。這一招對其他元素同樣管用。譬如說，砈在週期表上的近鄰鍅元素，任何時刻在地球上的存量至少都有二十到三十盎司。

但好玩的是，砈其實比鍅強壯多了。你如果有一百萬個壽命最長的那一型砈原子，其中半數可以撐到四百分鐘以上才會崩解。同樣數量的鍅原子樣品，只能撐個二十分鐘。鍅是這麼地脆弱，基本上可說是毫無用處，雖說其實地球上也幾乎沒有數量足夠供化學家直接觀察的鍅元素，因為沒有人曾經收集到肉眼可見的鍅元素樣品。就算有的話，它強大的輻射能力也足以立刻把收集者殺光。（彷彿快閃族的鍅，目前最高的糾眾紀錄是一萬個原子。）

要製造出肉眼可見的砈元素樣品，也同樣不太可能，但是它至少還有用處——可以當作醫療用的速效放射性同位素。事實上，當一群科學家——在我們的老朋友塞格瑞率領下——於一九三九年認出砈之後，他們就是把一份樣品注入天竺鼠體內來研究的。因為砈在週期表上位於碘下方，所以它在動物體內會表現得好像碘一樣，最後被天竺鼠的甲狀腺選擇性地過濾和集中。直到現在，砈依然是唯一靠非靈長類動物來確認發現的元素。

砈和鍅之間奇怪的互惠關係，始於它們的原子核。在所有原子裡，都有兩股爭執不休的力量：強核力（strong nuclear force，中文也稱「強作用力」，永遠都很有吸引力）以及靜電力（electrostatic force，會排斥粒子）。不過，強核力雖然是自然界四大基本作用力之一，強核力的手臂卻短得可笑。各位不妨想想暴龍的模樣。只要粒子距離原子核超過幾兆分之一吋，強核力就鞭長莫及了。也因此，出了原子核或是出了黑洞，強核力便罕能發揮影響力。但是如果在強核力的管轄範圍內，它比靜電力可是強上好幾百倍。這樣很好，因爲它可以讓質子和中子連結在一起，不至於讓靜電力把原子核給拆了。

不過，當你的原子核像砈和鍅一樣大，勢力範圍卻如此有限，就會大大影響強核力，讓它很難把所有的質子和中子都綁在一起。鍅共有八十七個質子，沒有一個想要與同類接觸。它具有的一百三十多個中子雖然在緩衝正電荷方面表現不俗，卻也增加了更多的體積，讓強核力更難鎮壓原子核內部的騷動。這麼一來，使得鍅（以及砈，出於同樣的原因）變得極不穩定。於是想當然爾，隨著質子數目的增加，電的排斥力只會變得更大，讓比鍅更重的原子更爲脆弱。

不過，那樣說只有一部分正確。各位還記不記得梅爾夫人（「聖地牙哥老媽贏得諾貝爾獎」）提出一套有關長命「魔數」元素的理論——原子所擁有的質子或中子數目爲二、八、二十、二十八等，將會是特別穩定的元素。其他數目的質子或中子，例如九十二，也能形成緊密和相當穩定的原子核，作用範圍有限的強核力還是能牢牢抓緊質子。這也是爲什麼，鈾比砈或鍅都要穩定得多，雖說鈾比它們重得多。你如果順著週期表上的元素一個一個往下走，強核力與靜電力這兩股力量的纏鬥，就會像股市大跌的股票般，儘管有很多起伏波動，一會兒強核力占上風，一會兒靜

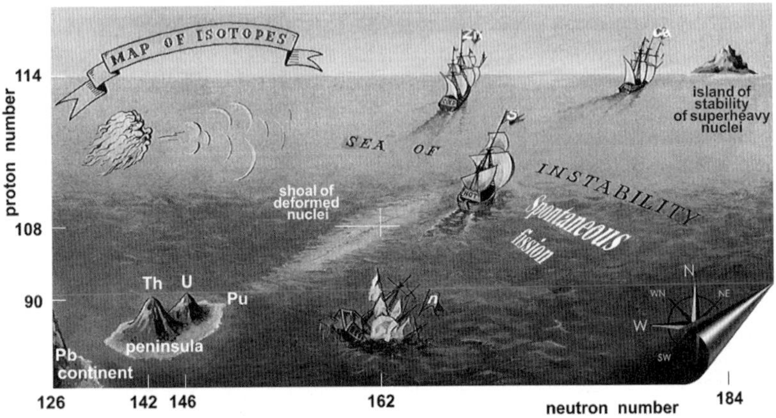

異想天開的「穩定之島」假想地圖。科學家希望能突破既有的週期表疆界，把週期表延伸到一群超重元素上。圖中標出了代表週期表本體的穩定鉛大陸（Pb continent，左下角），以及由不穩定元素組成的海溝，還有進入大海前的小型、半穩定的釷、鈾等小島。（圖片來源：Yuri Oganessian, Joint Institute for Nuclear Research, Dubna, Russia）

電力占上風，但是整體的穩定度還是一路下滑。①

根據這個廣被接受的模式，科學家假設在鈾之後的元素，壽命將會漸漸趨近於零。但是自從他們在一九五〇和一九六〇年代開始摸索超重元素之後，有些意想不到的事情出現了。理論上，魔數可以無限地延伸下去，而且在鈾之後，確實有一個準穩態（quasi-stable）的原子核，就是元素一一四。然而，元素一一四不像預測中只能增加些微的穩定度，因爲根據加大柏克萊分校（不然還會有哪裡）科學家的計算，它的壽命比起排在前面的大約十個元素，可能是以數量級（orders of magnitude）來倍增的。對照那些淒涼短命的重元素（最多活個百萬分之一秒），這無疑是個怪異的想法，與直覺不符。把一大堆質子和中子，塞進主要是由人工製造的重元素裡，就好像塞進炸藥似地，只會增加原子核的壓力。然而，對於元素一一四來說，包進更多的黃色炸藥似乎反而讓炸彈**更穩定**。同樣奇怪的是，連質子數目接近一一四的元素，例如元素一一二和一一六，似乎（至少在理論上）也能因為近水樓台而沾到一點好處。換句話說，連靠近準穩態魔數，都能讓元素變得比較平靜。於是科學家開始把這一群元素稱做穩定之島。

對於自己的比喻洋洋得意，加上自詡為勇敢的探險家，這些科學家開始準備征服這座島嶼。他們大談要找出元素的「亞特蘭提斯」，有些人甚至仿效古代的水手，為不知名的原子核海洋準備了「航海圖」。（你簡直已做好心理準備，會看到圖上出現大海怪了。）而這幾十年來，尋找那片超重元素的綠洲，儼然已成為物理學界最刺激的領域之一。到目前為止，科學家還沒碰到陸地（要找到真正穩定的加倍魔數元素，他們得先想出辦法，如何把更多中子加到目標原子核裡頭），但是他們已經摸上淺灘了，正在四處涉水找碼頭哩。

當然，既然有一座穩定之島，那麼就暗示有一片會淹沒穩定的空間——一片以鍅為中心的空間。八十七號元素（鍅）被困在八十二（鉛）的魔數原子核與九十二（鈾）的準穩態原子核之間，對鍅的中子和質子來說，棄船游泳實在是太誘人了。事實上，也因為原子核結構的基礎不佳，害得鍅不僅是最不穩定的天然元素，甚至比一〇四號（笨拙的鑪）之前的所有人工合成元素都還不穩定。如果有一道「不穩定海溝」，那麼鍅就是馬里亞納海溝深處的漱口水泡泡了。

但還是一樣，鍅的量仍然比砈豐富。為什麼呢？因為鈾附近的許多放射性元素在崩解時，剛好都會衰變成鍅。但是，鍅卻沒有進行一般的阿爾法衰變，把自己（透過減少兩個質子）變成砈，反而在百分之九十九．九的時候，都決定要以貝塔衰變來紓解原子核的壓力，於是變成了鐳。然後鐳會產生一連串的阿爾法衰變，但是中間會跳過砈。換句話說，許多進行衰變的原子都把鍅當成暫時的中繼站，所以才會有二十到三十盎司的總量。但在同時，鍅卻把原子都運離砈，讓砈變得格外稀少。謎團終於解開了。

現在，我們已經探討過海溝了，那穩定之島的情況又如何呢？化學家是否有辦法一直往下合成非常高的魔數，令人懷疑。但是他們也許能夠合成一個穩定的一一四號元素，然後是一二六號元素，然後再往下。有些科學家還相信，增加電子到超重原子內，可以讓它們的核比較穩定——電子有可能會像汽車的避震彈簧一樣，將原本用來撕裂自己的能量吸收掉。如果眞是這樣，或許一百四十多、一百六十多，以及一百八十多號元素都有可能。穩定之島說不定會變成一串列島。這些穩定之島將隔得更遠，但科學家或許可以像古時候的玻里尼西亞人一樣，划著獨木舟橫越遙遠的海域，抵達新的週期群島。

最令人興奮的是，這些新元素不只是已知元素的增重版，還可能具有新奇的特性（還記得鉛如何循著碳與矽的血統出現嗎？）。根據某些計算，如果電子能夠馴服超重的原子核，讓它們變得更穩定，那些原子核也可能會操縱電子——在這種情況下，電子有可能會以不同的次序來塡充原子的殼層和軌域。那些按照週期表位址原本應該是一般重金屬的元素，有可能會比較早塡充它們的八隅體，而表現得好像金屬中的高貴氣體。

雖然不想因驕傲而觸犯眾神，但是科學家已經迫不及待爲這些假想的元素取好了名字。你可能會注意到，位在週期表最底部的超重元素符號是三個字母而非慣用的兩個，而且全都以u開頭。老樣子，這又是拉丁文和希臘文殘存的影響。就像尚未被發現的一一七號元素叫做 Uus，代表un．un．septium；一二二號元素Ubb，代表un．bi．bium；②以此類推。等到這些元素被發現後，將會有一個「眞正的」名字，但是科學家暫時還是可以用拉丁文代用品來記錄它們，並且與其他感興趣的元素區隔開，例如魔數一八四叫做un．oct．quadium。（謝天謝地，隨著生物學領域的二名法系統行將就木——就是那個把家貓命名爲*Felis catus*的系統，已經漸漸被染色體DNA的「條碼名」給取代了。所以，博學的人猿*Homo sapiens*，再見嘍，我們現在要問候的是TCATC-GGTCATTGG……——這些u元素，快要變成長期獨霸科學界的拉丁文最後的堡壘。③）

所以啦，這個跳島可以延伸到多遠？難道我們會不斷地看到小火山從週期表下面浮現，看到它不斷地往前延伸，再延伸，一直走到Eee，也就是enn．enn．ennium，第九九九號元素，或甚至更遠？**唉**！不會。就算科學家想出如何把超重元素黏合起來，就算他們的獨木舟碰到了最遠的穩定列島，幾乎可以確定，他們也會馬上滑落險惡的大海。

原因可以回溯到愛因斯坦以及他畢生最大的失敗。雖然他的粉絲大都熱切地相信，愛因斯坦是以相對論贏得諾貝爾獎。但其實不對。他是因爲解釋了量子力學裡的一種奇特效應而獲獎的，那就是光電效應（photoelectric effect）。他的答案首次提供了證據，證明量子力學不是爲了把異常實驗合理化而設計出來的權宜代用品，而是眞正能符合現實的。但是愛因斯坦能夠想出這個答案卻很諷刺，原因有二。首先，愛因斯坦在年紀愈來愈大、脾氣愈來愈壞之後，開始不信任量子力學了。在愛因斯坦看來，它的統計特性以及深刻的概率特性，太像賭博了，也因此讓他說出那句反對的名言：「上帝不會擲骰子。」他錯了，而且很可惜，大多數人都不知道波耳當時怎樣反駁他：「愛因斯坦！不要指揮上帝怎麼做。」

第二，雖然愛因斯坦窮畢生之力都在嘗試整合量子力學與相對論，成爲一個連貫且輕盈的「大一統理論」（theory of everything），他終究失敗了。但是，也不盡然。有時候，當這兩項理論接觸時，互補得美妙極了：電子速度的相對正確性，有助於解釋水銀（我老是在留意的那種元素）在室溫下爲何是液態，而不是預期中的固態。此外，如果不能理解這兩項理論，以愛因斯坦爲名的九十九號元素鑀，是不可能被製造出來的。但是整體來說，愛因斯坦對於重力、光速以及相對性的想法，和量子力學不完全吻合。就某些案例來說，當這兩項理論接觸時，例如在黑洞內部，所有精巧的方程式都將垮台。

這一垮台倒是有助於幫週期表設定限制。回到電子行星的比喻，正如水星每三個月就能繞太陽一周，海王星卻得拖拉一百六十五年才能走完一圈，位於較內層的電子環繞原子核的速度遠較外殼層的電子快。眞正的速度要看質子數目與阿爾法的比率，也就是前一章討論過的精細結構常數。當這個比率愈接近一，電子飛奔的速度就愈接近光速。但是不要忘了，（就我們認爲）阿爾法是固定在一三七分之一左右。所以，超過一三七個質子後，內層電子看起來將會比光速還要快——但是，根據愛因斯坦的相對論，這是不可能的事。

這個假設的最後元素，一三七號元素，通常被稱爲 feynmanium（費曼元素），也就是以物理學家費曼來命名，因爲他最早注意到這個困境。他也是那個說阿爾法爲「宇宙間最該死的大祕密之一」的人，現在你應該知道他爲什麼會這樣說了。當無法抵抗的量子力學勢力，在剛剛超過費曼元素的地方遇上不可撼動的相對論，其中一個一定得讓步。但沒人知道會是哪一個。

某些很把時光旅行當眞的物理學家認爲，相對論可能會有一個漏洞，允許一種特定的（而且剛好又是無法觀察的）粒子——超光速粒子（tachyon），以超過光速（每秒十八萬六千哩）的速度來行進。這裡頭的陷阱在於，超光速粒子在時光中有可能會逆行。所以啦，如果有一天，超級化學家眞正創造出費曼加一元素，un・tri・octium，它的內層電子是否會變成時光旅人，但原子裡的其他部分卻端坐如鐘？恐怕不會。很可能光速只是爲原子的體積設定上限，而此限制將會徹底摧毀那些絢麗的穩定列島，就如同一九五〇年代的原子彈試爆，徹底摧毀了當地的珊瑚礁。

所以，意思就是週期表很快就會完蛋了？會被固定和凍住，好像化石一樣？

不會，不會，不會是這樣。

假如外星人眞的來到地球，就算撇除最明顯的事實：他們不會說「地球語」，也不保證我們能與他們溝通。他們可能會用費洛蒙或是光脈衝來交流，而不是用聲波；他們也可能具有毒性，如果他們的主要成分不是碳尤其可能，雖說機率極小。就算我們能設法與他們心靈交流，我們重視的那一套——愛，上帝，尊敬，家庭，金錢，和平——也可能不是他們在意的。我們唯一可以丟到他們面前，確定他們能理解的，就只有圓周率π和週期表了。

當然，這裡指的是週期表的**特性**，不是形式，因爲我們現有的城堡塔樓狀週期表雖然印在所有化學書後面，但那只不過是一種安排元素的方式。我們祖父母輩從小所參考的週期表樣式就不太一樣，只有八條直欄，往下延伸。看起來比較像月曆，而所有過渡金屬被塞進半格子裡，好像那些倒楣的三十／三十一日，在月曆上勉強分配到半個格子。更令人心生疑竇的是，有些人還將鑭系元素塞進主表中，把週期表弄得擁擠不堪。

沒有人肯多分一點空間給過渡金屬，直到西博格和他在加大柏克萊分校的同事（又是他們），在一九三○年代末到一九六○年代初這段期間，將整張週期表重新翻修了一遍。他們不只是增加了某些元素。他們還領悟到，像錒這樣的元素並不適合放在自己從小就熟知的位置上。現在聽起來可能還是很怪，但是在那之前的化學家並不太重視週期表。他們覺得鑭系元素以及它們惱人的化學習性，不屬於正常的週期表準則，所以只能算是例外——在鑭系之後的元素，將永遠不會重蹈覆轍，私埋電子並偏離過渡金屬的化學性質。但是鑭系元素的化學性質再度出現了。一定會的：這是化學的無上命令，而**這些**元素特性應該就是外星人能認出來的東西。而他們也一定能像西博格一樣確知，從八十九號的錒開始，元素轉到一個怪異的新方向。

錒是現代週期表能成形的關鍵元素，因爲西博格和同事們決定要把當時已知的所有重元素——現在稱做錒系元素（actinides），以帶頭的錒來命名——劈開來，封鎖在主表的下方。等到他們移開這些元素後，決定要給過渡金屬多一點伸展的空間，而不是把它們塞在三角形的半格裡，於是他們在週期表上增闢了十條直欄目。這份藍圖看起來合理多了，許多人便複製了西博格的做法。但是這份週期表還是等了一陣子，等到擁護舊表格的死硬派學者陸續過世，日曆式的舊週期表才終於在一九七○年代讓位給現今這份城堡形狀的週期表。

但誰敢說這就是週期表的理想模樣？欄目式週期表從門得列夫時代開始獨領風騷，但是就連門得列夫本人，也曾設計過三十多種週期表；累積到一九七○年代，所有科學家設計過的週期表樣式更是高達七百多種。有些化學家喜歡把城堡的一端拿掉，接到另一端旁邊，結果把週期表弄得好像一座外形笨拙的樓梯。其另一些人則把矛頭對向氫與氦，把它們丟到不同的欄目，以強調這兩個非八隅體元素讓自己陷入了一個奇異的化學處境。

不過說眞的，一旦你開始注意各種週期表的樣式，就會發現沒有理由把自己局限在直線形狀的表格內。④其中有一份現代週期表看起來好像蜂巢，每個六角形格子會以螺旋狀不斷往外旋轉，距離核心的氫愈來愈遠。天文學家和天文物理學家可能會中意的版本，是表格中心坐著一個氫原子「太陽」，其他元素則環繞著氫，有如帶著衛星繞日的行星群。生物學家曾經製作過螺旋狀的週期表，就像我們的DNA一樣；而科技狂也曾經把欄與列對摺包成一圈，好像巴棋戲（Parcheesi）的棋盤。甚至有人把金字塔形魔術方塊的各個旋轉面上寫滿元素名稱，在美國申請了專利。

愛好音樂的人曾經把元素畫在五線譜上，咱們的老朋友克魯克斯也曾經設計過兩款別出心裁的週期表，一款看起來像是琵琶，另一款則像是蝴蝶餅。我個人最偏愛的，一款是金字塔形的週期表——它很合理地逐層變寬，而且用圖形就可以說明新的軌域從哪裡開始，以及整個系統還可以增加多少元素——以及另一款可以剪下來，從中央扭轉的樣式，我還是不太懂該怎麼弄，但是覺得很有趣，因爲看起來有點像梅氏圈（Möbius strip）。

我們甚至不用把週期表局限在平面上。塞格瑞於一九五五年發現的帶負電的反質子，與反電子（也就是正電子）可以配對得很好，形成反氫原子。理論上，每一個反元素都可能出現在反週期表上。而化學家除了發現它們和正常週期表有如照鏡子之外，還探討了物質的新形態，這些物質有可能把已知「元素」的數目倍增到幾百乃至幾千個。

首先是超原子（superatom）。這些原子簇——每簇具有八到一百個不等的單一元素原子——

有一種很詭異的能力：模仿某種不同元素的單一原子。譬如說，十三個鋁原子可以用特定方式來聚集，然後表現得有如殺手溴原子：兩者的化學反應完全看不出差異。即便鋁原子簇是單一溴原子的十三倍大，即便鋁一點都不像會催人落淚的溴毒氣，但還是會出現這種結果。其他類型的鋁原子簇，還可以模仿鈍氣、半導體、骨頭成分物質（像是鈣），或是幾近週期表上任何區域的元素。

這些原子簇是這樣運作的。原子將自己安排成一個三維的多面體，而每個原子會假裝自己是這個集體原子核裡的一個質子或中子。請注意，電子也能在這塊柔軟模糊的核裡運轉，而各個原子則集體共用電子。科學家挖苦這種物質狀態爲「凝膠」（jellium）。至於凝膠有多少電子可以外包出去與其他原子反應，就要看這個多面體有多少邊和角了。如果它有七個角，它的行爲就會類似溴或其他鹵素元素。如果它有四個角，就會表現得像是矽或是半導體。鈉原子也能變成凝膠，然後模仿其他元素。而且沒有理由認爲，有哪些元素是無法模仿其他元素的，或者甚至所有元素都能模仿所有其他元素——再講下去，就要語無倫次了。總之，這些發現迫使科學家重建平行的週期表，來爲所有新物種分類，就像解剖學教科書裡的透明片，一層一層地疊加在週期表骨幹上。

原子簇儘管會形成怪異的凝膠，它們畢竟還很像正常的原子。第二種會增加週期表深度的方式，可就不同了。量子點（quantum dot）是一種類似全像的虛擬原子，儘管它還是會遵守量子力學的規則。不同的元素可以形成不同的量子點，但其中最厲害的是銦（indium, In）。這種銀色金屬是鋁的親戚，住在金屬與半導體元素接壤的地方。

科學家藉由建立肉眼幾乎看不到的魔鬼塔（Devils Tower），來建構量子點。和地質學上的地層一樣，這個小塔也有很多層——從底部開始，先是一層半導體，然後是一層很薄的絕緣體（某種陶瓷），一層銦，一層厚絕緣體，然後是頂端金屬。科學家將金屬頂接上正電荷，馬上就會吸引電子。這些電子拼命往塔上衝，直到碰見絕緣體才受阻過不去。然而，要是這層絕緣體夠薄，一枚電子有可能使出某種量子力學巫毒術，「穿透」進入銦層。

這時，科學家突然關掉電壓，把那個孤兒電子困住。對於「容許一群電子繞著自己的原子運轉」，銦一向表現良好，但是面對一枚電子就不同了，銦會迫使這顆電子消失在銦層的內部。這枚電子變得好像在徘徊，能夠移動但是不相連，而且如果這個銦層夠薄也夠窄，這一千個左右的銦原子會集結，並表現出彷彿是一個集體原子，全體共用這個受困的電子。這是一個超個體（superorganism）。如果把兩個或更多的電子送入量子點，它們在銦層內會以相反的自旋態存在，並且分散在這個超大的軌域和殼層中。這個場景說有多怪異就有多怪異，彷彿拿到一個玻色—愛因斯坦凝聚態的巨型原子，但卻不必做那些苦工，像是把溫度調降到只比絕對零度高出幾十億分之一度等等。但這可不是隨便做來消遣的實驗：量子點已證明具有極大潛力發展成下一代的「量子電腦」（quantum computer），因爲科學家可以控制個別電子，因此也就可以利用它們來執行運算，比起讓幾十億個電子通過基爾比在五十年前設計出來的積體電路，快速得多也乾淨得多。

而且週期表在量子點之後再也不會是原來的樣子了。因爲這些量子點（也叫做煎餅原子）是這麼地平坦，電子殼層將不會像尋常的模樣。事實上，到目前爲止，煎餅週期表看起來和我們熟悉的週期表非常不一樣。譬如說，它很窄，因爲八隅體規則在這裡不適用。電子填充殼層更快速，不與其他元素反應的鈍氣彼此之間相隔的元素也更少。但這些並不會阻止「更容易起反應的量子點」與「鄰近的其他量子點」結合形成……嗯，管他什麼鬼東西。但是和超原子不同，眞實世界裡，沒有任何元素能夠拿來類比這種量子點「元素」。

最後，雖說關於西博格的城堡式週期表（讓鑭系和錒系好像護城河似地窩在城堡底部），未來能否再稱霸個幾世代，應該沒有太大疑問，畢竟它很容易製作，也很容易學習。但遺憾的是，大部分教科書出版商都不願意平衡一下西博格的週期表（它們出現在每本化學書的封面裡），在封底裡也印製一些替代的週期表樣式：譬如立體式，能夠從相連的書頁上跳出來，把距離遙遠的元素摺得比較近，讓你在首次見到它們排排站時，激發出新的靈感。出於熱切的盼望，我個人願意捐出一千美元給任何非營利團體，贊助「根據任何可想像的原則，來打造各種怪誕新奇的週期表」。目前的週期表對我們來說，是滿好用的，但是重新想像打造它，對於人類（至少對我們某些人來說）也很重要。此外，要是哪天外星人眞的大駕光臨，我希望他們也能讚嘆一下我們的天才。而且或許，只是或許，讓他們也可以在這堆週期表當中，找出某種他們認得的形狀。

當然話又說回來了，搞不好還是我們這份舊式的直排橫排方格子週期表，以及它那非凡的清爽簡潔，最能吸引他們。又或許，儘管他們有其他的元素排列法，儘管他們也知道超原子和量子點，但他們依然可以從這張表裡看到一些新東西。或許，在我們解釋過如何從各種不同層面來閱讀這張週期表之後，他們會用吹口哨（或管他什麼方式）來表達眞心的讚美——對於我們人類有辦法製作出這樣的元素週期表，大爲驚豔。

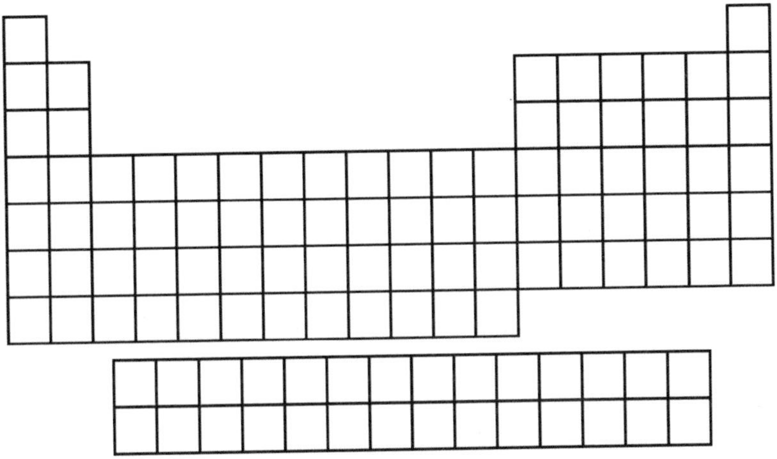

致謝

首先，我要感謝我最親愛的人。我的父母，他們敦促我寫作，但在我動筆之後，從來不多問我到底想寫些什麼。謝謝親愛的 Paula，始終陪伴著我。還有我的兄弟姊妹 Ben 和 Becca，他們教我怎樣耍寶。以及我在南達科他州和美國各地的所有親朋好友，他們支持我，而且常常拖我走出家門。最後，要感謝我的老師與教授，是他們最先告訴我許多這本書裡提到的故事，雖然他們當時並未意識到說這些故事有多麼寶貴。

我還要感謝我的經紀人 Rick Broadhead，他深信撰寫本書是一個絕佳的點子，而且由我來寫再適合不過了。我的編輯，里特與布朗出版社（Little, Brown and Company）的 John Parsley，對我也多所協助，他早早就勾勒出本書的形貌，並協助將書塑造完成。此外，也要感謝里特與布朗出版社裡其他許多人士，包括 Cara Eisenpress、Sarah Murphy、Peggy Freudenthal、Barbara Jatkola，以及諸多參與本書設計與改進的無名英雄。

我還要感謝許許多多對本書各篇章有所貢獻的人士，不論是提供故事給我，還是幫忙我追查資料，或是撥冗回答我的問題。這些人士包括 Stefan Fajans、www.periodictable.com 網站的 Theodore

Gray；美國鋁業公司的 Barbara Stewart；北德州大學的 Jim Marshall；加州大學洛杉磯分校的 Eric Scerri；加州大學河邊分校的 Chris Reed；Nadia Izakson；美國化學摘要公司（Chemical Abstracts Service）的通訊小組；美國國會圖書館的工作人員以及科學參考室館員。如果這份名單遺漏了誰，還請見諒。我同樣感謝你們，雖然這麼地失禮。

最後，我要向下列人士致上最深刻的謝忱，謝謝門得列夫、邁耶、紐蘭茲、尚古爾多、歐多林（William Odling）、韓理其（Gustavus Hinrichs）和其他曾經參與研發週期表的所有科學家——以及好幾千名與這些多采多姿的化學元素故事有關的科學家。感謝你們！

註釋

前言

①我從水銀身上學到的另外一件事，與氣象學有關。煉金術的最後喪鐘，看來是出現在一七五九年耶誕節的次日，兩名俄國科學家原本想測量雪與酸的混合物溫度可以降到多低，結果意外將溫度計裡的水銀給凍結了。這是史上第一次記錄到固態的汞，而有了這份證據，煉金術士那不朽的液體從此就被放逐到一般物質的領域了。

後來水銀還被捲入政治，因爲美國有些示威者展開激烈的抗爭，反對疫苗裡的水銀所造成的危害（完全沒有根據）。

1 地理位置決定一切

①兩名科學家第一次觀察到氦存在的證據（太陽光光譜中一道不知名的光譜線），是在一八六八年的一場日蝕——所以這種元素才會被命名爲 helium，源自希臘文 *helios*，意思是「太陽」。氦直到一八九五年才被人從岩石裡小心翼翼地分離出來。（這部分在第十七章會有更詳細的解說。）此後八年，氦一直被視爲在地球上的量非常稀少，直到一九〇三年，一群礦工在堪薩斯州發現地下蘊藏了大量的氦。他們本來是想用火點燃一處出口冒出的氣體，但不管怎麼弄都點不著。

②爲了要再次強調原子內部大部分空間都是空蕩蕩的，紐西蘭奧塔哥大學（University of Otago）化學家布萊克曼（Allan Blackman）在二〇〇八年一月二十八日的《奧塔哥日報》（*Otago Daily Times*）中寫道：「想想看已知最緻密的元素鋨：一份像網球大小的鋨元素樣品，重量只不過比三公斤〔六．六磅〕重一點……。且讓我們假設，我們有辦法把鋨的原子核緊緊地湊在一起，把鋨原子裡大部分空著的區域消除掉……。一份網球大小的緊密鋨樣品，現在重量將達到驚人的七兆長噸〔相當於七．七兆短噸〕。」

這裡要幫這條註釋再加一段註釋：其實沒有人真正知道鋨是不是密度最大的元素。鋨和銥的密度是極爲接近，科學家簡直無法區分兩者，而過去幾十年來，它們輪流擔任山大王。目前高居王座的是銥。

③想知道更多有關路以士與能斯特的細節（以及其他許多人物，像是鮑林與哈柏），我大力推薦由考菲（Patrick Coffey）所撰寫的《科學聖殿：打造現代化學的人物與競爭》（*Cathedrals of Science: The Personalities and Rivalries That Made Modern Chemistry*）。這本書以人物爲中心，講述從一八九〇到一九三〇年，現代化學黃金年代裡的故事。

④關於銻的事實還有以下幾項：

一、我們對於煉金術和銻的知識大都來自一六〇四年的一本書，《銻的凱旋馬車》（*The Triumphal Chariot of Antimony*），作者是托蒂（Johann Thölde）。爲了幫自己的書打知名度，托蒂宣稱他只不過是翻譯這本書，原著是在一四五〇年由一名修道士華倫提努（Basilius Valentinus）所撰寫的。由於害怕別人質疑他的信仰，華倫提努把原稿藏在修道院的一根柱子裡。手稿一直藏在裡面，直到一道「奇蹟似的閃電」將那根柱子劈開，才讓他給發現。

二、雖然很多人把銻稱做雌雄同體，但也有人堅持它的屬性是陰性的——因此銻的煉金術符號♀後來變成了「雌性」的通用符號。

三、一九三〇年代，中國一個極貧窮的省份必須就既有資源湊合著過日子，便決定要利用銻來賺錢，因爲那是當地唯一的資源。但是銻很軟，很容易就被磨掉，而且有輕微毒性，凡此種種特性，都讓它成爲很不稱職的銅板，於是政府很快地就將銻幣都回收了。但是，那些硬幣當年雖然不值一文，現在賣給收藏家，身價卻高達好幾千美元。

2 雙胞胎與不肖子

① honorificabilitudinitatibus 這個字比較簡單直接的解釋爲「榮耀之至」。所謂與培根有關的顚倒順序字爲 "Hi ludi, F. Baconis nati, tuiti orbi"，譯成英文爲 "These plays, born of F(rancis) Bacon, are preserved for the world."。

② 關於《美國化學摘要》裡出現過的最長單字，有一些混淆。許多人都列舉菸草嵌紋病毒蛋白，$C_{785}H_{1220}N_{212}O_{248}S_2$，但也有很多人列舉「色胺酸合成攜 α 蛋白」（tryptophan synthetase α protein），這是讓很多人（誤）以爲害他們吃了火雞就會想睡覺的那種物質的親戚分子（城市傳奇）。這個色胺酸蛋白，$C_{1289}H_{2051}N_{343}O_{375}S_8$，共有一千九百一十三個字母，比菸草嵌紋病毒蛋白多出百分之六十，因此很多資料來源——包括某些版本的《世界金氏紀錄》，諸如「城市字典」（Urban Dictionary, www.urbandictionary.com）和《畢恩罕見字與怪字字典》（*Mrs. Byrne's Dictionary of Unusual, Obscure, and Preposterous Words*）——都把這個色胺酸蛋白列爲最長的單字。但是我在美國國會圖書館陰暗的燈光下，查了好幾個小時，都沒有在《美國化學摘要》裡找到完全拼出來的這個蛋白質分子名稱。爲了要再確定，我又去清查宣稱解開該分子密碼的學術論文（那篇文章不在《美國化學摘要》的目錄上），結果發現作者選擇省略它的胺基酸序列名稱。所以就我所知，它的名字從來沒有被完整地印刷出來，而這點或許也解釋了爲何金氏紀錄後來把「它是世界最長單字」的條目刪除了。

同時我也去追蹤了有關菸草嵌紋病毒蛋白，它被完整拼出來兩次——第一次是在 *Chemical Abstracts Formula Index, Jan.-June 1964* 的九六七F頁，第二次是在 *Chemical Abstracts 7th Coll. Formulas, C23H32-Z, 56-65, 1962-1966* 的六七一七F頁。這兩部書都是發表於特定期間（如封面所印）的化學學術論文數據彙編概要。也就是說，與坊間許多有關最長單字的資料（尤其是網站）不同，菸草嵌紋病毒只出現在一九六四和一九六六年出版的這些大部頭書籍裡面，但是沒有出現在一九七二年的版本內。

不只如此，色胺酸的論文是在一九六四年發表的,但是在一九六二至六六年間的《美國化學摘要》裡還有其他分子，比菸草嵌紋病毒蛋白具有更多的 Cs、Hs、Ns、Os、Ss，爲什麼沒有被拼出全名呢？因爲負責收集數據的美國化學文摘社（Chemical Abstracts Service），徹底檢視了一九六五年以後發表的論文中新化合物的命名法，開始不鼓勵使用那些讓眼睛吃不消的長名字。但如果是這樣，爲什麼菸草嵌紋病毒蛋白的名字還會出現在一九六六年的版本中？照理應該會被刪掉，但卻按照舊規則保留了下來。更奇特的是，一九六四年那篇最早的菸草嵌紋病毒論文是用德文寫的。但《美國化學摘要》是英文的紀錄，就像約翰生的《牛津英文辭典》，把這個名字印出來不是爲了炫耀，而是爲了知識的宣導，所以當然算數。

哇！

對了，在此還要感謝席佛（Eric Shively）、布雷得利（Crystal Poole Bradley），特別是美國化學摘要公司的孔寧（Jim Corning），幫了我很多忙，讓我釐清這一切。他們其實不必理會我的怪問題（「嗨，我想找出英文裡最長的單字，但不確定是哪一個……」），但是他們卻肯理我。

順便提一下，除了是最早被發現的病毒之外，菸草嵌紋病毒的形狀與結構也是最早被嚴謹地研究的病毒。在這個領域裡，部分最好的研究是由法蘭克林做出來的，她就是那位大方但天眞地讓華森與克里克分享數據的晶體學專家（詳情請參考第八章）。對了，「色胺酸合成攜α蛋白」中的α，可以回溯到鮑林的研究，關於蛋白質如何知道自己應該摺疊成什麼形狀（請參考第八章）。

③有一些超有耐心的人士在網路上拼出肌聯蛋白的所有胺基酸序列名稱。相關數據如下：在微軟 Word 檔案裡，以 Time New Roman 字體第十二級字來表示，總共得占去四十七頁的空間。它共含有三萬四千個胺基酸，裡面共有四萬三千七百八十一個1：三萬零七百一十個y：二萬七千一百二十個yl：但是只有九千二百二十九個e。

④根據美國公共電視網節目《前線》（*Frontline*），有一集「乳房塡充物受審」提到：「生物體內的矽含量會隨著生物複雜度增加而遞減。矽與碳的比率在地殼裡是二五〇：一，在腐殖土（內含有機物質的土壤）裡是十五：一，在浮游生物裡是一：一，在蕨類植物是一：一〇〇，在哺乳動物是一：五〇〇〇。」

⑤這段有關巴丁和布萊頓像連體嬰的引言，出自美國公共電視網的紀錄片《來裝電晶體！》（*Transistorized!*）。

⑥蕭克利的天才精子銀行設在加州，正式名稱爲「精種選擇儲藏所」（Repository for Germinal Choice）。他是唯一一位公開承認捐精給該銀行的諾貝爾獎得主，雖說根據該銀行創辦人葛拉罕（Robert K. Graham）宣稱，還有其他諾貝爾獎得主。

⑦有關基爾比和數量暴君的詳細資料，有一本很棒的書可供參考《晶片》（*The Chip: How Two Americans Invented the*

Microchip and Launched a Revolution），作者是瑞德（T. R. Reid）。
還有一件滿奇怪的事，二〇〇六年某家俱樂部的DJ用基爾比的名字出了一張CD，名稱叫做《微晶片》*Microchip EP*，封面人物就是垂垂老矣的基爾比。主打歌曲包括：〈中子元素〉（Neutronium）、〈位元圍巾〉（Byte My Scarf）、〈積體電路〉（Integrated Circuit），以及〈電晶體〉（Transistor）。

3 週期表的加拉巴哥群島

①就我們現在的眼光來看，門得列夫不相信原子的存在似乎很奇怪，但是在他那個時代，持這種看法的化學家並不少。他們不相信任何沒有辦法用肉眼看到的東西，而他們把原子當做抽象事物——用來計算是滿方便，但當然只是虛構出來的。

②關於六位科學家競逐成爲有系統整理元素的第一人，塞里的大作《週期表》（*The Periodic Table*）描述得最好。另外三位也被視爲共同發明了（或至少是有貢獻於）週期系統。
根據塞里的說法，尙古爾多（Alexandre-Emile Béguyer de Chancourtois）發現了在週期表發展中「最重要的一步」——「元素的性質是它們原子量的一項週期功能，足足比門得列夫早了七年做出同樣結論。」尙古爾多是地質學家，把他的週期系統畫在一個螺旋圓柱體上，好像螺絲釘的螺紋。他榮登最先創造週期表的寶座的可能性，後來破滅了，因爲出版商怎麼也複製不出那張關鍵的螺絲釘週期表。那名出版商終於舉手投降，印出論文卻沒有週期表。想想看，你要如何在沒看見週期表的情況下學習它！不過儘管如此，尙古爾多能夠成爲週期系統的奠基人，是因爲他的法國同胞布瓦伯德朗持續這樣說，原因之一可能也是爲了要激怒門得列夫。
歐多林（William Odling）是一名很能幹的英國化學家，只是運氣似乎很差。他對週期表的看法很多都是正確的，但現在就是沒有人記得他。可能是因爲他感興趣的化學主題以及行政工作太多，所以才被門得列夫給比了下去；門得列夫對週期表極爲執著。其中，歐多林弄錯的一點，是元素的週期長度（也就是元素隔多久會出現類似的特徵）。他認爲所有的元素週期長度都是八，但那只適用於最上方的幾排。由於具有d殼層，第三和第四排元素需要十八個元素的週期。同樣地，由於具有f殼層，第五和第六排元素需要三十二個元素的週期。

韓理其（Gustavus Hinrichs）是這份共同發現者名單上唯一的美國人（但不是在美國出生的），也是唯一被描述成壞脾氣、特立獨行，但是領先時代的天才人物。他總共以四種語文發表超過三千篇學術論文，而且他在利用光線放射（本生發明的）來為元素分類上的研究，也是先驅人物。另外，他也玩占數術，還發明過一個螺旋臂狀的週期表，將許多極難處理的元素都放進正確的族群中。正如塞里對他的總結，「韓理其的研究是這麼地獨特，又這麼地錯綜複雜，任何人若想評論其真正價值，都必須更完整地好好拜讀才行。」

③如果你非常想親眼看一下鎵的惡作劇，可以上 YouTube 網站去看湯匙化為烏有的畫面。薩克斯在他的兒時回憶錄《鎢絲舅舅》（*Uncle Tungsten*）中，也有提到這類惡作劇。

④本書所描述的伊特比歷史與地質，以及該鎮現在的風貌，許多都是請教北德州大學化學兼歷史學家馬歇爾（Jim Marshall），他非常慷慨地撥出時間來協助我。同時他還送給我許多漂亮的圖片。他目前正在實地走訪每種元素初次被發現的地點，所以他去了伊特比（容易採集）。祝你好運，馬歇爾！

4 原子哪裡來

①有一個人叫 Hans Bethe，也曾經幫忙想出恆星上的核融合反應，並贏得五百美元的獎金。他把這筆錢拿來賄賂納粹官員，營救母親以及她的家具（怪哉）逃離德國。

②一則很有趣的消息：天文學家辨識出一系列能夠以未知流程來製造鉅的奇怪星球。其中最有名的叫做 Przybylski's 恆星。最怪的是，它的鉅一定得在星球表面上製造，不像大部分核融合都是發生在星球的核心。因為如果發生在核心裡，就得花一百萬年之久，才能從核心爬到表面，以它的放射性，將會撐不到爬出來的那一天。

③B^2FH 論文開頭所引的那兩句莎士比亞的句子如下：

It is the stars, / The stars above us, govern our conditions. ——《李爾王》（*King Lear*），第四幕，第三景

The fault, dear Brutus, is not in our stars,/ But in ourselves. ——《凱撒大帝》（*Julius Caesar*），第一幕，第二景

④就技術層面來說，星球是不會直接形成鐵的。它們會先藉由將兩個矽（十四號元素）融合，來形成鎳（二十八號元素）。但是這個鎳元素並不穩定，絕大部分都會在幾個月內就衰變成鐵。

⑤木星的質量如果是現有的十三倍，它將有辦法用重氫（具有一個中子和一個質子）來引燃核融合。但是就重氫罕見的程度來看（每六千五百個氫原子裡頭，只有一個是重氫），它將會是一顆滿弱小的恆星，不過還算是恆星。如果木星想用一般氫原子來引燃核融合，它的質量得是現有的七十五倍。

⑥火星有時候也會來一陣過氧化氫「雪」，不讓怪天氣成爲木星或水星所獨有。

⑦具有親鐵性質的鋨與銥，也能幫助科學家重建月球的形成（源自早期地球與一顆小行星或彗星的猛烈撞擊）。月球是由那次相撞所拋出的殘骸黏合而成的。

⑧復仇女神會懲罰驕傲。她不容許任何地球生物變得太驕傲，要是有誰的力量開始威脅到眾神，她就會擊殺對方。把太陽的伴星比喻做復仇女神，意思是說，如果地球上的生物（譬如說恐龍）開始演化出智慧，復仇女神就會搶先把牠們毀滅掉。

⑨很諷刺地，如果從極遠處觀看太陽的運動，將會很類似古代的輪中輪（均輪與本輪）模型，也就是古代天文學家拼老命想解釋的前哥白尼時期的以地球爲宇宙中心模型（只不過地球再也不能被稱爲宇宙中心了，差得遠）。就像米歐爾和蛋白質，這是世間所有觀念的循環特性，甚至科學也一樣。

5 當元素遇到戰爭

①想更進一步了解化學戰細節，特別是與美國軍隊相關的資料，請參考海勒少校（Major Charles E. Heller）所撰寫的〈一次世界大戰的化學戰〉（Chemical Warfare in World War I: The American Experience, 1917-1918），屬於《李文渥斯報告書》（*Leavenworth Papers'*）的一部分，發行單位是美國陸軍指參學院（Combat Studies Institute, U.S. Army Command and General Staff College, Fort Leavenworth, Kansas, http://www-cgsc.army.mil/carl/resources/csi/Heller/HELLER.asp）。

②哈柏的氨有相當多的貢獻，其中一項是：湯斯在建造第一台邁射（雷射的前身）時，就是用氨做爲刺激劑。

6 霹靂一聲……週期表完工

①厄本不是唯一被莫斯利弄得下不了台的人。莫斯利的儀器也同樣瓦解了小川正孝的宣告（發現了新元素nipponium，第四十三號元素）（請參考第八章）。

②關於那場導致莫斯利喪生的戰鬥，可參考羅茲（Richard Rhodes）所撰寫的《原子彈的誕生》（*The Making of the Atomic Bomb*）。事實上，你最好整本都讀，因爲它是目前爲止寫得最好的一部二十世紀科學史。

③《時代》雜誌那篇提及六十一號元素被發現的文章，在寫到應該幫該元素取什麼名字時寫道：「有一個愛開玩笑的人甚至建議 grovesium，以大嗓門的格羅夫斯將軍（Major General Leslie R. Groves）來命名，也就是原子彈計畫的軍方首腦。化學符號可以用：Grr。」

④除了會吞食電子的小精靈模型之外，當時的科學家還發明了「葡萄乾布丁模型」（plum pudding model），電子像葡萄乾似地被埋在一個帶正電的「布丁」裡（但是拉塞福證明了有一個緻密的原子核存在，推翻了這個模型）。在發現核分裂後，科學家又發現了「液滴模型」（liquid drop model），大型原子核會像水滴落在平面上一樣，劈裂成兩滴。麥特納的研究，對於液滴模型的發展至爲關鍵。

⑤該引言源自喬治．戴森的著作《獵戶座計畫》（*Project Orion: The True Story of the Atomic Spaceship*）。

⑥這句引言「在尋常的方法學地圖上，標出一個既『不在任何地方』，同時又『無處不在』的荷蘭」出自伽利森（Peter Louis Galison）所撰寫的《意象與邏輯》*Image and Logic*。

7 擴張週期表，擴張冷戰

①那篇文章刊登於一九五〇年四月八日，由坎恩（E. J. Kahn Jr.）所發行並撰寫。

②關於導致發現第九十四號到一一〇號元素的那一系列實驗，以及當事人的個人資料，可參考西博格的多本自傳，尤其是《原子時代的探險》（*Adventures in the Atomic Age*）（他與兒子艾瑞克〔Eric〕共同執筆）。這本書的本身就很有價值，因爲西博格身爲諸多重大科學研究的中心人物，同時又在政治領域扮演重要角色長達數十年。不過坦白說，由於謹慎的寫作風格，使這本書讀起來有點乏味。

③關於諾里爾斯克附近長不出一株樹的資料，來自 Time.com，它在二〇〇七年將諾里爾斯克列爲全球十大污染最嚴重的城市。請參考 http://www.time.com/time/specials/2007/article/0,28804,1661031_1661028_1661022,00.html。

④我在二〇〇九年六月幫 Slate.com 撰寫了一篇報導（“Periodic Discussions”, http://www.slate.com/id/2220300/），講述的是差不多的事情，但是裡頭對於鎶這個元素爲什麼要等上十三年，才能從暫定元素升格爲正式的週期表元

素，有很詳盡的報導。

8 從物理學走入生物學

①除了塞格瑞、蕭克利和鮑林之外，那年《時代》雜誌封面上其他十二名科學家是：遺傳學家畢鐸（George Beadle）、「慣性導航之父」翟柏（Charles Draper）、「現代疫苗之父」安德斯（John Enders）、葛拉瑟、分子生物學家李德柏格（Joshua Lederberg）、物理化學家利比（Willard Libby）、物理學家普塞耳（Edward Purcell）、物理學家拉比（Isidor Rabi）、「氫彈之父」泰勒（Edward Teller）、湯斯、太空科學家凡艾倫（James Van Allen）以及有機化學家伍德渥特（Robert Woodward）。

這一期《時代》的年度風雲人物報導中，有一段是蕭克利與種族有關的談話。他的本意很顯然是想讚美，但是他對邦奇（Ralph Bunche，美國政治家，一九五〇年諾貝爾和平獎得主）的看法，在當時聽起來一定讓人感到有一點怪，事後回想就更覺得詭異了。「蕭克利，五十歲，屬於罕見的科學家族群，身爲理論學者的他，從不羞於承認他很有興趣將研究成果實用化。『你如果要問一項研究有多少屬於純科學，又有多少屬於應用科學，』蕭克利說，『就好像你要問邦奇的血液有多少屬於黑人，多少屬於白人一樣。重要的是，邦奇是一個偉大的人。』」

這篇文章同時也顯示了，「蕭克利是電晶體主要發明者」的傳奇地位已經非常穩固了：

> 理論物理學家蕭克利自一九三六年從麻省理工學院畢業後，就被貝爾實驗室延攬，他所在的小組，為一項科學特技找到了新用途：把矽和鍺當做一項光電儀器來使用。而蕭克利與合作者也因為下列成就共同贏得諾貝爾獎：他們將大塊的鍺轉變成第一個電晶體，而這塊經過調教的小晶體，飛快地就取代了美國興盛的電子工業裡的真空管。

②就化學家來說，伊達·諾達克的整體風評褒貶不一。她曾經協同發現了第七十五號元素，但是她的小組在第四十三號元素研究裡，有很多錯誤。她曾經比任何人早了好幾年就預測到核分裂反應，但是差不多在同時，她也開始指稱週期表是無用的廢物，因爲日益增加的新同位素讓週期表難以應付。不清楚爲什麼，伊達·諾達克認爲，每一種同位素應該都要算是一個獨立的元素，但她就是這麼認爲，而且還拼命說服別人也應該把

週期表系統給扔了。

③這句塞格瑞評論諾達克與核分裂的話，出自他的傳記作品 *Enrico Fermi: Physicist*。

④鮑林（與同事板野〔Harvey Itano〕、辛格〔S. Jonathan Singer〕、威爾斯〔Ibert Wells〕）利用電場裡的一張膠片，證明了是缺陷血紅素造成了鐮型血球貧血症。在電場裡，具健康血紅素的血球細胞會往某個方向走，但鐮型血球細胞則是往反方向走。代表這兩種分子帶有相反的電荷，而這項差異只可能源自分子的層次。好玩的是，克里克後來將鮑林那篇討論鐮型血球貧血症分子基礎的論文，奉為對他影響最大的研究，因為那涉及關鍵細節的分子生物學，正是克里克最感興趣的領域。

⑤很有趣，生物學家現在漸漸又回到米歇爾那個年代的原始看法：蛋白質才是遺傳生物學裡最重要的分子。基因盤據科學家的腦袋幾十年了，而且它們的重要性永遠都不會消失。但是科學家漸漸領悟到，基因無法解釋生物體所有神奇的複雜現象，而且還有太多等待發掘。基因組學（genomics）是很重要的基礎研究，但是蛋白質體學（proteomics）才是真正有錢可賺的研究。

⑥正確地說，一九五二年赫胥（Alfred Hershey）和蔡斯（Martha Chase）用硫與磷來做的病毒實驗，不能算是最早證明 DNA 攜帶遺傳資訊的研究。那份榮譽應該歸給艾佛瑞（Oswald Avery）在一九四四年發表的細菌研究。雖然艾佛瑞證明了 DNA 的真正角色，但是很多人剛開始都不相信他的研究結果。世人是在一九五二年才開始接受這個想法，也就是赫胥與蔡斯那項實驗之後，而鮑林等人也才參與 DNA 研究。很多人都把艾佛瑞——以及法蘭克林，就是實驗數據被克里克和華森「借看」的那個晶體學家——說成是被諾貝爾獎拒在門外的主要例證。但這其實不完全正確。這兩位科學家的確沒有贏得諾貝爾獎，但是他們在一九五八年之前就已經過世了，而諾貝爾獎直到一九六二年才頒發給 DNA 領域。要是他們當時還活著，其中至少有一人可能會分享戰果。

⑦關於鮑林與華森、克里克競爭的主要文獻資料，可參考奧瑞岡州立大學架設的網站，裡面有數百封鮑林的私人信函，另外還有一份叫做 "Linus Pauling and the Race for DNA"（鮑林與 DNA 競賽）的歷史文件，網址是 http://osulibrary.oregonstate.edu/specialcollections/coll/pauling/dna/index.html。

⑧在 DNA 競賽大敗之後，大家都知道鮑林的老婆艾娃（Ava）把他罵了一頓。原本以為自己可以解出 DNA

構造的鮑林，剛開始根本沒有花太多力氣來計算，艾娃指責他：「如果〔DNA〕是這麼重要的問題，你爲什麼不賣力一點？」即便如此，鮑林還是非常愛她，而這或許也是他始終待在加州理工學院，沒有跳槽柏克萊的原因。雖說柏克萊當年實力更強，但因爲柏克萊的一位名教授歐本海默（Robert Oppenheimer，也就是日後曼哈頓計畫的主持人）曾經企圖勾引艾娃，把鮑林氣壞了。

⑨彷彿最後再補上一拳，甚至連塞格瑞的諾貝爾獎日後也蒙上一層陰影，因爲他被控（可能沒什麼根據）他發現反質子的實驗設計，是偷了別人的點子。塞格瑞與同事張伯倫承認，曾與好鬥的物理學家皮丘尼（Oreste Piccioni）討論過，如何用磁鐵來聚焦和引導粒子束，但是他們否認皮丘尼的點子有多大用處，而且他們在最主要的一篇論文中，也沒有把他列爲協同作者。皮丘尼後來有幫忙發現反中子。在塞格瑞和張伯倫於一九五九年贏得諾貝爾獎之後，皮丘尼對自己受到冷落愈想愈不甘心，終於在一九七二年提出告訴，要他們賠償他十二萬五千美元——結果法官判定被告無罪，倒不是因爲皮丘尼提出的科學證據站不住腳，而是早就過了十年的告訴期限。

二〇〇二年四月二十七日，《紐約時報》登出皮丘尼的訃聞寫道：「『他會突然破門而入，告訴你他想到一個世界上最棒的點子，』勞倫斯柏克萊國家實驗室榮譽科學教授，曾和他一起做過反中子實驗的溫澤爾（William A. Wenzel）說，『但是你如果了解他，他的點子可多了：他每分鐘都可以丟出一打的點子。有些很不錯，有些就不怎麼樣。但儘管如此，我還是覺得他是一個很優秀的物理學家，而且對我們的貢獻也極大。』」

9 下毒者的走廊

①現在還是有人死於鉈中毒。一九九四年，俄國士兵在處理一堆冷戰時期的軍火庫時，發現了一小罐攙有這種元素的白色粉末。即使不知道是什麼，他們仍然把粉末撒在腳上，而且還混進菸草裡。據報幾名士兵甚至還去嗅聞。結果他們全都罹患完全預料不到的神祕怪病，其中有幾人病死了。另外一個更悲傷的案例發生在二〇〇八年初，兩名伊拉克戰鬥機飛行員的孩子，在吃下攙有鉈的生日蛋糕後死亡。下毒動機不明，不過海珊政府從前在統治時會使用鉈。

②底特律很多家報紙都追蹤過大衛．漢恩，但是如果想看最詳盡的報導，不妨參考席佛斯坦（Ken Silverstein）爲

《哈潑》（*Harper's*）雜誌所撰寫的〈放射童子軍〉（The Radioactive Boy Scout）（一九九八年十一月）。席佛斯坦後來將該報導擴充爲一本同名的書。

10 給我兩個元素，明天喚醒我吧！

①除了研究布拉許假鼻子周圍的那層硬殼之外，考古學家還在他的鬍子裡找到水銀中毒的跡象——可能是他熱中煉金術的結果。關於布拉許的死因，一般傳說是膀胱爆裂。有一天晚上，布拉許出席某位低階皇族的晚宴，席間喝了太多酒，但是他不願意起身去上廁所，因爲在座比他尊貴的人士都還沒起身，這樣做太失禮。但是幾個小時之後，等他回到家，卻再也尿不出來了，痛苦了十一天後，終於過世。這則故事已經變成了傳奇，但是這位天文學家的死亡，恐怕水銀也脫不了關係。

②美國錢幣的成分如下：新的一分錢（一九八二年以後）百分之九十七．五是鋅，然後鍍了一層很薄的銅，讓你接觸的部分不易滋生細菌。（舊版一分錢是百分之九十五的銅。）五分錢是百分之七十五的銅，其餘爲鎳。一毛錢、兩毛五分錢以及五毛錢都是百分之九十一．六七的銅，其餘爲鎳。一塊錢硬幣（除了特殊事件的紀念金幣之外）都是百分之八十八．五的銅，百分之六的鋅，百分之三．五的錳，以及百分之二的鎳。

③關於釩，還有一些事實如下：有些動物（基於無人知道的原因）用釩來代替血液裡的鐵，使得牠們的血液有可能是紅色、蘋果綠或是藍色，依動物種類而定。另外，攙一點釩在鋼鐵裡，可以大大增加合金的強度，但又不會增加太多重量（這方面和鉬與鎢相似，請參考第五章）。事實上，亨利．福特有一次就大聲嚷嚷說：「沒有釩，哪來的汽車工業啊！」

④那則公車比喻，有關電子如何一個一個地填充殼層，直到「有人」不得不與其他人同坐爲止，是化學裡最傳神的比喻之一，既通俗又正確。想出這個譬喻的人是鮑立（Wolfgang Pauli），也就是於一九二五年發現鮑立不相容原理的那位科學家。

⑤除了釓之外，金也被看好最有希望治癌。金能夠吸收原本只會通過人體的紅外線，然後變得非常熱。如果能將鍍上金的粒子送入腫瘤細胞，科學家就可以把腫瘤燒掉而不傷及周邊組織。發明這個辦法的人是肯楚士（John Kanzius），他是商人，也是放射線技術人員，因爲罹患白血病，從二〇〇三年起接受了三十六次化學

療程。他被化療整得嘔吐不已，疲憊不堪——而且看到醫院裡那群癌症病童的慘況，更令他沮喪——他認爲一定有更好的療法。在某一天的半夜，他突然想到一個加熱金屬粒子的點子，然後就利用老婆的烤盤做了一部原型機器。他拿熱狗來測試，將一種溶解了金屬的溶劑注入一半的熱狗內，然後放入很強的無線電波室裡面。結果被動過手腳的那一半熱狗煎熟了，而另一半還是冷的。

⑥在二〇〇九年五月號的《史密森》（*Smithsonian*）雜誌中，有一篇文章標題是"Honorable Mentions: Near Misses in the Genius Department"，文中描述一個大膽的實驗化學家林伯格（Stan Lindberg），親身嘗試「週期表上每一種元素」。文中指出，「除了保持北美地區水銀中毒的紀錄之外，他的瘋狂之舉還包括三週狂吸鐿元素……（〈鑭系情仇〉（Fear and Loathing in the Lanthanides，譯註：諧仿電影《賭城情仇》〔*Fear and Loathing in the Las Vegas*〕。）我花了半個小時在網路上搜索〈鑭系情仇〉，後來才發覺我上當了。這篇文章純屬虛構。（不過誰知道呢？元素是很奇妙的東西，搞不好鐿真的能讓人興奮若狂。）

⑦《連線》（*Wired*）雜誌在二〇〇三年刊登了一則短篇報導，關於網路上再度興起「銀健康詐騙」。文中引述：「全美各地的醫生看到銀中毒案例正在增加。『我已經碰過六起由所謂健康補藥而引起的銀中毒案例，』西雅圖毒物中心（Seattle Poison Center）的醫療主任羅伯森（Bill Robertson）表示，『這是我行醫五十年來，首次碰到的銀中毒案例。』」

⑧宣稱人體在分子層次完全是左撇子（左旋性），其實有一點誇大。雖然所有的蛋白質確實是左旋，但是我們體內的碳水化合物以及DNA卻都是右旋。不過，巴斯德的重點還是沒錯：針對各種不同分子，我們身體都只能處理某種特定的旋向性。我們的細胞將無法翻譯左旋的DNA，而且如果只吃左旋的單糖，我們的身體就會餓死。

⑨巴斯德從狂犬病手中搶救回來的小男孩麥司特（Joseph Meister），長大後成爲巴斯德研究所的場地管理員。很不幸的是，在一九四〇年德軍占領法國時，他依然是該研究所的場地管理員。當一名德國軍官命令他打開地下室（他保管鑰匙），想要看一下巴斯德的遺骸，結果麥司特寧願自殺，也不願成爲該德國軍官的共犯。

⑩多馬克所服務的這家公司，法本工業公司，後來因爲製造殺蟲劑齊克隆B而臭名遠播，因爲這種殺蟲劑被納粹拿去毒殺集中營裡的囚犯（請參考第五章）。該公司在二次大戰後破產，而且公司內許多主管都在紐倫堡

大審中被起訴，罪名是襄助納粹政府發動侵略戰爭以及虐待囚犯與戰俘。目前由法本工業傳下來的子孫代企業，包括拜耳（Bayer）和巴斯夫集團（BASF）。

⑪儘管如此，宇宙似乎在其他方面也有對掌性，從次原子到超級星系，都可以見到。鈷六十的貝塔衰變是一種不對稱的過程，而宇宙學家已經觀察到初步證據顯示，在我們北銀極上方的星系，其漩渦臂傾向於逆時針旋轉，但是位於南極洲下方的星系，則是順時針旋轉。

⑫最近有一些科學家想重新找出，當年臨床試驗爲何沒有檢查出沙利竇邁的副作用。基於複雜的分子因素，沙利竇邁在老鼠身上並不會引發畸形胎兒，而製造它的德國公司葛倫年塔（Grünenthal），在老鼠試驗後，又沒有經過仔細的人類臨床試驗。該藥物在美國從來沒有核准過，因爲食品暨藥物管理局的局長凱爾西（Frances Oldham Kelsey）拒絕向遊說團體低頭，倉促通過檢驗。不過隨著一項有趣的歷史轉折，沙利竇邁現在又重出江湖，被拿來治療像痲瘋病之類的疾病，而且效果卓著。另外，它也是很理想的抗癌藥劑，因爲它能藉由防止新血管生成來限制腫瘤的生長——這也正是它造成畸形兒的主因，因爲胎兒的四肢沒有辦法得到生長所需的養分。沙利竇邁要重新獲得世人的肯定，還有很長的路要走。大多數國家都設下嚴格的規定，以確保醫師不會開這種藥給育齡婦女，也就是有可能懷孕的女性患者。

⑬諾爾斯是藉由打破雙鍵來解開該分子。當碳形成雙鍵時，它只有三條手臂：兩條單鍵和一條雙鍵。（還是有八枚電子，只不過由三個鍵結來共用。）雙鍵的碳原子通常會形成三角形分子，因爲三腳鼎立的安排可以讓電子彼此距離最遠（一百二十度角）。當雙鍵打斷後，碳的三條手臂就會變成四條。這時，電子如果想要彼此距離愈遠愈好，平面四方體將不適合，而是立體的四面體最適合。（四方體的頂點彼此距離爲九十度角。四面體的頂點距離則有一〇九・五度角。）但是多出來的那條手臂有可能往上或往下伸展，因此會使得該分子具備左旋或右旋性。

11 且看元素如何瞞天過海

①我念大學時的一位教授曾經講過一則令我難忘的故事，發生在一九六〇年代洛斯阿拉莫斯，幾名人員因爲氮中毒而死在一座粒子加速器中，情況很類似太空總署這件意外。在那次死亡事件之後，教授就在他所研究的

加速器內的混合氣體中，添加了百分之五的二氧化碳，做爲安全保障。後來他寫信給我說，「一年後我意外地做了一下測試，那次我的一個研究生助理做了一模一樣的事（忘了把裡面的惰性氣體抽出來，讓富含氧的空氣回填），害我進入一間充滿惰性氣體的壓力艙……。但是沒有眞的進去，我的肩膀才剛塞進那個孔，我就受不了了，喘得要命，因爲我腦袋裡的呼吸中樞拼命指揮我『再多吸一點氣！』」正常空氣裡的二氧化碳含量爲萬分之三，所以教授當時吸入的氣體，二氧化碳含量是正常值的一百六十七倍。

②美國政府顏面盡失地在一九九九年承認，他們在知情的情況下，讓二萬六千名科學家與技術人員暴露在高濃度的鈹粉末下，結果導致其中好幾百人慢性鈹中毒以及罹患相關疾病。這些人多半任職於航太、國防或是原子能領域——都是政府覺得重要到不能暫停或打擾的產業，所以既未提升安全標準，也沒有研發出鈹的代用品。《匹茲堡郵報》（*Pittsburgh Post-Gazette*）在一九九九年三月三十日星期二以頭版揭露這件事，大標題是「幾十年的風險」（Decades of Risk），但是其中一個小標題更能捕捉這起事件的精髓：「致命的結盟：且看工業界與政府如何捨棄員工、選擇武器」（Deadly Alliance: How Industry and Government Chose Weapons over Workers）。

③不過，費城蒙內爾化學感知中心（Monell Chemical Senses Center）的科學家相信，除了甜、酸、鹹、苦、鮮味之外，人體還具有另一種專門針對鈣的味覺。他們在老鼠身上很明確地找到這種味覺，而有些人也對富含鈣的水有反應。那麼，鈣嘗起來到底是什麼滋味呢？根據這項發現的聲明是：「『鈣嘗起來非常鈣，』（主持該計畫的科學家）托爾達夫（Michael Tordoff）說。『沒有更好的字眼可以形容。它有一點苦，或許也有一點酸。但是還有**更多**，因爲眞的有鈣的受體。』」

④負責酸味的味蕾也可能失靈。這些味蕾主要是對氫離子起反應，但是在二〇〇九年，科學家發現它們其實也能嘗到二氧化碳。（CO_2 加上 H_2O，會變成弱酸 H_2CO_3，或許那是味蕾也會活躍的原因。）醫生會發現這一點，是因爲某些處方藥有一種副作用，會抑制品嘗二氧化碳的能力。這種狀況在醫療上被稱爲 champagne blues，因爲所有的碳酸飲料嘗起來都會變得淡而無味。

12 捲入政治的元素

①其實皮耶也不可能再活太久。拉塞福有一次很心痛地回想，他曾經觀看皮耶·居禮操作一項很具震撼力的實

驗，在黑暗中讓鐳發光。但是在那昏暗的綠色光輝中，拉塞福很警覺地發現，皮耶腫脹的手指上滿是疤痕，而且連握住和操作試管都有困難。

②想更了解居禮夫婦，可參考瓊斯（Sheilla Jones）所寫的《量子十傑》（*The Quantum Ten*）。這本書是講述量子力學的早期歲月（大約一九二五年），紛紛擾擾得令人驚訝。

③鐳狂熱造成的傷亡事件，最著名的莫過於鋼鐵大亨拜爾斯（Eben Byers），他每天都喝一瓶 Radithor 的鐳水，連喝四年，深信它可以帶來類似長生不老的效果。結果他日漸衰弱，最後死於癌症。拜爾斯對放射線的癡狂，不見得比其他人更嚴重：他只是有辦法愛喝多少就喝多少。《華爾街日報》（*Wall Street Journal*）在評論他的死亡時，下了這個標題：「在他下巴脫落之前，鐳水一直很管用。」（The Radium Water Worked Fine Until His Jaw Came Off.）

④關於發現鉿的故事，可參考塞里的大作《週期表》，裡面很詳細地記錄了週期系統的興起，包括眾多奠基者所具有的奇異哲學思維以及世界觀。

⑤赫維西除了在自己身上實驗重水，也在金魚身上試過，弄死了好幾條金魚。

路以士也在一九三〇年代初期做過重水實驗，希望能來個最後的絕地大反攻，贏得諾貝爾獎。路以士知道游理（Harold Urey）發現重氫這件事，一定能讓他贏得諾貝爾獎，全世界其他科學家也都這麼認爲，包括游理自己。（窩囊了大半輩子，包括受到姻親的嘲笑，游理在發現了重氫之後，就回家對老婆說，「親愛的，咱們不用再擔心了。」）

路以士決定要趕快搭上這輛保證得獎的便車，去研究由重氫組成的水在生物層面的影響。其他人也有這樣的想法，但是，由勞倫斯領導的柏克萊物理系，剛好擁有全世界最多的重水貨源，雖然純屬巧合。因爲該小組有一個水槽的水，多年來都被用於放射性實驗，所以槽中擁有相當高濃度的重水（大約幾盎司）。路以士拜託勞倫斯讓他純化那些水，勞倫斯也同意了——但是有一個條件，路以士做完實驗後，必須把重水還給他，因爲重水對勞倫斯的研究可能也很重要。

路以士沒有遵守約定。分離出重水後，他決定要拿去餵一隻老鼠喝，然後看看會發生什麼事。重水有一項怪異的特性，和海水一樣，你喝得愈多，喉嚨會覺得愈渴，因爲你的身體無法代謝它。赫維西只喝下微量的重水，所以他的身體並沒有察覺到，但是路以士的小老鼠在幾小時之內，就把所有的重水狂飲而盡，結果死掉了。殺死一隻小老鼠的實驗，當然算不得具有諾貝爾獎價值，而且當勞倫斯得知他寶貝的重水竟然全成了一隻死老鼠的尿，更是氣得發狂。

⑥法揚斯的兒子史蒂芬（Stefan Fajans，目前是密西根大學內科榮譽教授）很客氣地回了我一封電子郵件，內文如下：

> 一九二四那年我六歲，但如果不是在那年，就是在接下來幾年，總之我有聽父親提起諾貝爾獎的一些事情。關於一家斯德哥爾摩報紙刊登「法揚斯獲得諾貝爾獎」的標題（我不記得是物理獎還是化學獎），並不是謠傳，而是事實。我記得親眼看見那份報紙。我也還記得上面有一張照片，是我父親走在斯德哥爾摩的一棟建築物前（可能是先前拍攝的），穿著滿正式的，但就當時來說也沒有那麼〔正式〕……就我聽說，委員會裡有一名深具影響力的人士，基於私人因素阻撓我父親獲獎。至於那到底是謠言還是事實，除非誰能去查核會議紀錄，否則是不可能得知的。我想那些紀錄是保密的。事實上我並不曉得，我父親是因為某個知情人士通知他，所以認為自己會拿到獎。他以為次年會得獎……但你也知道，他始終沒拿到。

⑦其實，麥特納與哈恩原本取的名字是protoactinium，但是在一九四九年被科學家縮短，刪掉了一個o。

⑧在一九九七年九月的《今日物理》（*Physics Today*）上，有一篇分析麥特納、哈恩及諾貝爾獎的文章，寫得非常精彩（題目是〈戰後不公義的高貴故事〉〔A Nobel Tale of Postwar Injustice〕，作者爲克勞佛〔Elisabeth Crawford〕、席默〔Ruth Lewin Sime〕和渥克〔Mark Walker〕）。本書所引用有關麥特納是「學門偏見、政治魯鈍、無知以及倉促行事」下的犧牲者，就是出自該文。

⑨一旦某個名字被提出做爲某元素的正式名稱後，就只有一次機會能登上週期表。要是元素的證據不足，或是國際純化學與應用化學聯盟（IUPAC）否決了某個元素名稱，就會從此被打入黑名單。在哈恩的例子中，這項規則或許能大快人心，但也意味著再沒有一個元素能使用joliotium（居禮夫人的女兒伊蓮娜或她先生的同名元素），因爲它原本是第一〇五號元素的候選名稱。現在還不清楚ghiorsium是否還有機會。又或許alghiorsium能成功，雖說IUPAC一向不喜歡連姓帶名的元素名稱，事實上，他們就曾經拒絕過一〇七號元素的原始提名

nielsbohrium，而選用了比較樸素的 bohrium（鈹）——這項決定讓發現一〇七號元素的西德小組很不高興，因爲 bohrium 聽起來太像是 boron（硼）和 barium（鋇）了。

13 滿身錢味的元素

①有關金碲化合物在科羅拉多山間被發現的事實，也反應在該州的礦業小鎮特魯萊（Telluride）的名字上。

②這裡要釐清幾個容易混淆的名詞。luminescence（發光）是一個總稱，指的是某物質能夠吸收並放射光線。fluorescence（螢光）則是本章所描述的那種瞬間過程。phosphorescence（磷光）則與螢光類似——都是由能吸收高頻率光線，並放射出低頻率光線的分子所組成——但是磷光分子吸收光線的方式像電池，而且能在光線關閉後，持續發光很長的時間。顯然，螢光和磷光名稱的出處分別來自週期表上的元素 fluorine（氟）和 phosphorus（磷），因爲最早向化學家展現這種特性的分子當中，最主要的成分就是這兩種元素。

③根據「摩爾定理」（Moore's law），微晶片上的矽電晶體數目，每十八個月就會增加一倍——神奇的是，這定理從一九六〇年代到現在都還能成立。要是也適用於鋁，美國鋁業公司在創辦二十年後，每日產量應該有四十萬磅，而不是只有八萬八千磅了。所以鋁雖然混得不錯，但還是不如它在週期表上的芳鄰厲害。

④關於霍爾過世時的財富有多少，說法不一。三千萬美元是最高的上限。引發混淆的原因可能在於霍爾雖死於一九一四年，但是他的資產卻等到十四年之後才處理妥當。他的資產有三分之一都捐給了歐柏林學院。

⑤除了不同語言**之間**會出現拼音差異之外，同一種語言**內**也有一些拼音差異，例如 cesium（銫），英國習慣拼成 caesium，還有 sulfur（硫），很多人都喜歡拼成 sulphur。同樣地，你也可以主張說，第一〇一號元素鍆應該拼作 mendeleevium，而非 mendelevium，另外，第一一一號元素錀應該拼作 röntgenium，而不是 roentgenium。

14 藝術家的元素

①貝德福德的感嘆句摘自她的小說《遺贈》（*A Legacy*）。

②說到奇特的業餘嗜好，我實在不能把下面這段資料再塞進本書已經充滿元素怪譚的主文內。下面這段顛倒順序字謎在一九九九年五月，贏得 Anagrammy.com 網站的特別類獎項，而且就我所知，這段雙重真確顛倒順序

字謎（doubly-true anagram）也是千禧年字謎。方程式前半段是週期表上的三十個元素，後半段是另外三十個元素：

hydrogen + zirconium + tin + oxygen + rhenium + platinum + tellurium + terbium + nobelium + chromium + iron + cobalt + carbon + aluminum + ruthenium + silicon + ytterbium + hafnium + sodium + selenium + cerium + manganese + osmium + uranium + nickel + praseodymium + erbium + vanadium + thallium + plutonium

=

nitrogen + zinc + rhodium + helium + argon + neptunium + beryllium + bromine + lutetium + boron + calcium + thorium + niobium + lanthanum + mercury + fluorine + bismuth + actinium + silver + cesium + neodymium + magnesium + xenon + samarium + scandium + europium + berkelium + palladium + antimony + thulium

眞是神奇，即使字尾的 ium 稍稍減輕了它的難度。最有趣的是，如果你把以上每個元素的名字，換成它們的原子序，等式也同樣能成立。

1 + 40 + 50 + 8 + 75 + 78 + 52 + 65 + 102 + 24 + 26 + 27 + 6 + 13 + 44 + 14 + 70 + 72 + 11 + 34 + 58 + 25 + 76 + 92 + 28 + 59 + 68 + 23 + 81 + 94

=

7 + 30 + 45 + 2 + 18 + 93 + 4 + 35 + 71 + 5 + 20 + 90 + 41 + 57 + 80 + 9 + 83 + 89 + 47 + 55 + 60 + 12 + 54 + 62 + 21 + 63 + 97 + 46 + 51 + 69

=

1416

正如這個字謎的作者凱斯（Mike Keith）所說，「這是史上（就我所知，用化學元素或這類型的其他組合）最長的雙重眞確字謎。」

除了這個字謎之外，還有一首雷爾（Tom Lehrer）的絕妙歌曲〈元素〉（The Elements）。他借用 Gilbert 和 Sullivan 的歌曲 “I Am the Very Model of a Modern Major-General” 的調子，把歌詞改成週期表上每一個元素的名稱，只花了八十六秒的時間。有興趣的讀者不妨上 YouTube 去聽他飛快地唱著：“There’s antimony, arsenic, aluminum, selenium…”。

③ plutonists 有時候也稱爲 Vulcanists（火山學家），以掌管火的 Vulcan（火神）來命名。這個綽號強調了火山在岩石形成裡的重要角色。

④ 德貝萊納並沒有把他發現的成組元素稱做三元素組（triad），而是稱做親和力（affinity），算是他的宏觀化學親和理論中的一部分——這個名詞也給了歌德靈感（他常常去耶拿大學聽德貝萊納講課），成爲小說《選擇性親和力》的書名來源。

⑤ 另一項靈感源自週期表的堂皇設計，是一張木製的週期表咖啡桌，設計者爲葛雷（Theodore Gray）。桌面上有超過一百個槽，裡面存放著現存的每一種元素，包括多種完全由人工製造的元素。當然，他也只有很少的量。他的鍅和砈樣品（兩種最稀有的天然元素）事實上是一大塊鈾。但是他辯稱，在這些鈾塊裡頭一定含有至少幾枚鍅和砈原子，這倒是眞的，而且也夠誠實的了。再說，既然桌上大部分元素都是灰撲撲的金屬，也沒有誰分辨得出來。

⑥ 關於派克五一的金屬成分，請參考扎拉夫（Daniel A. Zazove）和富爾茲（L. Michael Fultz）所撰寫的〈那人是誰?〉（Who Was That Man?）刊登在「美國鋼筆收藏家」（Pen Collectors of America）俱樂部的內部刊物《冠軍旗》（*Pennant*）上（二〇〇〇年秋季）。這篇文章是虔誠的業餘玩家史的最佳例證——它保住了一個令人費解但頗迷人的美國夢。其他有關派克鋼筆的資料來源包括網站 Parker51.com 和 Vintagepens.com。

派克五一那知名的筆尖成分，其實是百分之九十六的釕和百分之四的銥。該公司廣告說，筆尖是由超級耐用的「鉑」製成，其實是故意誤導其他公司，讓他們以爲關鍵在於昂貴的鉑。

⑦ 馬克・吐溫寫給雷明頓的那封信全文如下（該公司一字不改地全文照登）：

各位先生：請不要以任何方式來用我的名字。甚至連我有一台機器的事實都請不要洩漏出去。我已經完全停用打字機了，原因是，我只要用它寫封信給任何人，都會接獲回信的要求，不只要我在回信中描述這台機器，甚至還要我說明用了它之後的進度，諸如此類。我不喜歡寫信，所以我也不想讓人知道我有這台會引人好奇的鬼東西。

Saml. L. Clemens 敬上

15 瘋狂的元素

①創造「病態科學」這個名詞的功勞要歸給化學家藍穆爾（Irving Langmuir），他在一九五〇年代發表了一場有關病態科學的演講。關於藍穆爾有兩件事值得一提：他就是最後與路以士共餐的那位年輕傑出的同行，他的諾貝爾獎以及席間的傲慢，很可能正是觸發路以士輕生的原因（請參考第一章）。不過藍穆爾後來也很執迷於用種雲的方式來操控天氣——弄得一團糟，差一點也要變成病態科學了。這證明了偉人也不能幸免。

在寫這一章的時候，我稍稍偏離了藍穆爾對病態科學的描述，因爲我覺得有點太狹隘，也太教條了。另一個有關病態科學的定義來自盧索（Denis Rousseau），他在一九九二年曾經幫《美國科學家》（*Amecican Scientist*）寫過一篇頂級的文章，叫做〈病理科學個案研究〉（Case Studies in Pathological Science）。不過，我後來也偏離了他的定義，主要是我還納入了一些「不像其他著名的病態科學案例那般以數據導向」的學門，例如考古學。

②克魯克斯的小弟菲利普是在一艘工作船上病逝的，那艘船當時在鋪設最早橫越大西洋的電報線路。

③克魯克斯對於大自然，有一種滿神祕的泛神論觀點，認爲萬物都帶有「一種獨特的物質」。這或許解釋了爲什麼他認爲自己可以和鬼魂神靈溝通，既然他也具有部分相同的物質。但是如果這樣想的話，這種觀點也很奇怪，因爲克魯克斯自己就是因發現新元素而出名的——但是新元素的定義，應該是完全不同的物質才對呀！

④想了解更多錳和巨齒鯊的關聯，可以參考羅許（Ben S. Roesch）寫過的一篇文章，評估巨齒鯊有多不可能存活到現在，該文刊登在一九九八年秋季的《神祕動物學評論》（*The Cryptozoology Review*。名字取得多好啊——神祕動物學！），而且二〇〇二年又再次討論這個主題。

⑤元素和心理學還有另一個奇怪的關聯，薩克斯在《睡人》裡有提到，錳過量也會損及人類大腦，造成類似他在醫院所治療的巴金森氏症。當然，錳引發的巴金森氏症非常罕見，而醫生也不太了解，這種元素爲什麼會把大腦當做攻擊目標，而不像大部分有毒元素那樣襲擊重要維生器官。

⑥公象的計算方式如下。根據聖地牙哥動物園資料，世上最大的象體重紀錄是二萬四千磅。人類和大象的基本組成是一樣的，都是水，所以兩者的密度差不多。要想出如果人類具有像鈀一樣大的胃口，相對的量是多少，我們可以把一名二百五十磅重的壯漢，乘上九百倍，得出的數字（二十二萬五千）再除以一頭大象的重

量。結果得出的數值是九．四隻大象。但是不要忘了，這是世界上最大的一頭象，牠站立時，肩膀高度有十三呎。一般的公象大約只有一萬八千磅，因此差不多等於吞下一打的公象。

⑦古德斯坦這篇關於冷融合的文章，題目是〈冷融合究竟發生了什麼事？〉（Whatever Happened to Cold Fusion?），刊登在一九九四年秋季的《美國學人》（*American Scholar*）上。

16 超低溫化學：零度以下，再以下

①關於錫瘟瘋害死史考特的理論，最早似乎出自《紐約時報》的一篇文章，雖說該文提出的理論，是史考特小組用來儲存食物及其他補給品的錫本身（例如罐子）出差錯所致。後來的人才開始怪罪錫焊料分解。此外，關於他用什麼樣的焊料來封罐口，也有許多不同的說法，包括皮革、純錫、錫鉛混合物等等。

②事實上，電漿態是宇宙裡最常見的物質狀態，因為那是恆星的主要成分。你也可以在地球大氣層的上方找到電漿態（只是非常冷），太陽發出的宇宙射線會將此處游離的氣體分子加以離子化。這些射線能夠幫忙製造詭異的天然光，像是地球北邊的北極光。同時，像這樣的高速對撞，也會製造出反物質。

③其他的膠體還包括果醬、霧、鮮奶油以及某些類型的有色玻璃。第十七章提到的固態泡沫，也就是氣體狀態散布在整個固體內，也屬於膠體。

④巴特萊特是在某個星期五，用氙做出這項關鍵實驗，而且這個實驗的準備工作就耗掉他將近一整天。等到他終於打開玻璃封口，看到反應正在進行時，已經是晚上七點鐘。他實在太興奮了，馬上就衝出實驗室，在走廊上大呼小叫，要所有同事都來觀看。然而沒有人理他，因為所有人都跑光了，回家度週末，他只好獨自慶祝。

⑤BCS三人組之一的施里弗，曾經遇上一次可怕的晚年危機，在加州高速公路上發生嚴重車禍，造成兩人死亡，一人癱瘓，另外五人受傷。當時已經七十四歲的施里弗，因為拿到九張超速罰單而被暫時吊銷駕照，但他還是決定要駕著新買的朋馳跑車，從舊金山開到聖塔巴巴拉，而且把車速飆到了三位數。然而儘管開得如此之快，他竟然還能在駕駛座上睡著，結果以高達一百一十一哩的時速，撞上一輛廂型車。他本來要被關進郡監獄服刑八個月，但是等到受害者家屬作證之後，一名法官說，施里弗「需要嘗一嘗州立監獄的滋味。」

美聯社引用他昔日同事庫柏的話——庫柏幾乎不敢置信，連聲說：「這不是我以前合作過的包伯……這不是我認識的包伯。」

⑥ 現在我要稍稍修正我所堅持的立場，其實人們把測不準原理與「觀察某事物能改變被觀察的事物」（就是所謂的「觀察者效應」〔observer effect〕）弄混，是有幾個原因的。輕巧的光子差不多是科學家最小的測量工具了，但是光子和電子、質子或其他粒子比起來，也沒有小到哪裡去。因此，把光子射出去測量那些粒子的體積或速度，就好比你用一輛達特桑（Datsun）去撞擊一輛翻斗車，以便測量翻斗車的速度。當然，你可以得到一些資料，但代價是把翻斗車撞得偏離路線。而且在許多影響深遠的量子物理實驗中，觀察某個粒子的旋轉或速度或位置，確實會很離奇地改變實驗的事實。不過，雖然我們可以說，你必須先了解測不準原理才能了解發生的任何改變，但是造成改變的原因本身是觀察者效應，一種獨特的物理現象。

當然，人類把這兩者弄混的眞正原因，似乎是因爲我們的社會需要一個有關「觀察某件事物會改變該事物」的譬喻，而測不準原理剛好符合需求。

⑦ 玻色犯的錯誤是統計上的。你如果想知道擲兩枚銅板，得到一枚正面、一枚反面的機率是多少，你只要檢查以下四種可能，就可以算出正確的答案（二分之一）：正正，正反，反正，反反。但是玻色基本上把正反和反正當成同一種可能，所以得出的答案就變成了三分之一。

⑧ 科羅拉多大學有一個很棒的網站，專門解釋玻色—愛因斯坦凝聚態（BEC），還包括幾則電腦動畫和互動遊戲：http://www.colorado.edu/physics/2000/bec/。

和康乃爾、魏曼一同獲得諾貝爾獎的是德國物理學家克特勒（Wolfgang Ketterle），他在康乃爾與魏曼做出BEC後不久也做出來了，而且協助探討BEC那不尋常的特性。

很不幸，康乃爾差點沒能好好享受身爲諾貝爾獎得主的生活。在二〇〇四年萬聖節前幾天，他因爲感冒和肩膀疼痛住進醫院，然後就昏迷不醒。原本單純的鏈球菌感染，竟然擴散成爲壞死性筋膜炎，一種極其嚴重的軟組織感染症，通常也被稱爲噬肉菌感染。醫生幫他動手術，切除左臂和肩膀，希望能止住感染，但還是沒有效。康乃爾持續昏迷了三個星期，醫生才終於把他的病情穩定下來。之後他就完全康復了。

17 華麗的球體：泡泡科學

① 普特曼曾經在一九九五年二月的《科學人》（*Scientific American*），一九九八年五月以及一九九九年八月的《物理世界》（*Physics World*）上，撰寫他愛上聲致發光的過程，以及他的專業研究內容。

② 泡泡研究領域的一項理論性突破，在二〇〇八年北京奧運也扮演了一個有趣的角色。話說一九九三年，都柏林的聖三一大學（Trinity University），有兩名物理學家斐藍（Robert Phelan）和魏爾（Denis Weaire）想出一個新辦法，來解決「凱爾文問題」（Kelvin problem）：如何創造出表面積最小的泡泡狀泡沫結構。凱爾文曾經建議造一個多邊形的泡泡，每個泡泡有十四個面，但是這對愛爾蘭科學家比他更厲害，他們創造出十二加十四個面的多邊形，又減少了千分之三的表面積。一家建築公司在幫二〇〇八年北京奧運做設計時，就依據他們的研究，在北京打造出著名的「泡泡箱」游泳館（也就是所謂的「水立方」），而菲爾普斯就是在那個場館展現他的非凡泳技。

爲了避免對泡泡科學有正向偏見之嫌，這裡也提一下，最近還有一個活躍的領域叫做「反泡泡」（antibubbles）。不像泡泡科學是研究很薄的液態膜包圍著一些氣體（就像泡泡），反泡泡研究的是很薄的氣態膜包圍著一些液體。可想而知，反泡泡升不起來，只能下沉。

18 精確得荒謬的工具

① 任何國家的千克標準儀要申請做質量校準時，首先得傳眞一份表格，詳細列出你打算如何運送千克儀，讓它通過機場安全人員以及法國海關，再來還要說明，你是否想要BIPM在測量之前與之後，清洗你的千克儀。千克標準儀是泡在丙酮裡清洗的，就是去除指甲油的那種溶劑，然後再用無塵的薄紗棉布拍乾。在初次清洗以及每次處理後，BIPM都會讓千克儀先穩定幾天，之後才會碰觸。要等到所有清潔和測量程序都走完，一趟校準之旅很容易就會拖上好幾個月。

美國其實有兩個鉑銥千克儀，K20和K4，但是由K20擔任國家首席標準，純粹只是因爲它在美國的時間比較久。美國境內其實還有三個一樣好，只差不是正式授權的不鏽鋼千克儀，其中兩個是NIST前幾年才取得的。（因爲是以不鏽鋼製成，所以體積比高密度的鉑銥版圓柱體來得大。）由於多了它們，再加上運送標準千克儀太過麻煩，說明了爲何潔柏一點都不急著要把K20送到巴黎去：讓它與最近才校準過的不鏽鋼圓柱體做比對，幾乎是沒差別的。

上個世紀，BIPM曾經三度將全球各國的國家千克標準儀召回巴黎，進行質量校準，但是該機構在最近的將來，還沒有計畫再來一次。

②更精確地說，銫原子鐘是以電子的**超精細**（hyperfine）分裂爲基礎。精細分裂的差異好比半音階的差異，而超精細分裂的差異，則有如四分之一或八分之一個音階的差異。

銫原子鐘仍然是世界的標準時間，但是在大部分的應用上，銣原子鐘都已經取代它的地位，因爲銣原子鐘比較小，比較容易攜帶。事實上，銣原子鐘就像國際千克原器，經常被拖到世界各地，去比對和協調各地的時間標準。

③差不多和艾丁頓研究阿爾法的同個時期，偉大的物理學家狄拉克（Paul Dirac）也首次推廣他的無常概念。就原子層次，質子與電子間的吸引力，遠超過它們之間的重力。事實上，兩者的比率約爲10^40（十的四十次方）倍，難以想像的大。狄拉克剛好也在研究電子能多快地穿過原子，而且他也將「一毫微秒（十億分之一秒）」與「光束橫越整個宇宙所需時間」做了比較，結果你瞧，比率又是10^40。

可想而知，狄拉克研究得愈多，就有愈多的比率跳出來：像是宇宙體積與一枚電子體積的比率；宇宙質量與質子質量的比率等等。（艾丁頓有一次也證明，宇宙裡有剛剛好10^40乘以10^40的質子與電子——這個數值再一次地顯靈。）總的說來，狄拉克和其他科學家愈來愈相信，某種未知的物理力量迫使這些比率相等。唯一的問題在於，有些比率是根據變動數字，像是擴張的宇宙的體積。爲了要讓他的諸多比率值保持相等，狄拉克提出了一個大膽的想法——重力會隨著時間而變弱。而這一點，又唯有在「重力常數G已經縮小」的情況下，才能成立。

狄拉克的想法很快就站不住腳。其他科學家指出了一些缺點，包括恆星的亮度必須由G來決定，如果以前的G比現在高得多，地球上將不可能有海洋，因爲過度明亮的太陽早就把海水蒸發殆盡。但是狄拉克的研究還是激發了其他人的靈感。在這項研究的最高峰，也就是一九五〇年代，有一名科學家甚至提出假說，所有的基本常數其實都在逐漸縮小當中——意思就是，宇宙並沒有像一般所相信的愈來愈大，而是恰恰相反，地球與人類正在萎縮之中！總體而言，這段變動常數的歷史有點類似煉金術的歷史：即使其中眞有科學成分，也很難把它們從神祕主義裡頭篩選出來。科學家每每在碰上某個時代很難解決的宇宙祕密時（譬如加速膨脹的宇宙），就會拿無常來搪塞一番。

④關於這群澳洲天文學家的研究，可參考其中一位科學家韋伯（John Webb）二〇〇三年四月爲《物理世界》所寫的一篇文章，題目是〈自然率隨著時間而改變嗎？〉（Are the Laws of Nature Changing with Time?）另外，我也曾經訪問過韋伯的同事墨菲（Mike Murphy），刊載於二〇〇八年六月號。

⑤另一項與阿爾法有關的發展是，科學家長久以來都在納悶，爲何世界各地的物理學家對於某些放射性原子的核衰變速度，一直無法取得共識。實驗就是實驗，沒有理由說不同的小組會得出不同的答案，然而差異卻不斷出現在一個又一個的元素身上：像是矽、鐳、錳、鈦、銫等等。

在試圖解開這個謎團的過程中，英國科學家發現到，各個小組在一年裡的不同時期，會發表不同的衰變比率。於是該小組很聰明地提出假設說，或許精細結構常數會隨著地球繞日運動而改變，既然地球在一年某些時期距離太陽特別近。要解釋衰變率的週期變化，還有其他可能性，但是會變動的阿爾法最爲吸引人，而且要是阿爾法連在我們的太陽系裡都會改變，那就太有意思了！

⑥很矛盾的是，有一個團體非常支持科學家找出會變動的阿爾法，那就是基督教基本教義派。如果你從基礎數學角度去看，阿爾法的定義根據當中包括光速。雖說有一點揣測的成分，但如果阿爾法會改變，光速很可能會跟著改變。目前，所有人（包括創世論者）都同意，遠方恆星傳來的光線，提供了（或至少看起來是提供了）有關幾十億年前發生的事件的證據。在解釋這項紀錄與聖經創世紀時程表之間明顯的落差時，某些創世論者辯稱，上帝是用當時已經「快要抵達」的光來創造宇宙，以考驗信徒，逼他們在上帝與科學之間抉擇。（對於恐龍遺骸，他們也提出類似辯解。）比較不嚴苛的創世論者，對於這個說法卻有點困擾，因爲它把上帝描繪得有點多疑，甚至很殘酷。然而，一旦過去的光速可能比現在快幾十億倍，這個問題就不存在了。上帝還是可以在六千年前創造地球，只是我們對光和阿爾法的無知，模糊了那項眞理。不用說，許多研究變動常數的科學家，得知他們的研究被人這樣利用都嚇壞了，但是對於少數或許可以稱之爲從事「創世論物理學」

研究的人來說，可變動的常數是一個非常、非常熱門的領域。

⑦費米有一張照片很著名，他站在一面黑板前，黑板上有一個定義阿爾法（精細結構常數）的方程式，從他身後露出來。奇怪的是，費米把照片中方程式的某些部分弄倒了。眞正的方程式應該是 $alpha=e^2/\hbar c$，在此，e等於電子的電荷，ħ等於蒲朗克常數（h）除以2π，c爲光速。但在照片裡的方程式卻是 $alpha=\hbar^2/ec$。我們並不清楚費米是眞的弄錯了，還是想跟拍照的人開個玩笑。

⑧如果你想知道德雷克方程式究竟是什麼樣子，請看以下解釋。假設在我們的銀河中想要與我們接觸的文明數目爲N，那麼方程式如下：

$$N = R^* \times f_p \times n_e \times f_l \times f_i \times f_c \times L$$

R^*代表我們銀河裡的恆星生成速度；f_p代表能產生行星的恆星比率；n_e代表產生出來的行星適合生物生長的比率；f_l、f_i以及f_c分別代表適合居住的星球能發展出生物，智慧型生物，以及願意社交、想和我們溝通的生物的比率；而L則代表那些外星生物在滅絕之前，向太空發送信號的時間有多長久。

德雷克原本的估計如下：我們的銀河每年能製造出十顆恆星：其中半數能製造出行星：每個擁有行星的恆星有兩顆適合居住的星球（雖說我們自己的太陽系有七顆左右——金星、火星、地球，以及木星和土星的幾顆衛星）；其中一顆行星會發展出生物；這些行星中又有百分之一會發展出高等智慧；而這些星球又有百分之一會製造出有辦法發射信號到太空的後山頂洞人；而他們將會這樣做（發射信號）一萬年。全部計算出來，就會得出十個外太空文明想要跟地球聯絡。

對於這些估計值的看法，各方差異很大。愛丁堡大學的太空物理學家弗根（Duncan Forgan），最近用蒙地卡羅模擬法來跑德雷克方程式。他每個項次都輸入一個隨機變數，然後再計算結果，共做了幾千次，想找出最有可能的數值。結果，德雷克算出有十個外星文明想和我們接觸，但是弗根單單在我們的銀河裡，就算出有三萬一千五百七十四個外星文明。這篇論文可以在 http://arxiv.org/abs/0810.2222 找到。

19 超越週期表

①四種基本作用力裡的第三種是弱核力（也稱弱作用力），控制原子的貝塔衰變。有一件事實很有趣，鈷很不穩

定，因爲它內部的強核力與電磁力（electromagnetic force）相持不下，因此只好訴請弱核力來幫忙仲裁。第四種基本作用力是重力。強核力的強度是電磁力的一百倍，電磁力的強度是弱核力的一千億倍。而弱核力的強度又是重力的 10^25（十的二十五次方）倍。（就是我們用來估算砈的稀少程度的數值。）重力之所以主宰了我們每天的生活，一方面是因爲強核力與弱核力的有效範圍都太短了，另一方面則是因爲我們周遭的質子與電子數目夠平衡，以致將大部分的電磁力都抵消了。

②幾十年來，科學家都必須在實驗室裡打造超重元素，一個原子一個原子地做，但是二〇〇八年，一群以色列科學家宣稱，利用舊式化學方法找到了第一二二號元素。由馬林諾夫（Ammon Marinov）率領的一個小組，在連續幾個月篩選一塊天然的釷元素（一二二號元素在週期表上的表兄弟）樣品之後，找到了一些這種超重元素（指一二二號元素）。這起事件瘋狂之處，並不在於他們宣稱用老式方法可以找到新元素；而是在於他們宣稱一二二號元素的半衰期超過一億年！這太瘋狂了，很多科學家都起了疑心。隨著時間的推移，這項宣告看起來愈來愈不可靠，不過至少在二〇〇九年底前，該小組都還堅持他們的說法。

③說到拉丁文的沒落，週期表似乎是例外。一九八四年，當一個西德小組找到一〇八號元素時，他們決定將它命名爲 hassium（鏍），根據的是德國的拉丁名字 Hesse，而沒有命名爲 deutschlandium 之類的現代德國名稱。

④有一種雖然稱不上是週期表的新排法，但確實是一種新的表現法。在英國牛津，可以看見週期表計程車和週期表巴士滿街跑。它們從輪胎到車頂都畫上了元素的週期欄目，大部分是淡彩色。這個車隊是由牛津科學園區（Oxford Science Park）所贊助的。你可以在下列網址看到照片 http://www.oxfordinspires.org/newsfromImageWorks.htm。

你也可以在下列網站瀏覽超過兩百種不同語文的週期表，包括已經沒有人使用的埃及古語科普特語（Coptic），以及埃及象形文字。http://www.jergym.hiedu.cz/~canovm/vyhledav/chemici2.html。

化學元素週期表

								2 氦 He 4.003
			5 硼 B 10.812	6 碳 C 12.011	7 氮 N 14.007	8 氧 O 15.999	9 氟 F 18.998	10 氖 Ne 20.180
			13 鋁 Al 26.982	14 矽 Si 28.086	15 磷 P 30.974	16 硫 S 32.066	17 氯 Cl 35.453	18 氬 Ar 39.948
28 鎳 Ni 58.693	29 銅 Cu 63.546	30 鋅 Zn 65.384	31 鎵 Ga 69.723	32 鍺 Ge 72.641	33 砷 As 74.922	34 硒 Se 78.963	35 溴 Br 79.904	36 氪 Kr 83.798
46 鈀 Pd 106.421	47 銀 Ag 107.868	48 鎘 Cd 112.412	49 銦 In 114.818	50 錫 Sn 118.711	51 銻 Sb 121.760	52 碲 Te 127.603	53 碘 I 126.904	54 氙 Xe 131.294
78 鉑 Pt 195.085	79 金 Au 196.967	80 汞 Hg 200.592	81 鉈 Tl 204.383	82 鉛 Pb 207.2	83 鉍 Bi 208.980	84 釙 Po 209	85 砈 At 210	86 氡 Rn 222
110 鐽 Ds (281)	111 錀 Rg (280)	112 鎶 Cn (285)	113 Uut (284)	114 Uuq (289)	115 Uup (288)	116 Uuh (293)		118 Uuo (294)

64 釓 Gd 157.253	65 鋱 Tb 158.925	66 鏑 Dy 162.500	67 鈥 Ho 164.930	68 鉺 Er 167.259	69 銩 Tm 168.934	70 鐿 Yb 173.043	71 鎦 Lu 174.967
96 鋦 Cm (247)	97 鉳 Bk (247)	98 鉲 Cf (251)	99 鑀 Es (252)	100 鐨 Fm (257)	101 鍆 Md (258)	102 鍩 No (259)	103 鐒 Lr (262)

1 氫 H 1.008								
3 鋰 Li 6.941	4 鈹 Be 9.012							
11 鈉 Na 22.990	12 鎂 Mg 24.305							
19 鉀 K 39.098	20 鈣 Ca 40.078	21 鈧 Sc 44.956	22 鈦 Ti 47.861	23 釩 V 50.941	24 鉻 Cr 51.996	25 錳 Mn 54.938	26 鐵 Fe 55.845	27 鈷 Co 58.993
37 銣 Rb 85.468	38 鍶 Sr 87.621	39 釔 Y 88.906	40 鋯 Zr 91.224	41 鈮 Nb 92.906	42 鉬 Mo 95.942	43 鎝 Tc 98.906	44 釕 Ru 101.072	45 銠 Rh 102.905
55 銫 Cs 132.905	56 鋇 Ba 137.327	57-71 鑭系元素	72 鉿 Hf 178.492	73 鉭 Ta 180.948	74 鎢 W 183.841	75 錸 Re 186.207	76 鋨 Os 190.233	77 銥 Ir 192.217
87 鍅 Fr 223	88 鐳 Ra 226	89-103 錒系元素	104 鑪 Rf (267)	105 𨧀 Db (268)	106 𨭎 Sg (271)	107 𨨏 Bh (270)	108 𨭆 Hs (277)	109 䥑 Mt (276)

57 鑭 La 138.905	58 鈰 Ce 140.116	59 鐠 Pr 140.908	60 釹 Nd 144.242	61 鉕 Pm 145.0	62 釤 Sm 150.362	63 銪 Eu 151.964
89 錒 Ac 227	90 釷 Th 232.038	91 鏷 Pa 231.036	92 鈾 U 238.029	93 錼 Np (237)	94 鈽 Pu (244)	95 鋂 Am (243)

國家圖書館出版品預行編目資料

消失的湯匙／Sam Kean著；楊玉齡譯. --
初版. -- 臺北市：大塊文化，2011.05
面；　公分. --（from ；72）
譯自：The disappearing spoon: and other true tales of madness, love, and the history of the world from the periodic table of the elements

ISBN 978-986-213-247-0（平裝）

1. 元素　2. 元素週期率　3. 通俗作品

348.21　　100003908